普通高等教育电子信息类系列教材

嵌入式系统原理及应用
——基于 STM32 和 RT – Thread

主　编　胡永涛

副主编　李　婕　董明如

参　编　赵新蕖　高雅昆　田效伍

机械工业出版社

本书以意法半导体（ST）的 STM32L431 系列微控制器为硬件核心，采用裸机开发和 RT‐Thread 操作系统开发两条主线贯穿工作原理与实践应用，层层递进地介绍嵌入式系统的开发设计方法。全书共 13 章。第 1～6 章介绍 STM32 裸机开发，包括嵌入式系统概述、STM32 硬件及软件基础、STM32 通用功能输入输出、STM32 外部中断、STM32 定时器/计数器和 STM32 通用同步异步通信。第 7～12 章介绍 RT‐Thread 操作系统开发，包括 RT‐Thread 操作系统基础、RT‐Thread 线程管理、RT‐Thread 线程间同步、RT‐Thread 线程间通信、RT‐Thread 设备驱动和 RT‐Thread 软件包。两种开发环境均适用于 ST 全系列微控制器，并且屏蔽了不同芯片的差异，用户掌握了 STM32L431 系列微控制器即掌握了 ST 全系列微控制器。第 13 章介绍基于 STM32 及 OneNET 的智能家居系统，通过综合应用案例，读者可以快速掌握基于 STM32 及 RT‐Thread 的嵌入式系统设计与开发的方法。

本书配有大量源于工程项目的应用实例，所有实例均经过调试和测试，可直接移植应用。此外，本书各章均配有思维导图和思考与练习，帮助读者巩固基础知识，提高综合应用能力。

本书可作为普通高等院校电气、自动化、电子信息、机器人等专业的教材。本书配有以下教学资源：电子课件、源代码、教学大纲、视频。选用本书作教材的教师请登录 www.cmpedu.com 注册后下载，或加微信 13910750469 索取。

图书在版编目（CIP）数据

嵌入式系统原理及应用：基于 STM32 和 RT‐Thread/胡永涛主编 . —北京：机械工业出版社，2023.7（2024.8重印）

普通高等教育电子信息类系列教材

ISBN 978-7-111-73300-3

Ⅰ.①嵌… Ⅱ.①胡… Ⅲ.①微型计算机‐系统设计‐高等学校‐教材 Ⅳ.①TP360.21

中国国家版本馆 CIP 数据核字（2023）第 101427 号

机械工业出版社（北京市百万庄大街 22 号　邮政编码 100037）
策划编辑：吉　玲　　　　　责任编辑：吉　玲　王　荣
责任校对：潘　蕊　李　婷　封面设计：张　静
责任印制：任维东
北京中科印刷有限公司印刷
2024 年 8 月第 1 版第 3 次印刷
184mm×260mm · 17.5 印张 · 432 千字
标准书号：ISBN 978-7-111-73300-3
定价：55.00 元

电话服务　　　　　　　　　网络服务
客服电话：010-88361066　　机 工 官 网：www.cmpbook.com
　　　　　010-88379833　　机 工 官 博：weibo.com/cmp1952
　　　　　010-68326294　　金　书　网：www.golden‐book.com
封底无防伪标均为盗版　机工教育服务网：www.cmpedu.com

前　言

　　STM32 系列微控制器是 ST 公司生产的基于 Cortex – M 内核的嵌入式微控制器，具有外设丰富、集成度高、外围电路简单等优点，是目前应用最为广泛的微控制器之一。因此，基于 STM32 的嵌入式系统开发是目前众多高等院校电气、自动化、电子信息、机器人等专业学生必须掌握的技术之一。ST 公司提供了用于 STM 开发的集成开发工具 STM32CubeIDE，降低了学习门槛，开发者利用 STM32CubeIDE 可快速掌握 STM32 裸机开发的方法，设计开发简单的嵌入式产品。然而，随着物联网、云计算、大数据、人工智能等高新技术的快速发展及广泛应用，单纯地掌握裸机开发方法已不能满足技术发展及企业用人需求，因此本书在 STM32 裸机开发的基础上，详细介绍基于 RT – Thread 操作系统的嵌入式系统开发方法。RT – Thread 是上海睿赛德电子科技有限公司推出的一款开源的嵌入式实时操作系统，具有完全的自主知识产权，经过近 20 年的沉淀，已演变成一个功能强大、组件丰富的物联网操作系统，是目前开发者最多、装机量最大、社区最活跃的国产嵌入式实时操作系统之一。开发者利用睿赛德提供的集成开发工具 RTThread Studio 可方便快速地开发稳定、可靠、复杂的嵌入式产品。本书以 STM32L431RCT6 为硬件平台，介绍 STM32 系列微控制器基本外设及 RT – Thread 操作系统主要功能的工作原理及应用方法，由于集成开发环境屏蔽了不同型号微控制器的差异，读者掌握了 STM32L431RCT6 后，即可利用任意型号的 STM32 微控制器设计开发嵌入式系统。

　　本书内容可分为 STM32 裸机开发、RT – Thread 操作系统开发和综合应用三部分。STM32 裸机开发包括第 1~6 章：前两章介绍了嵌入式系统及 STM32 微控制器相关基础知识，如嵌入式系统基本概念、软硬件架构、STM32 微控制器最小系统、裸机开发环境搭建等；第 3~6 章分别针对 STM32 核心外设 GPIO、EXTI、TIM 和 USART，阐述其内部电路结构及应用方法，并配有相应的应用实例及详细的开发过程。RT – Thread 操作系统开发包括第 7~12 章：第 7 章介绍了 RT – Thread 操作系统基础；第 8~10 章为 RT – Thread 操作系统的内核功能，详细介绍了线程管理、线程间同步和线程间通信的工作原理及应用方法，并配有简单的应用实例，帮助读者掌握基本应用方法；第 11 章为 RT – Thread 的设备管理，详细介绍了 IO 设备模型框架，在此基础上概括了 PIN 设备、UART 设备、TIM 设备和 ADC 设备的管理方式及应用方法，每种设备均给出了应用案例，读者在掌握上述设备应用后可根据需要自行学习其他设备；第 12 章为 RT – Thread 软件包，以 AHT10、AT Device、MQTT 和 cJSON 为例详细介绍了不同类型软件包的应用方法，读者在此基础上可根据应用需求快速掌握其他软件包的使用方法。第 13 章为综合应用，通过基于 STM32 和 OneNET 的智能家居系统介绍了基于 STM32 及 RT – Thread 的嵌入式系统开发设计流程，帮助读者全面掌握嵌入式系统设计开发的方法。

　　本书各章内容通过裸机开发和操作系统开发两条主线贯穿工作原理与应用实践两个主

题，层次递进地讲解STM32微控制器基本外设的工作原理及应用和RT-Thread操作系统的工作原理及应用。为了便于读者掌握理论及设计开发方法，相关章节根据内容安排给出大量的应用实例，所有实例均经过测试验证，且大部分源于工程项目实践，读者参考案例可快速掌握嵌入式系统设计开发的方法。此外，本书每章前配有简化版思维导图，建议读者在完成本章内容学习后及时完善思维导图，在此基础上完成每章后的思考与练习，包括理论基础题和编程应用题，以巩固理论知识，拓展提高应用实践能力，最终形成完整的嵌入式课程体系。

本书是编者多年教学经验和工程实践经验的总结，由浅入深，难易适中，突出前沿，强调系统的学习路线，使读者在快速掌握裸机开发方法的基础上，进阶操作系统开发，培养结构化、模块化、面向对象的编程思想和思维方式，具备独立开发复杂嵌入式系统的能力。本书不仅是一本教科书和教学参考书，而且可作为物联网、仪器仪表、自动控制等工程技术人员及科技工作者的技术参考书。

本书由胡永涛任主编，李婕和董明如任副主编，赵新蕖、高雅昆、田效伍参编。其中，胡永涛编写第1、2、12、13章，李婕编写第3~5章，董明如编写第6、7、11章，赵新蕖编写第8章，高雅昆编写第9章，田效伍编写第10章。本书的程序调试和实验工作由李婕、董明如、卢亚娟等完成。

本书在编写过程中参考和借鉴了大量相关资料，并引用了部分文字和代码，谨对各位作者表示衷心的感谢。特别鸣谢意法半导体（中国）投资有限公司和上海睿赛德电子科技有限公司，本书获教育部产学合作协同育人项目支持，在编写过程中得到了意法半导体大学计划负责人丁晓磊女士和睿赛德大学计划负责人罗齐熙先生大量无私的帮助。杜志勇、常文平、赵斌、杨捷、杨晓、张超、李金玉等为本书的编写提出了许多宝贵的意见，在此一并表示感谢。

由于编者水平有限，书中难免存在疏漏与不足之处，恳请读者批评指正，相关建议可以发送至邮箱hythait@163.com。

编　者

目 录 Contents

▶ 第1章

嵌入式系统概述

本章思维导图

　　嵌入式系统广泛应用于生产生活的各个方面。本章主要介绍嵌入式系统基本概念、嵌入式系统硬件及嵌入式系统软件架构和编程思想。嵌入式系统概述思维导图如图1-1所示，其中加●的为需要理解的内容，加●的为需要掌握的内容。

　　1. 结合生产、生活中所见嵌入式系统理解嵌入式系统的定义和特点，结合嵌入式系统软硬件架构，理解嵌入式系统在不同领域中的应用。

　　2. 结合具体嵌入式系统产品掌握嵌入式系统的硬件及软件架构。

　　建议读者在完成本章学习后及时更新完善思维导图，以巩固、归纳、总结本章内容。

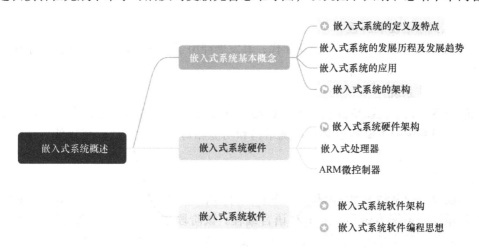

图1-1　嵌入式系统概述思维导图

1.1　嵌入式系统基本概念

1.1.1　嵌入式系统的定义及特点

　　IEE（英国电气工程师协会）从应用角度定义嵌入式系统是"控制、监视或者辅助装置、机器和设备运行的装置"（Devices used to control, monitor, or assist the operation of equipment, machinery or plants）。目前国内普遍认同的嵌入式系统定义是：以计算机技术为基础，以应用为中心，软件硬件可剪裁，适合应用系统对功能可靠性、成本、体积、功耗严格要求的专业计算机系统。随着物联网、大数据、人工智能等技术的快速发展，嵌入式系统已渗透到工业、生活、军工、航空等各个领域。

根据嵌入式系统定义，嵌入式系统具备如下几个显著特点：

1. 技术密集

嵌入式系统以先进的计算机技术为基础，融合半导体技术、电子技术及各行业具体应用，是一个技术密集、资金密集、高度分散、不断创新的知识集成系统。

2. 以应用为中心

嵌入式系统是针对各行业的具体应用而开发的专用系统，通常不具备通用性，升级换代也和具体产品同步进行，具有较长的生命周期。

3. 软硬件可剪裁

嵌入式系统的软件和硬件都必须高效率地设计，结合具体应用，量体裁衣，去除冗余，力争在相同的硅片面积上实现更高的性能。

4. 高可靠性和高实时性

嵌入式系统硬件一般嵌入到具体设备中，对可靠性、成本、体积、功耗、电磁兼容等有严格要求，嵌入式软件存储在微控制器中，要求具有高可靠性和高实时性。

1.1.2 嵌入式系统的发展历程及发展趋势

1. 嵌入式系统发展历程

嵌入式系统应用源于20世纪70年代，其发展经历了无操作系统、简单操作系统、实时操作系统和面向Internet 4个阶段。

（1）无操作系统

该阶段嵌入式系统以单片机为硬件核心，软件通过汇编语言编写，没有操作系统的支持。这一阶段系统的主要特点是：系统结构和功能相对单一、处理效率较低、存储容量较小、几乎没有用户接口。

（2）简单操作系统

该阶段以微控制器为硬件基础，不断扩展外围电路和接口电路，突显智能控制能力。软件上以简单操作系统为核心，采用C语言编程。该阶段主要特点是：微控制器种类繁多，通用性比较弱；系统开销小，效率高；操作系统达到一定的兼容性和扩展性；应用软件较专业化，用户界面不够友好。

（3）实时操作系统

该阶段是以实时操作系统为标志，其主要特点是：嵌入式操作系统能运行于各种不同类型的微处理器上，兼容性好；操作系统内核小、效率高，并且具有高度的模块化和扩展性；具备文件和目录管理，支持多任务，支持网络应用，具备图形窗口和用户界面；具有大量的应用程序接口，开发应用程序较简单。

（4）面向Internet

该阶段是以Internet为标志，是一个正在迅速发展的阶段，随着Internet的发展及其与信息家电、工业控制、环境监测等应用的结合日益密切，嵌入式设备联网已成为嵌入式系统的必备属性之一。

2. 嵌入式系统发展趋势

人工智能一夜之间人尽皆知，而嵌入式在其发展过程中扮演着重要角色，两者相辅相成，嵌入式系统将进入一个更加快速的发展时期，其发展趋势主要如下：

（1）小型化、智能化、网络化、可视化

随着技术水平的提高和人们生活的需要，嵌入式设备正朝着小型化、便携式和智能化的方向发展。嵌入式设备和互联网的紧密结合，为我们的生活生产带来了极大的方便和无限的想象空间。嵌入式设备功能越来越强大，未来我们的冰箱、洗衣机等家用电器都将实现远程控制；异地通信、协同工作、无人操控场所、安全监控场所等的可视化也已经成为现实，随着网络运载能力的提升，可视化将得到进一步完善。人工智能、模式识别技术也将在嵌入式系统中得到应用，使得嵌入式系统更加人性化和智能化。

（2）云计算、可重构、虚拟化等技术被进一步应用到嵌入式系统

云计算是分布式处理、并行处理和网格计算发展的结果，用户只需要一个终端，就可以通过网络服务来实现需要的计算任务，甚至是超级计算任务。

可重构是指在一个系统中，其硬件模块或（和）软件模块均能根据变化的数据流或控制流对系统结构和算法进行重新配置。可重构系统最突出的优点就是能够根据不同的应用需求，改变自身的体系结构，以便与具体的应用需求相匹配。

虚拟化是指计算机软件在虚拟的平台上运行。虚拟化技术可以简化软件的重新配置过程，易于实现软件的标准化。其中 CPU 的虚拟化可以实现单 CPU 模拟多 CPU 并行运行，允许一个平台同时运行多个操作系统，并且都可以在相互独立的空间内运行而互不影响，从而提高工作效率和安全性，是未来几年最值得期待和关注的关键技术之一。

各种新兴技术的成熟及应用，将不断为嵌入式系统增添新的魅力和发展空间。

（3）嵌入式软件开发平台化、标准化，系统可升级、代码可复用更受重视

嵌入式操作系统进一步走向开放、开源、标准化、组件化。嵌入式软件开发平台化也将是今后的一个趋势，越来越多的嵌入式软硬件行业标准将出现，最终的目标是使嵌入式软件开发简单化，这也是一个必然规律。同时随着系统复杂度的提高，系统可升级和代码复用技术在嵌入式系统中得到更多的应用。另外，在嵌入式软件开发中将更多的使用跨平台的软件开发语言与工具，如 Java、Python 等语言正在被越来越多的使用到嵌入式软件开发中。

（4）低功耗、绿色环保和信息安全性

嵌入式系统的硬件和软件设计都在追求更低的功耗，以求嵌入式系统能获得更长的可靠工作时间。同时，绿色环保型嵌入式产品将更受人们青睐，嵌入式系统设计也会更多地考虑辐射、静电等问题。随着嵌入式技术和互联网技术的结合发展，嵌入式系统的信息安全问题日益凸显，保证信息安全也成为了嵌入式系统开发的重点和难点。

1.1.3 嵌入式系统的应用

1. 消费电子

嵌入式系统已广泛应用于消费电子，如智能手机、平板计算机、家庭音响、玩具等。

2. 工业控制

嵌入式系统在工业中应用广泛，如打印机、工业控制、数字机床、电网监测等。

3. 医疗设备

嵌入式系统已在医疗设备中取得成功应用，如血糖仪、血氧计、人工耳蜗、心电监护仪等。

4. 家庭智能管理系统

家庭智能管理系统将是嵌入式系统未来最大的应用领域之一，如水、电、煤气表的远程自动抄表，以及安全防水、防盗系统、智能家居系统等。

5. 环境工程

嵌入式系统在环境工程中的应用也很广泛，如水文资源实时监测、防洪体系及水土质量检测、堤坝安全、地震监测网、实时气象信息网、水源和空气污染监测。

6. 机器人

嵌入式芯片的发展将使机器人在微型化、高智能方面优势更加明显，同时会大幅度降低机器人的价格，使其在工业领域和服务领域获得更广泛的应用。

目前，嵌入式系统已经在各行各业得到成功应用，上述几个领域仅仅是嵌入式系统应用的典型，未来将有更多领域用到嵌入式系统。

1.1.4 嵌入式系统的架构

嵌入式系统架构包括硬件和软件两部分，如图1-2所示。硬件包括嵌入式处理器、存储器、输入输出接口等，软件部分包括板级支持包、操作系统（非必需）和应用程序。

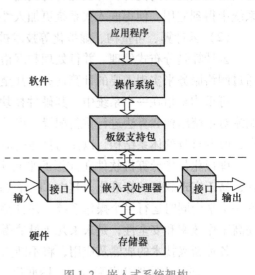

图 1-2　嵌入式系统架构

1.2 嵌入式系统硬件

1.2.1 嵌入式系统硬件架构

典型的嵌入式系统硬件架构如图1-3所示，主要由嵌入式系统电路板和外围设备构成。其中，外围设备包括监测各类信息的开关量传感器、数字量传感器和模拟量传感器，以及进行信息传输的通信设备，执行操作的开关量控制设备和模拟量控制设备。嵌入式系统电路板在最小系统基础上扩展了开关量输入电路、数字量输入电路和模拟量输入电路，以连接各类传感器，获取传感信息，并扩展了通信接口、开关量输出电路、模拟量输出电路，以连接通信设备、开关量控制设备和模拟量控制设备，实现通信及外围设备控制。此外，嵌入式系统电路板还包含了电源接口、控制按钮、板载传感器、人机交互等。根据具体应用，实际的嵌入式系统硬件可能不完全包含上述所有组成部分，也可能含有其他组成部分。

1.2.2 嵌入式处理器

嵌入式处理器是嵌入式系统的核心，担负着控制系统工作的重要任务，通常嵌入式处理器具有实时多任务处理能力、存储区保护功能、可扩展的微处理器结构、较强的中断处理能

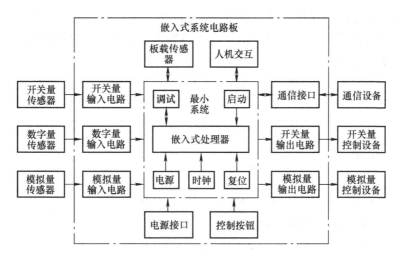

图 1- 3　典型的嵌入式系统硬件架构

力、低功耗、高集成度等特点。据不完全统计，目前全世界嵌入式处理器的种类已超过 1000 多种，流行体系结构有 30 多个系列，其中应用最多的为微控制器（Microcontroller Unit，MCU）、数字信号处理器（Digital Signal Processor，DSP）、微处理器（Micro Processor Unit，MPU）和嵌入式片上系统（System On Chip，SOC）。

1. 微控制器

MCU 芯片内部集成总线、总线逻辑、定时器/计数器、看门狗、I/O、串行口、脉宽调制输出、A/D、D/A、ROM/EPROM、RAM、Flash RAM、EEPROM 等各种必要功能和外设，适用于各种控制场合，是目前嵌入式系统在工业应用中的主流。

2. 数字信号处理器

DSP 是一种专门用于数字信号处理的嵌入式处理器，在系统结构和指令算法方面进行了特殊设计，具有很高的编译效率和指令的执行速度，广泛用于各种仪器上，以实现数字滤波、傅里叶变换、谱分析等。

3. 微处理器

MPU 是由通用计算机中的 CPU 演变而来的，是 32 位以上的处理器，具有较高的性能，但价格较高，与 CPU 不同的是，MPU 只保留和嵌入式应用紧密相关的功能硬件，去除其他的冗余功能，以最低的功耗和资源实现嵌入式应用的特殊要求。和工业控制计算机相比，MPU 具有体积小、重量轻、成本低、可靠性高的优点。

4. 嵌入式片上系统

SOC 是追求产品系统最大包容的集成器件，其最大的特点是成功实现了软硬件无缝结合，直接在处理器片内嵌入操作系统的代码模块。而且 SOC 具有极高的综合性，可以在一个硅片内部运用 VHDL 等硬件描述语言实现一个复杂的系统。

1.2.3　ARM 微控制器

嵌入式系统的发展离不开嵌入式微控制器的发展，目前的嵌入式系统，绝大多数都采用 ARM 微控制器。ARM 微控制器是由 ARM 公司提供 IP（Intellectual Property，知识产权）授权，交付多个芯片设计厂商生产的。ARM 公司自 1990 年成立以来，在 32 位和 64 位 RISC 的 CPU 开发设计上不断突破，其设计的微控制器架构已经从 v1 发展到了 v8，ARM 微控制器的核心及构架见表 1-1。

表 1-1　ARM 微控制器的核心及构架

构架	核心
v1	ARM1
v2	ARM2
v2a	ARM2As，ARM3
v3	ARM6，ARM600，ARM610，ARM7，ARM700，ARM710
v4	Strong ARM，ARM8，ARM10
v4T	ARM7TDMI，ARM720T，ARM740T，ARM9TDMI，ARM920T，ARM940T
v5TE	ARM9E‐S，ARM10TDMI，AEM1020E
v6	ARM1136J（F）‐S，ARM1176JZ（F）‐S，ARM11
v6T2	ARM1156T2（F）‐S
v7	ARM Cortex‐M0/3/4/7，ARM Cortex‐R4/5/7/8，ARM Cortex‐A5/7/8/9/15/17
v8	ARM Cortex‐M23/33，ARM Cortex‐R52，ARM Cortex‐A32/35/53/55/57/72/73/75

2005 年 3 月，ARM 公司公布了 ARM v7 架构，定义了三大分工明确的系列："A"系列面向尖端的基于虚拟内存的操作系统和用户应用；"R"系列针对实时系统；"M"系列对微控制器和低成本应用提供优化。ARM Cortex 系列微控制器是基于 ARM v7/8 架构的产品，从尺寸和性能方面来看，既有少于 3.3 万个门电路的中低档 ARM Cortex‐M 系列，也有高性能的 ARM Cortex‐A 系列，其核心、架构及应用领域见表 1-2。

表 1-2　主流 ARM 微控制器核心、架构及应用领域

系列	核心	架构	应用领域
Cortex‐A	Cortex‐A8/9/55/73/75	ARM v7/8	用于高档消费电子和无线产品，可运行大型操作系统
Cortex‐R	Cortex‐R5/52	ARM v7/8	用于实时性高的产品，运行实时操作系统
Cortex‐M	Cortex‐M3/4/7	ARM v7	中低档控制应用，是当前 8/16 单片机的换代产品

1.3　嵌入式系统软件

1.3.1　嵌入式系统软件架构

嵌入式系统软件架构是嵌入式系统软件设计的纲领，规定了软件的组成部分及层级关系，良好的软件架构不仅能够保证系统稳定可靠地运行，而且结构清晰，便于代码复用，能够极大地提高开发效率，在嵌入式系统软件设计中具有举足轻重的地位。三种常见的嵌入式系统软件架构有顺序执行的前后台架构、基于前后台的时间片轮询架构和多任务操作系统架构。

1. 顺序执行的前后台架构

前后台架构不含操作系统，也称裸机编程，后台为一个按顺序执行的无限大循环（主程序），前台为各类中断及中断嵌套（中断服务程序）。前后台架构示例如图 1-4 所示，后台按顺序执行任务 1～任务 4，进而循环执行任务 2～任务 4。通常，任务 1 完成系统初始化功能，因此无须参与循环。在执行任务 2 时，发生中断 1，此时去处理中断 1，处理完成后返回任务 2 继续执行。执行任务 3 时，发生中断 2，此时去处理中断 2，在处理中断 2

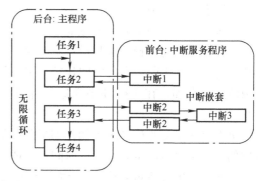

图 1-4　前后台架构示例

的过程中，发生中断 3（中断嵌套），此时去处理中断 3，处理完中断 3 后返回，继续处理中断 2，中断 2 处理完毕后，返回继续执行任务 3。

为了便于理解，下面以一个温度监控系统实例对顺序执行的前后台架构进行介绍。温度监控系统设计需求如下：

1）间隔 50ms 采集温度信息；

2）通过 LCD 显示温度；

3）可通过按键设置温度报警阈值；

4）温度超过阈值进行声光报警。

前后台架构程序流程图如图 1-5 所示，包含主程序（后台）和按键中断服务程序（前台）。主程序开始运行后先执行系统初始化，然后获取温度并通过 LCD 显示温度，进而判断温度是否超限，如果超限则进行声光报警，否则延时 50ms 后返回获取温度处按顺序循环执行下面任务。可通过"上调阈值""下调阈值"和"确定设置" 3 个按键进行阈值设置，3 个按键均配置为外部中断方式。在执行主程序时，如果有按键按下，则触发外部中断，进入按键中断服务程序，根据判断进行温度阈值设置，设置完成后退出按键中断服务程序，继续执行主程序。

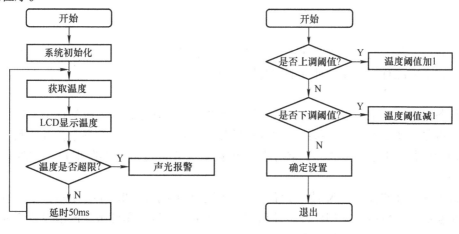

a）主程序流程图　　　　　　　　　b）按键中断服务程序流程图

图 1-5　前后台架构程序流程图

根据上述实例，前后台架构的优点是逻辑简单、易于理解，缺点是系统的实时性差，难以保证温度采集速率。

2. 基于前后台的时间片轮询架构

实际上，时间片轮询法是操作系统的一个概念和方法，但这里所说的是基于前后台的时间片轮询法。基于前后台的时间片轮询架构的实质是选用一个定时器，每进一次定时中断对计数值进行自加，在主循环中根据该计数值执行相应任务，该计数值就是任务轮询的时间片。

仍以上述温度监控系统为例，如果采用基于前后台的时间片轮询架构，首先应选用微控制器的一个定时器产生时间片，时间片具体的值由用户决定，为了保证实时性和运行效率，可取 20ms、30ms、50ms 等。基于前后台的时间片轮询架构程序流程图如图 1-6 所示，包含主程序、按键中断服务程序和定时器中断服务程序 3 部分，其中按键中断服务程序同前后台架构一样。主程序首先进行系统初始化，系统初始化增加定时器初始化功能，实现 1ms 时间片，然后判断 flag，根据 flag 的值分别执行 LCD 显示温度、声光报警和获取温度。定时器中断服务程序执行 flag 加 1 操作，当 flag 大于 50 时，flag 置 0。

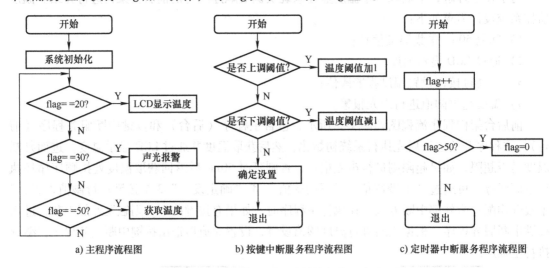

a) 主程序流程图　　　　b) 按键中断服务程序流程图　　　　c) 定时器中断服务程序流程图

图 1-6　基于前后台的时间片轮询架构程序流程图

可以看出，基于前后台的时间片轮询架构的优点是逻辑简单、易于理解，且能够提高系统实时性，需要注意的是要合理分配定时器资源。

3. 多任务操作系统架构

多任务操作系统架构需要运行嵌入式操作系统，在多任务操作系统架构中，每个任务可理解为具有单一功能的函数，系统创建各个任务，并启动任务，之后各个任务按照一定规则被系统调度运行，由于调度很快，各个任务可被看成并行运行（实际上每一时刻只能执行一个任务）。

仍以上述温度监控系统为例，多任务操作系统架构流程图如图 1-7 所示，系统运行时先进行系统初始化，然后依次创建并启动温度获取任务、温度显示任务、阈值设置任务和声光报警任务，各个任务并行运行，接受操作系统调度。

多任务操作系统架构的优点是各个任务为单一模块，各模块由操作系统调度，能够保证系统的实时性和稳定性。但对于初学者而言，相对较难，需要学习嵌入式操作系统，此外，操作系统需要占用一定的软件和硬件资源。

在实际应用中要根据应用场景采用不同的软件架构，因此只有最合适的，而没有最好的软件架构，单纯的比较哪种程序架构是最好的没有实际意义。下面根据具体的应用场景对三种软件架构进行分析。

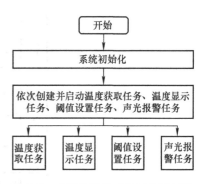

图 1-7　多任务操作系统架构流程图

在一些逻辑清晰、功能单一的应用中适合选择顺序执行的前后台架构，这个软件架构往往能够满足大部分需求，如电饭煲、电磁炉、灯光控制等。

在一些资源缺乏的单片机并且对系统可靠性要求较高的情况下，建议采用基于前后台的时间片轮询架构，因为这种架构的系统耗费比较小，但需要对时间片进行深思熟虑的划分。

在一些功能复杂、逻辑控制较为困难的系统中，适合选择多任务操作系统架构，比如视频监控系统、无人机、远程监控等应用场景。

作为一名嵌入式工程师，掌握这三种软件架构是非常必要的，可以让我们在设计程序时有更多的选择和思考，而每一种软件架构都有其优势与不足，需要读者多加实践方可体会其中的奥妙。

1.3.2　嵌入式系统软件编程思想

在实际应用中，嵌入式系统经常面对用户需求变化，可能导致微控制器选型变化、电路板变化、操作系统变化等。如何在已有基础上，更改少量代码，快速实现产品更新换代至关重要。在掌握嵌入式系统软件架构基础上，还需要培养良好嵌入式系统软件编程思想，其中最重要的是分层思想和模块化思想。分层模块化编程思想示例如图 1-8 所示，从下而上依次是硬件抽象层、操作系统层、功能模块层、业务逻辑层和应用层，各层遵循如下准则：只能上层调用下层的函数接口，且不能跨层调用；模块与模块之间相互独立；模块功能只能增加，不能更改。

1. 硬件抽象层

硬件抽象层位于硬件和操作系统层之间，包括片内外设驱动和板级支持包两层，提供板载硬件资源正常运行所需的所有驱动程序，并向上层提供 API 操作接口。

2. 操作系统层

操作系统层提供操作系统内核，实现设备管理、任务管理、存储管理、时钟管理等功能。有些简单的嵌入式系统应用中不包含操作系统层。

3. 功能模块层

功能模块层也称为中间件，该层提供具有标准程序接口和协议的通用服务给业务逻辑层，保证相对稳定的应用软件开发和运行环境。

4. 业务逻辑层

业务逻辑层包括产品整体功能的各个业务流程，通过调用功能模块层的 API 实现。

5. 应用层

应用层将各个业务逻辑进行整合调用，完成整个产品的功能。

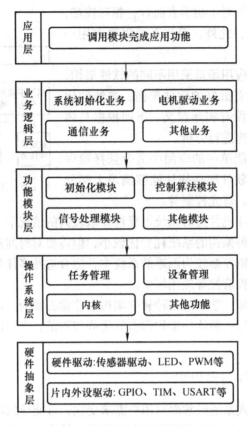

图1-8 分层模块化编程思想示例

思考与练习

一、填空题

1. 嵌入式系统应用源于20世纪70年代，其发展经历了_____、_____、_____和_____4个阶段。

2. 嵌入式系统由_____和_____两部分组成。

3. 嵌入式系统电路板在_____基础上扩展了输入电路、通信接口、输出电路等，以实现信息获取、传输及设备控制。

4. 嵌入式处理器可分为_____、_____、_____和_____四大类。

5. 嵌入式系统中常见的3种软件架构有_____、_____和_____。

6. 最重要的两个嵌入式系统软件编程思想是_____和_____。

二、选择题

1. 智能手机是嵌入式系统在（　　）领域的应用。

A. 消费电子　　　　B. 工业控制　　　　C. 医疗设备　　　　D. 环境工程

2. （　　）电路用于接收开关量传感器输入，实现开关信号监测。

A. 开关量输入　　　　B. 模拟量输入　　　　C. 开关量输出　　　　D. 模拟量输出

3. 下列（　　）不是嵌入式系统软件的组成部分。

A. 板级支持包　　　　B. 操作系统　　　　C. 应用程序　　　　D. 微控制器

4. （　　）片上外设资源比较丰富，内部集成了 Flash、RAM、总线、定时器/计数器、看门狗、I/O、串行口等。

A. MCU　　　　　　B. MPU　　　　　　C. FPGA　　　　　　D. DSP

5. Crotex - M4 核心是基于 ARM（　　）架构的，用于中低档控制的产品。

A. v6　　　　　　　B. v7　　　　　　　C. v8　　　　　　　D. v9

三、判断题

1. 前后台架构不含操作系统，也称裸机编程，后台为一个按顺序执行的主程序，前台为中断服务程序。（　　）

2. 基于前后台的时间片轮询架构的实质是选用一个定时器，每进一次定时中断对计数值进行自加，在主循环中根据该计数值执行相应任务。（　　）

3. 操作系统位于硬件抽象层和硬件之间。（　　）

4. 多任务操作系统架构需要运行嵌入式操作系统，在多任务操作系统架构中，每个任务可理解为具有单一功能的函数。（　　）

四、简答题

1. 简述嵌入式系统的定义及特点。

2. 结合生活生产，列举嵌入式系统应用，并描述嵌入式系统发展趋势。

3. 结合实际应用，设计嵌入式系统硬件架构。

4. ARM v7 架构分为哪几个系列？分别针对什么应用？

5. 简述嵌入式系统软件架构。

6. 结合所见所闻，提出一种实际应用，并分别采用 3 种软件架构实现该应用，并分析三者的优缺点。

第2章

STM32 硬件及软件基础

本章思维导图

嵌入式系统是多学科的综合，其中硬件设计和 C 语言是嵌入式系统开发的基础。本章简要介绍 STM32 的硬件及软件基础，内容包括 STM32 微控制器概述、最小系统设计、裸机开发环境搭建及 C 语言基础。STM32 硬件及软件基础思维导图如图 2-1 所示，其中加◉的为需要掌握的内容，加▣的为需要实践的内容。

1. 结合常用系列微控制器掌握 STM32 命名规则，重点掌握引脚数目和 Flash 大小。

2. 理解最小系统概念，掌握最小系统设计方法，并用专业软件设计开发最小系统。

3. 完成裸机开发环境搭建。

4. 结合自身情况，复习巩固 C 语言基础知识。

建议读者在完成本章学习后及时更新完善思维导图，以巩固、归纳、总结本章内容。

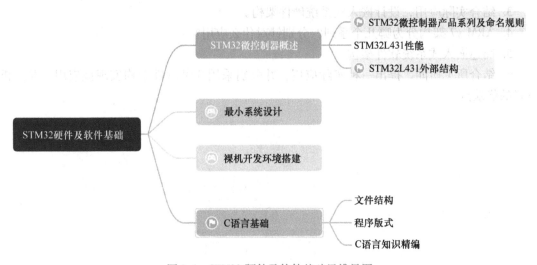

图 2-1　STM32 硬件及软件基础思维导图

2.1　STM32 微控制器概述

意法半导体（简称 ST）是现今全世界最大的半导体公司之一，其前身是由意大利 SGS Microelettronica 微电子公司和法国 Thomson 半导体公司合并组建的 SGS – THOMSON Microelectronics 半导体公司，于 1998 年 5 月改组为意法半导体有限公司。目前，ST 生产的芯片包括信号调节、传感器、二极管、放大器、数据转换器、射频晶体管、微控制器等多达 33 类产品。凡是微电子对人们的生活发挥积极影响的地方，都能看到 ST 的技术结晶。ST 生产的微控制器包含 8 位、16 位和 32 位，其中 32 位的 STM32 系列芯片应用最为广泛。

2.1.1 STM32 微控制器产品系列及命名规则

1. STM32 微控制器产品系列

STM32 微控制器产品系列如图 2-2 所示，包含无线的 STM32Wx 系列、低功耗的 STM32Lx 系列、主流的 STM32F0/1/3 和 STM32G0/4 系列，以及高性能的 STM32F2/4/7 和 STM32H7 系列四大系列产品。目前，STM32F1 系列和 STM32F4 系列出货量最多，STM32G4 系列和 STM32L4 系列增长最快，是 ST 主推产品。随着技术的进步，新系列产品不断涌出，图 2-2 随产品更新不断变化，读者可以随时打开 ST 官网，跟踪最新产品及系列：https：// www. st. com/zh/microcontrollers – microprocessors/stm32 – 32 – bit – arm – cortex – mcus. html。

图 2-2　STM32 微控制器产品系列

2. STM32 微控制器命名规则

STM32 微控制器命名规则如图 2-3 所示，通过微控制器名字可以确定芯片引脚、Flash 大小、封装、使用温度范围等信息。

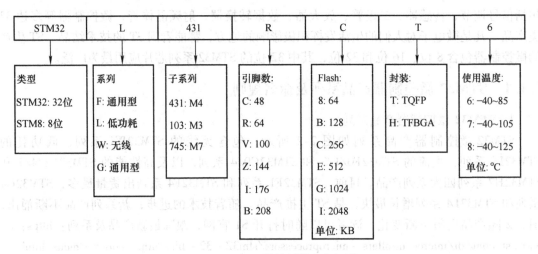

图 2-3　STM32 微控制器命名规则

2.1.2　STM32L431 性能

意法半导体采用高度灵活的应用设计方法，构建了新型芯片架构，实现了超低功耗与性能的完美平衡。STM32L4 系列微控制打破了超低功耗领域的性能极限，得益于带有浮点运算单元（Float Point Unit，FPU）的 Arm ® Cortex ® – M4 内核以及意法半导体 ART Accelerator™技术，该系列微控制器在 80MHz 的主频下，处理性能达到了 100 DMIPS。

STM32L4 系列微控制器可以根据运行时的不同需求调整电压，从而实现功耗的动态平衡。该功能适用于停止模式的低功耗外设（LPUART、LPTIM）、安全和保密特性、大量智能外设，以及诸如运算放大器、比较器、LCD、12 位 DAC 和 16 位 ADC（硬件过采样）等先进的低功耗模拟外设。

STM32L4 系列微控制器包含 5 种不同的子系列，即 STM32L4x1（基本型系列）、STM32L4x2（USB 设备）、STM32L4x3（USB 设备，LCD）、STM32L4x5（USB OTG）和 STM32L4x6（USB OTG，LCD）。STM32L431 属于基本型系列，其性能如下：

1）超低功耗柔性控制，支持 1.71 ~ 3.7V 供电。

2）32 位 Cortex – M4 内核，主频高达 80MHz，具有 FPU 和 DSP 指令集。

3）具有高速外部时钟（4 ~ 48MHz 外部晶体振荡器提供系统时钟）、低速外部时钟（32kHz 外部晶体振荡器给实时时钟提供时钟）、高速内部时钟（16MHz）和低速内部时钟（32kHz）4 个时钟源，提供两个锁相环（Phase Locked Loop，PLL）用于倍频。

4）多达 83 个快速输入输出引脚。

5）多达 11 个定时器，包括 1 个 16 位高级定时器、1 个 32 位通用定时器、2 个 16 位通用定时器、2 个 16 位基本定时器、2 个 16 位低功耗定时器、2 个看门狗、1 个系统定时器。

6）多达 256KB 的 Flash 和 64KB 的 SRAM。

7）具有丰富的模拟外设，包括 1 个 12 位 A/D 转换器（Analog to Digital Converter，ADC）、2 个 12 位 D/A 转换器（Digital to Analog Converter，DAC）和 2 个超低功耗比较器。

8）具有丰富的通信接口，包括 1 个串行音频接口（Serial Audio Interface，SAI）、3 个集成电路总线（Inter – Integrated Circuit，I2C）、4 个通用同步/异步收发器（Universal Synchronous/Asynchronous Receiver/Transmitter，USART）、1 个低功耗异步收发器（Low Power Asynchronous Receiver/Transmitter，LPUART）、3 个串行外设总线接口（Serial Peripheral Interface，SPI）、1 个控制器局域网总线（Controller Area Network，CAN）等。

9）具有 14 通道直接存储访问（Direct Memory Access，DMA）控制器。

10）具有真随机数生成器。

11）具有循环冗余校验（Cyclic Redundancy Check，CRC）计算单元。

2.1.3　STM32L431 外部结构

根据型号不同，STM32L431 系列微控制器包含 UFQFPN32、LQFP48、LQFP64 和 LQFP100 四种封装类型，以 LQFP64 封装的 STM32L431Rx 为例，其外部结构如图 2-4 所示，各引脚按功能可分为电源、复位、时钟控制、启动配置和输入输出口，其中输入输出口可作为通用输入输出口，还可经过配置实现特定的第二功能（复用功能），如 ADC、USART、I2C、SPI 等。下面按功能对各引脚简要介绍，涉及复用的引脚将在后面相关章节详细介绍。

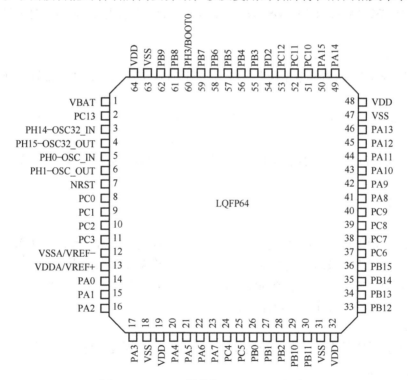

图 2-4　LQFP64 封装的 STM32L431 芯片

1. 电源：VDD、VSS、VBAT、VDDA/VREF +

电源共 11 个引脚，包括 VDD（系统电源正 4 个）、VSS（系统电源负 4 个）、VBAT（电池正 1 个），VDDA/VREF +（模拟电源正/模拟参考电源正 1 个）、VSSA/VREF −（模拟电源负/模拟参考电源负 1 个）。

STM32L431 系列微控制器的工作电压在 1.71 ~ 3.6V 之间，整个系统由 VDD（接1.71 ~

3.6V 电源）和 VSS（接地）提供稳定的电源供应。

VBAT 引脚给 RTC 单元供电，允许 RTC 在 VDD 关闭时正常运行，需接外部电池（1.8 ~ 3.6V），如果没有外部电池，VBAT 引脚必须接 VDD。

VDDA 和 VSSA 可为 ADC 单独提供电源以避免电路板的噪声干扰，VDDA 范围为 2.4 ~ 3.6V，VDDA 和 VSSA 引脚必须连接两个去耦电容。

VREF + 和 VREF − 为 ADC 提供参考电压，如果 VREF + 和 VREF − 具有单独引脚，则 VREF + 范围为 2.4 ~ VDDA，VREF − 必须与 VSSA 短接以共地。

2. 复位：NRST

当 NRST 引脚出现一段时间低电平时，MCU 将复位，重置所有的内部寄存器及 RAM，当 NRST 从低电平变为高电平时，系统重新运行，通常设计时将 NRST 引脚通过一个按键连接到低电平。

3. 时钟控制：PH0 – OSC_IN、PH1 – OSC_OUT，PH14 – OSC32_IN、PH15 – OSC32_OUT

PH0 – OSC_IN 和 PH1 – OSC_OUT 接 4 ~ 48MHz 的晶振，为系统提供稳定的高速外部时钟，PH14 – OSC32_IN 和 PH15 – OSC32_OUT 接 32.768kHz 晶振，为 RTC 提供稳定的低速外部时钟。

4. 启动配置：PH3/BOOT0

通过设置 BOOT0 的高低电平配置 STM32L431 的启动模式，为便于设置可通过跳线与高低电平连接。

5. 输入输出口：PAx（x = 0，1，2，…，15）、PBx（x = 0，1，2，…，15）、PCx（x = 0，1，2，…，15）、PD2

4 个输入输出口可作为通用的输入输出口，有的引脚还具有第二功能（需要配置）。

2.2 最小系统设计

最小系统是指仅包含必需的元器件，能够保证微控制器正常工作的简化系统，是嵌入式系统硬件设计中复用率最高，最基本的功能单元。无论多么复杂的嵌入式系统，都是由最小系统扩展而来的。典型的最小系统如图 2-5 所示，主要由微控制器、电源、时钟电路、复位电路、启动配置电路和程序下载电路构成。

1. 电源

可靠的电源供应是嵌入式系统长期稳定工作的基础，因此，电源设计是嵌入式系统硬件设计的关键和难点之一。

由于 STM32L431 系列芯片的供电电压范围为 1.71 ~ 3.6V，典型供电电压为 3.3V，而生活生产中通常无法直接提供 3.3V 电源，因此需要进行电源转换。5V 电源是最常见电源之一，本设计采用 SC662K – 3.3V 线性稳压器将 5V 电压转换为 3.3V 电压。

SC662K – 3.3V 是一种低压差线性稳压器，最大输入电压为 6V，输出为固定的 3.3V 电压，最大输出电流为 250mA，工作温度为 − 25 ~ 85℃。SC662K – 3.3V 应用电路如图 2-5 中电源部分所示。

此外，当器件工作时，电流的变化会引起电源电压的微小波动，为了保证电源的稳定性，硬件设计时需在 VDD 和 VSS 附近添加去耦电容。图 2-5 中 C7、C8、C9 和 C10 即为去耦电容，容值为 100nF。

在实际应用中常见的电源还有 24V 和 12V，此时需根据需要设计相应的转换电路。

2. 时钟电路

虽然 STM32L431 微控制器具有 16MHz 的高速内部时钟，但为了系统的稳定性，通常采用 4～48MHz 的晶体振荡器提供高速外部时钟，经 PLL 倍频后获取所需频率时钟。典型的时钟电路如图 2-5 中时钟部分所示，采用 12MHz 的无源晶振并联 2 个 22pF 的电容作为外部时钟源。此外，对于性能要求较高的应用，可采用有源晶振通过 OSC_IN 提供高速外部时钟。

3. 复位电路

当 NRST 引脚出现超过 20μs 的低电平时即可实现系统复位，典型的复位电路如图 2-5 中复位部分所示，该电路可以实现上电复位和手动复位。系统上电瞬间，电容 C6 充电（短路），此时 NRST 为低电平，系统复位，电容 C6 充电完成后（断路）NRST 为高电平，系统正常运行。按键并联在电容两端，当按下按键时，电容被短路，NRST 为低电平，系统复位，同时电容 C6 放电，松开按键时电容 C6 充电，充电完成后 NRST 为高电平，系统正常运行。

4. 启动配置电路

STM32 微控制器共有从 Flash 启动、从系统存储器启动和从 SRAM 启动三种启动模式。用户编写的程序通常存储在 Flash，用户可利用 J－Link、ST－Link 等下载器将程序下载到 Flash，因此，从 Flash 启动是最方便和最常用的启动方式。系统存储器存储了厂家提供的 BootLoader，在没有仿真器的情况下，可从系统存储器启动，利用 BootLoader 通过串口将程序下载至 Flash。SRAM 一般存放程序运行时产生的临时数据，从 SRAM 启动一般用于程序快速调试。不同系列芯片的启动模式配置方式不同，根据 MCU 是否具有 BOOT1 引脚大致可分为两种情况。

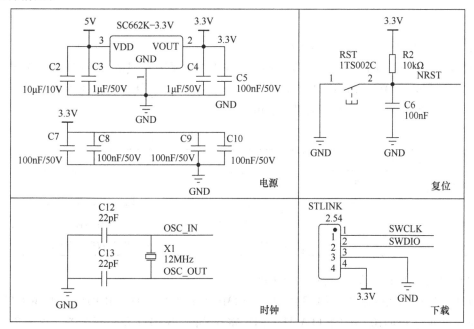

图 2-5　典型的最小系统

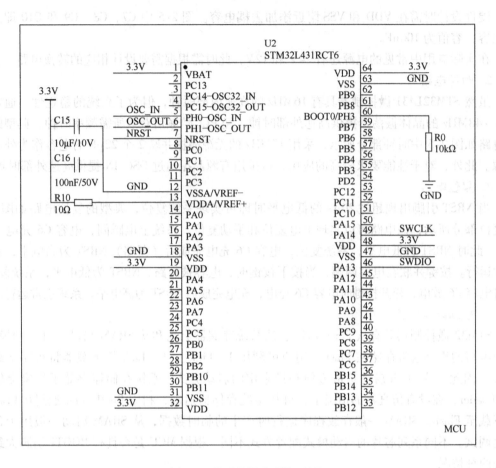

图 2-5　典型的最小系统（续）

（1）具有 BOOT0 和 BOOT1 引脚

STM32 早期的系列芯片（如 STM32F1 和 STM32F4 系列）具有 BOOT0 和 BOOT1 引脚，启动模式可通过 BOOT0 和 BOOT1 引脚进行配置，见表 2-1，硬件设计时可将这两个引脚通过拨码开关或跳线引出，以方便配置高低电平。

表 2-1　具有 BOOT0 和 BOOT1 引脚的 MCU 启动模式配置

启动模式选择引脚		启动模式	说　明
BOOT1	BOOT0		
X	0	从 Flash 启动	Flash 被选为启动区域
0	1	从系统存储器启动	系统存储器被选为启动区域
1	1	从 SRAM 启动	SRAM 被选为启动区域

（2）具有 BOOT0 引脚，无 BOOT1 引脚

STM32 近期的系列芯片（如 STM32G 和 STM32L 系列）只具有 BOOT0，无 BOOT1 引脚，启动模式可通过 BOOT0 引脚和 FLASH_OPTR 寄存器的 nBOOT1 位进行配置，见表 2-2。

表 2-2　具有 BOOT0 引脚，无 BOOT1 引脚的 MCU 启动模式配置

BOOT0	nBOOT1 FLASH_OPTR〔23〕	nBOOT0 FLASH_OPTR〔27〕	nSWBOOT0 FLASH_OPTR〔26〕	Flash 空	启动模式
0	X	X	1	0	从 Flash 启动
X	X	1	0	X	从 Flash 启动
0	X	X	1	1	从系统存储器启动
1	1	X	1	X	从系统存储器启动
X	1	0	0	X	从系统存储器启动
1	0	X	1	X	从 SRAM
X	0	0	0	X	从 SRAM

需要注意的是不同芯片的启动配置略有差异，用户需根据相应的芯片手册进行具体设置。此外，设置从 SRAM 启动，并利用串口完成程序下载后，应再次设置为从 Flash 启动之后再进行复位，以保证程序的运行。

本设计采用的 MCU 型号为 STM32L431RCT6，只有 BOOT0 引脚（PH3），将其直接接下拉电阻即可。

2.3　裸机开发环境搭建

1. 软件下载

目前用的较多的 STM32 系列微控制器的开发工具有 MDK-ARM、IAR、STM32CubeIDE 等。其中 STM32CubeIDE 是 ST 公司推出的集成开发环境，可满足所有 ST 所有系列 MCU 开发。本书裸机部分采用 STM32CubeIDE 进行开发。STM32CubeIDE 可从 ST 官网下载，下载地址为：https：//www. st. com/content/st_com/en/products/development-tools/software-development-tools/stm32-software-development-tools/stm32-ides/stm32cubeide. html。

2. 软件安装

软件下载完成后为一个压缩包，解压后得到软件安装程序，双击即可安装，需要注意的是：安装程序所在路径不能包含中文，否则出现如图 2-6 所示的报错提示。

3. 软件测试

（1）创建工程

打开 STM32CubeIDE，依次单击 "File" →
"New" → "STM32 Project"，创建一个新工程，如
图 2-7 所示。创建工程后会自动打开芯片选择界

图 2-6　报错——安装程序所在
路径包含中文

面，在 "Commercial Part Number" 中输入芯片型号，然后根据封装选择芯片即可，选择芯片步骤如图 2-8 所示。选择完芯片后，弹出工程信息对话框，如图 2-9 所示，输入工程名，单击 "Finish" 按钮即可完成工程创建。

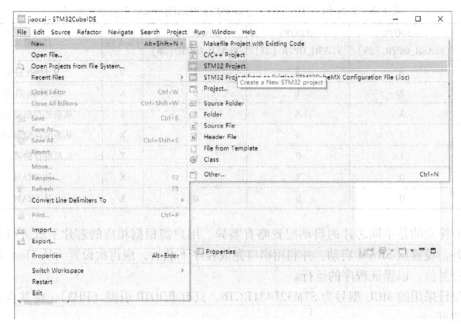

图 2-7　创建工程

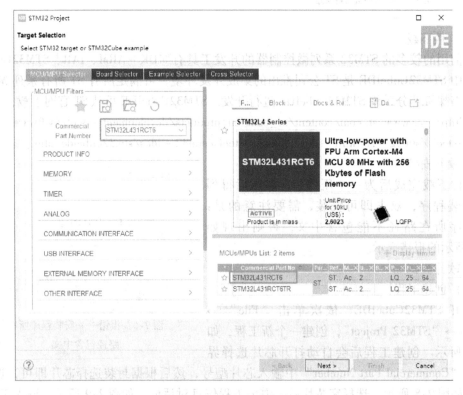

图 2-8　选择芯片步骤

图 2-9　工程信息对话框

（2）编译下载工程

工程创建完成后，打开左侧工程目录./ Core/Src/main.c 程序，单击编译图标编译工程，显示 0 错误、0 警告，如图 2-10 所示。然后，利用下载工具连接开发板和计算机，单击下载按钮，能成功下载程序，表明开发环境已搭建成功。

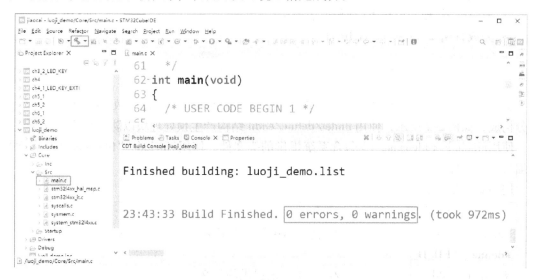

图 2-10　编译工程

2.4　C语言基础

2.4.1　文件结构

完整 C 程序包含源文件和头文件，源文件用于程序实现，以 ".c" 为后缀，头文件用于程序声明，以 ".h" 为扩展名。为了便于管理，通常将头文件和源文件分别保存在不同的目录，如头文件保存于 inc 目录，源文件保存于 src 目录。

头文件和源文件的开始是文件的版权和版本的声明，如例 2-1 所示，主要内容有：版权信息；文件名称，摘要；当前版本号，作者/修改者，完成日期；版本历史信息等。

例 2-1　版权和版本声明：

```
/*
 * Copyright（c）2021,河南工学院电气工程与自动化学院
 * All rights reserved.
 *
 * 文件名称:filename.h
 * 摘    要:简要描述本文件的内容
 *
 * 当前版本:1.1
 * 作    者:输入作者(或修改者)名字
 * 完成日期:2021 年 12 月 1 日
 *
 * 取代版本:1.0
 * 原 作 者:输入原作者(或修改者)名字
 * 完成日期:2021 年 12 月 10 日
 */
```

1. 头文件

头文件用于辅助源文件实现程序功能，由头文件版权版本声明、预处理块和函数声明 3 部分构成，如例 2-2 所示，使用 ifndef/define/endif 结构产生预处理块以防止头文件被重复包含，使用#include < filename.h > 包含系统提供的头文件，使用#include "filename.h" 包含用户编写的头文件。

例 2-2　头文件示例：

```
/* 版权版本声明 */
#ifndef__LED_H__          // 防止 led.h 被重复引用
#define__LED_H__
#include  <stdio.h>       // 引用系统提供的头文件
…
#include "myheader.h"     // 引用用户编写的头文件
```

```
...
void Function1(…);                    // 全局函数声明
...
#endif
```

2. 源文件

源文件用于程序的具体实现，由源文件版权版本声明、头文件引用和程序的实现体 3 部分组成，如例 2-3 所示。

例 2-3　源文件结构：

```
/* 版权版本声明 */
#include "led. h"                    // 引用头文件
...

// 全局函数的实现体
void Function1(…)
{
...

}
...
```

2.4.2　程序版式

程序版式不会影响程序的功能，但会影响可读性，程序版式追求清晰、美观，是程序风格的重要构成因素。

1. 空行

空行起着分隔程序段落的作用，不会浪费内存。空行得体将使程序的布局更加清晰。

```
// 空行
void Function1(…)
{
...

}
// 空行
void Function2(…)
{
...

}
// 空行
void Function3(…)
{
...

}
```

```
// 空行
while (condition)
{
    statement1;
// 空行
if (condition)
{
    statement2;
}
else
{
    statement3;
}
// 空行
    statement4;
}
```

2. 代码行

一行代码只做一件事情，如只定义一个变量，或只写一条语句，这样的代码容易阅读，并且方便于写注释。if、for、while、do 等语句自占一行，执行语句不得紧跟其后，不论执行语句有多少都要加 {}。这样可以防止书写失误。如：

风格良好的代码行：	风格不良的代码行：

int width;   // 宽度
int height;   // 高度
int depth;   // 深度
	int width, height, depth; // 宽度高度深度

x = a + b;
y = c + d;
z = e + f;
	x = a + b; y = c + d; z = e + f;

if (width < height)
{
    dosomething ( );
}
	if (width < height) dosomething ( );

for (initialization; condition; update)
{
    dosomething ( );
}
// 空行
other ( );
	for (initialization; condition; update)
	dosomething ( );
	other ( );

2.4.3　C 语言知识精编

C 语言是程序设计的基础，只有掌握了 C 语言才能更好地进行 STM32 开发设计。本章针对 STM32 开发中常用的 C 语言技巧和语法进行简要描述。

1. 关键字

关键字是一类具有固定名称及特定含义的特殊标志符，又称为保留字，编程的时候一般不允许另作他用。C 语言的关键字共有 32 个，根据关键字的作用，可分为数据类型关键字、控制语句关键字、存储类型关键字和其他关键字四类，C 语言的 32 个关键字见表 2-3。

表 2-3　C 语言的 32 个关键字

关键字		意　义
数据类型	char	声明字符型变量或函数
	double	声明双精度变量或函数
	enum	声明枚举类型
	float	声明浮点型变量或函数
	int	声明整型变量或函数
	long	声明长整型变量或函数

（续）

关键字		意　义
数据类型	short	声明短整型变量或函数
	signed	声明有符号类型变量或函数
	struct	声明结构体变量或函数
	union	声明共用体（联合）数据类型
	unsigned	声明无符号类型变量或函数
	void	声明函数无返回值或无参数，声明空类型指针
控制语句	for	循环语句
	do	循环语句的循环体
	while	循环语句的循环条件
	break	跳出当前循环
	continue	结束当前循环，开始下一轮循环
	if	条件语句
	else	条件语句否定分支（与 if 连用）
	goto	无条件跳转语句
	switch	开关语句
	case	开关语句分支
	default	开关语句中的其他分支
	return	返回语句
存储类型	auto	声明自动变量，省略时一般为"auto"
	extern	声明变量是在其他文件中声明（也可以看作是引用变量）
	register	声明寄存器变量
	static	声明静态变量
其他	const	声明只读变量
	sizeof	计算对象所占内存空间大小
	typedef	给数据类型取别名
	volatile	说明变量在程序执行中

（1）const

声明只读变量，其值不能被改变，在编程过程中保持不变的数据最适合用 const 关键字修饰，声明时必须为只读变量赋一个初始值，例如：

const float Pi = 3. 14;

有时为了防止函数的参数在函数体中被意外改变，用 const 修饰函数参数，例如：

void Fun（const int I）；//const 修饰函数参数，防止其在函数体中被意外改变。

（2）typedef

给一个已经存在的数据类型取一个别名，定义一个类型的别名，而非定义一个新的数据类型。typedef 格式如下：

typedef 类型名 定义名；

按照类型名的不同，typedef 有不同的功能，其中最基本的两种功能有：

1）基本类型的自定义。

对所有系统默认的基本类型可以用下面的方法重新定义类型名，如例 2-4 所示。

例 2-4 基本类型自定义：

```
typedef float REAL ;              //定义单精度型为 REAL
typedef char CHARACTER ;          //定义字符型为 CHARACTER
typedef unsigned long INT32U ;    //定义 32 位无符号整型为 INT32U
typedef unsigned int INT16U ;     //定义 16 位无符号整型为 INT16U
typedef unsigned char INT8U ;     //定义 8 位无符号整型为 INT8U
```

2）结构体类型的自定义。

结构体类型自定义及使用方法如例 2-5 所示。

例 2-5 结构体类型自定义：

```
typedef struct
{
    long num;
    char name[10];
    char sex;
} STUDENT ;    //定义结构体类型为 STUDENT
int main( )
{
    STUDENT stu1,stu[10] ; //定义 STUDENT 类型的变量 stu1 和数组 stu[ ]
}
```

（3）volatile

在嵌入式系统中，volatile 用于描述一个对应于内存映射的 IO 端口或者硬件寄存器（如状态寄存器）。

编译器优化时，用到 volatile 关键字修饰变量，使得每次都重新读取这个变量的值，而不是使用保存在寄存器里的备份。

在中断服务子程序中访问的非自动变量和多线程应用中被多个任务共享的变量也必须用 volatile 关键字修饰。volatile 使用如例 2-6 所示。

例 2-6 volatile 使用示例：

```
volatile int flag = 0;
void f( )
{
    while(1)
```

（续）

```
{
    if(flag)
    {
        do_action( );
    }
}
void isr_f( )
{
    flag = 1;
}
```

用 volatile 修饰变量 flag，编译时不对 flag 进行优化，即每次都重新读取 flag 变量的值，保证了 flag 的准确性。例 2-6 中如果没有用 volatile 修饰变量 flag，编译器看到 flag 后可能只执行一次 flag 的读操作，并将它的值（0）缓存到寄存器中，以后每次访问 flag 时就使用寄存器的缓存值（0）而不是进行存储器的绝对地址访问，导致 do_action（）函数永远无法执行，尽管中断函数 isr_f（）中将 flag 置 1。

2. 运算符

C 语言的运算符包括算术运算、比较运算、逻辑运算及位逻辑运算，见表 2-4 ~ 表 2-7。

表 2-4　算术运算

运算符	说明	范例	执行结果
+	加	c = a + b;	c 等于 10
−	减	d = a − b;	d 等于 6
*	乘	e = a * b;	e 等于 16
/	除	f = a/b;	f 等于 4
%	取余数	g = a%b;	g 等于 0
+ +	加 1	c + +；相当于 c = c + 1；	c 等于 11
− −	减 1	d − −；相当于 d = d − 1；	d 等于 5
=	等于	a = 8;	设置 a 等于 8
+ =	先相加再等于	e + = 5；相当于 e = e + 5；	e 等于 21
− =	先相减再等于	f − = 5；相当于 f = f − 5；	f 等于 − 1
* =	先相乘再等于	b * = 5；相当于 b = b * 5；	b 等于 10
/ =	先相除再等于	a/ = 5；相当于 a = a/5；	a 等于 1
% =	先取余数再等于	a% = 5；相当于 a = a%5；	a 等于 3

注：假设 a 等于 8，b 等于 2。

表2-5　比较运算

运算符	说明	范例	执行结果
==	等于	a == 5	F
!=	不等于	a! =5	T
<	小于	a < 5	F
>	大于	a > 5	T
<=	小于等于	a <= 5	F
>=	大于等于	a >= 5	T

注：比较运算结果是个布尔值，即 TRUE（真值）或 FALSE（假值），假设 a 等于 8。

表2-6　逻辑运算

运算符	说明	范例	执行结果
&&	AND	(a > 5) && (a < 10)	T
||	OR	(a < 5) || (a > 10)	F
!	NOT	! (a > 10)	T

注：逻辑运算结果是个布尔值，即 TRUE（真值）或 FALSE（假值），假设 a 等于 8。

表2-7　位逻辑运算

运算符	说明	范例	执行结果
&	AND	a = a&0x01	a 等于 0x01
|	OR	a = a|0x80	a 等于 0x09
~	NOT	a = ~a	a 等于 0xF7
^	XOR	a = a^0xFF	a 等于 0xF7
<<	左移	a = a << 1	a 等于 0x10
>>	右移	a = a >> 1	a 等于 0x04

注：假设 a 等于 8。

3. 预处理

预处理是对源程序编译前做的一些处理，生成扩展 C 语言的源程序，它必须放在程序的开始，所有指令以"#"为前缀。表2-8 显示了 ANSI 标准定义的 C 语言预处理指令。本章对最常用的几条指令做详细讨论。

表2-8　预处理指令

预处理命令	意　义
#define	宏定义
#undef	撤销已定义过的宏名
#include	将另一源文件嵌入带有#include 的源文件中
#if	#if 的一般含义是：如果#if 后面的常量表达式为 true，则编译#if 与#endif 之间的代码，否则跳过这些代码
#else	#else 在# if 失败的情况下建立另一选择
#elif	#elif 命令意义与 else if 相同，它形成一个 if-else-if 阶梯状语句，可进行多种编译选择
#endif	#endif 标识一个#if 块的结束

（续）

预处理命令	意　义
#ifdef	用#ifdef 与#ifndef 命令分别表示"如果有定义"及"如果无定义"，是条件编译的另一种方法
#ifndef	
#line	改变当前行数和文件名称，它们是在编译程序中预先定义的标识符，命令的基本形式为：#line number ［" filename" ］
#error	编译程序时，只要遇到#error 就会生成一个编译错误提示消息，并停止编译
#pragma	它允许向编译程序传送各种指令，当编译器遇到这条指令时就在编译输出窗口中将消息文本打印出来

（1）宏定义#define

#define 是 C 语言中最常用宏指令之一，它用来将一个标识符定义为一个字符串，该标识符被称为宏名，被定义的字符串称为替换文本。其主要目的是为程序员在编程时提供一定的方便，并能在一定程度上提高程序的运行效率。

一个标识符被宏定义后，该标识符即为一个宏名。在程序中出现的是宏名，在该程序被编译前，先将宏名用被定义的字符串替换，称为宏替换，替换后才进行编译，宏替换是简单的替换。

该命令有两种格式：一种是简单的宏定义，另一种是带参数的宏定义。

1）简单的宏定义：

如：#define PI 3. 1415926

将 PI 定义为3. 1415926，以后的程序中遇到 PI 都将用3. 1415926 替换。

注意：在简单的宏定义使用中，当替换文本所表示的字符串为一个表达式时，容易引起误用。例如：

```
#include  < stdio. h >
#define N 2 + 2
int main( )
{
    int a = N * N;
    printf( " % d\n" ,a) ;
    system( " pause" ) ;
    return 0;
}
```

在此程序中存在着宏定义命令，宏 N 代表的字符串是2 +2，在程序中有对宏 N 的使用，程序本意是先求解 N 为2 +2 =4，然后在程序中计算 a 时使用乘法，即 N * N =4 * 4 =16，但是运行结果为8。原因是，宏 N 出现的地方只是简单地使用2 +2 来代替 N，并不会增添任何的符号，所以对该程序展开后的结果是 a =2 +2 * 2 +2。

2）带参数的宏定义：

#define ＜宏名＞（＜参数表＞）＜宏体＞

如：#define A(x) x

将 A（x）定义为 x，程序中 A（x）将被替换为 x，如 A（5）将被替换为5。

在带参数的宏定义的使用中，如果缺少括号，极易引起误解。例如需要做个宏替换能求任何数的二次方，这就需要使用参数，以便在程序中用实际参数来替换宏定义中的参数，如例 2-7 所示。

例 2-7 宏定义求任何数的二次方：

```
#include <stdio. h>
#define square( x) x * x
int main( )
{
    int y = square(2 +2);
    printf("% d\n",y);
    system("pause");
    return 0;
}
```

例中#define square（x）x * x 定义 square（x）为 x * x，即求 x 的二次方，程序运行结果 y =8，而程序本意是要得到 y =16。是由于宏定义只是简单替换，square（2 +2）被替换为 2 +2 * 2 +2。为了得到想要的结果需改为#define square（x）（x） * （x）。

（2）条件编译

条件编译是对源程序中一部分内容只在满足一定条件下才进行编译，即对一部分内容指定编译条件。

1）#if / #endif/ #else/ #elif 指令。

#if 指令检测跟在指令关键字后的常量表达式。如果表达式为真，则编译后面的程序，直至出现#else、#elif 或#endif；如果表达式为假，则不编译。

#endif 用于终止#if 预处理指令。

#else 指令用于某个#if 指令之后，当前面的#if 指令的条件不为真时，则编译#else 后面的程序。条件编译示例如例 2-8 所示。

例 2-8 条件编译示例：

```
#include <stdio. h>
#define DEBUG
//#define DEBUG 0
int main( )
{
    #ifdef DEBUG
        printf("Debugging\n");          //此时#ifdef DEBUG 为真

    #else                               //此时为假
        printf("Not debugging\n");
    #endif
    printf("Running\n");
    system("pause");
    return 0;
}
```

上述例子中实现 DEBUG 功能，每次要输出调试信息前，只需要#ifdef DEBUG 判断一次。不需要了就在文件开始定义#define DEBUG 0。

#elif 预处理指令综合了 #else 和#if 指令的作用，如例 2-9 所示。

例 2-9 elif 示例：

```
#include <stdio.h>
#define TWO
int main()
{
    #ifdef ONE
        printf("1\n");
    #elif defined TWO
        printf("2\n");
    #else
        printf("3\n");
    #endif
    system("pause");
    return 0;
}
```

2) #ifdef 和#ifndef 指令。

这两条指令主要用于防止重复包含，一般加在 .h 头文件前面。防止头文件重复包含示例如例 2-10 所示。

例 2-10 防止头文件重复包含示例：

```
//头文件防止重复包含
//funcA.h
#ifndef __FUNCA_H__
#define __FUNCA_H__
//头文件内容
#end if
```

当头文件第一次被包含时，被正常处理，符号__FUNCA_H__被定义为1。如果头文件被再次包含，通过条件编译，#define __FUNCA_H__和后面的头文件内容（到#end if）被忽略。

符号__FUNCA_H__按照被包含头文件的文件名进行取名，以避免由于其他头文件使用相同的符号而引起冲突。

（3）文件包含

文件包含是预处理的一个重要功能，它可用来把多个源文件连接成一个源文件进行编译，结果将生成一个目标文件。C 语言提供#include 命令实现文件包含的操作，文件包含实际是宏替换的延伸，有两种格式：

1）#include ＜ filename ＞，其中 filename 为要包含的文件名称，用尖括号括起来，也称为头文件。它表示预处理到系统规定的路径中去获得这个文件（即 C 编译系统所提供的并存放在指定的子目录下的头文件）。找到文件后，用文件内容替换该语句。

2）#include "filename"，其中 filename 为要包含的文件名称，双引号表示预处理应在当前目录中查找文件名为 filename 的文件，若没有找到，则按系统指定的路径信息，搜索其他目录。找到文件后，用文件内容替换该语句。

需要强调的是：#include 是将已存在文件的内容嵌入到当前文件中。另外#include 支持相对路径，"."代表当前目录，".."代表上层目录，以此类推，如#include ".. filename"表示在上层目录中查找名为 filename 的文件。

4. 指针

指针是 C 语言中广泛使用的一种数据类型，运用指针编程是 C 语言最主要的风格之一。在嵌入式 C 语言编程中，指针的合理使用能使程序精炼高效。然而指针也是 C 语言中最难掌握的内容，必须通过多实践才能掌握指针的应用。指针和数组有着密切的关系，任何能由数组下标完成的操作都可用指针来实现，使用指针可使代码更紧凑、更灵活。

（1）指向数组元素的指针

定义一个整型数组和一个指向整型的指针变量：

```
int a[10];
int *p = NULL;            //定义指针时要初始化
p = a;                    //数组名 a 为数组第 0 个元素的地址,因此 p 指向数组 a
中第 0 个元素,与 p = &a[0] 等价
```

根据地址运算规则，a＋1 表示 a [1] 的地址，a＋i 为 a [i] 的地址，则可以用指针表示数组元素的地址和内容：

1）p＋i 和 a＋i 均表示 a [i] 的地址，即指向数组第 i 号元素 a [i]。

2）*（p＋i）和 *（a＋i）都表示 p＋i 和 a＋i 所指对象的内容，即 a [i]。

（2）字符指针

字符串常量是由双引号括起来的字符序列，如 "Hello World!"。存储字符串常量的方法有两种：

1）把字符串常量存放在一个字符数组中，如：char s [ ] = "Hello World!"

2）用字符指针指向字符串，如：char * cp = "Hello World!"，然后通过指针访问字符串的存储区，但是不可以通过指针来修改字符串常量，如：将 "H" 改为 "A"，* cp = "A" 是错误的。

（3）指针函数

当一个函数声明其返回值为一个指针时，实际上就是返回一个地址给调用函数，以用于需要指针或地址的表达式中。首先它是一个函数，只不过这个函数的返回值是一个地址值。函数返回值必须用同类型的指针变量来接收，即指针函数一定有"函数返回值"，在主调函数中，函数返回值必须赋给同类型的指针变量。

指针函数的定义格式为：类型名 * 函数名（函数参数列表）；

其中，后缀运算符"（）"表示是一个函数，其前缀运算符"*"表示此函数为指针类型函数，其函数值为指针，即它返回值的类型为指针。当调用这个函数后，将得到一个指针（地址），类型名表示函数返回的指针指向的类型。例如：int * pfun（int，int）；

由于"*"的优先级低于"（）"的优先级，因而 pfun 首先和后面的"（）"结合，说明 pfun（）是一个函数。接着再和前面的"*"结合，说明这个函数的返回值是一个指针。

最后，前面的 int 表明 * pfun（）是一个返回值为整型指针的函数。返回值类型可以是任何基本类型和复合类型。返回指针的函数的用途十分广泛。指针函数的应用如例 2-11 所示。

例 2-11 指针函数的应用：

```c
#include < stdio. h >
/* 函数声明 */
int * GetDate(int week, int day);
int main()
{
    int wk, dy;
    while(1)
    {
        printf("Enter week(1 - 5), day(1 - 7)\n");
        scanf("%d,%d", &wk, &dy);
        printf("%d\n", * GetDate(wk, dy));
    }
    return 0;
}
int * GetDate(int week, int day)
{
    //二维数组,保存日期
    static int calendar[5][7] =
    {
        {1,2,3,4,5,6,7},
        {8,9,10,11,12,13,14},
        {15,16,17,18,19,20,21},
        {22,23,24,25,26,27,28},
        {29,30,31, -1, -1, -1, -1}
    };
    /* 返回二维数组地址 */
    return &calendar[week - 1][day - 1];
}
```

该程序中，子函数返回的是数组某元素的地址，输出的是这个地址里的值。

5. 结构体

（1）结构体说明和结构变量定义

结构体是由基本数据类型构成的，并用一个标识符来命名的各种变量的组合。结构体中可以使用不同的数据类型。STM32 的固件库中广泛使用了结构体。由于结构体也是一种数据类型，因此在使用结构体时要先定义，其定义格式一般为：

```
struct 结构名
{
    类型 变量名;
    类型 变量名;
    ...
} 结构变量;
```

其中，结构名是结构体的标识符不是变量名，结构体中的变量名才是变量名。构成结构体的每一个类型变量称为结构体成员，需按变量名称来访问成员。

（2）结构体变量的使用

结构体是一种新的数据类型，因此结构体变量也可以像其他类型的变量一样赋值、运算，不同的是结构体变量以成员作为基本变量。结构体成员的表示方式为：结构体变量.成员名。

如果将结构体变量.成员名看成一个整体，则这个整体的数据类型与结构体中该成员的数据类型相同。例 2-12 给出结构体变量的使用示例，定义了一个结构体变量，每个成员可从键盘接收数据，然后对结构中的浮点数求和，并显示运算结果。注意该例中不同结构体成员的访问。

例 2-12 结构体变量的使用示例：

```
#include <stdio.h>
int main(void)
{
    struct
    { /*定义结构体变量*/
        char name[8];
        int age;
        char sex[4];
        char depart[20];
        float wage1,wage2,wage3;
    }a;
    float wage;
    char c = 'Y';
    while(c == 'Y'||c == 'y')              /*判断是否继续循环*/
```

```
    {
        printf("Name:");
        scanf("%s",a. name);     /* 输入姓名 */
        printf("Age:");
        scanf("%d",&a. age);     /* 输入年龄 */
        printf("Sex:");
        scanf("%s",a. sex);       /* 输入性别 */
        printf("Dept:");
        scanf("%s",a. depart);   /* 输入部门 */
        printf("Wage1:");
        scanf("%f",&a. wage1);   /* 输入工资 1 */
        printf("Wage2:");
        scanf("%f",&a. wage2);   /* 输入工资 2 */
        printf("Wage3:");
        scanf("%f",&a. wage3);   /* 输入工资 3 */
        wage = a. wage1 + a. wage2 + a. wage3;
        printf("The sum of wage is %6. 2f\n",wage);
        printf("Continue? \n");
        c = getche();
    }
    system("pause");
}
```

思考与练习

一、填空题

1. STM32 微控制器根据功能可分为＿＿＿＿＿＿、＿＿＿＿＿＿、＿＿＿＿＿＿＿和＿＿＿＿＿＿4 个系列。

2. STM32L431RBT6 芯片的引脚数为＿＿＿＿＿＿，Flash 大小为＿＿＿＿＿＿。

3. STM32 微控制器的引脚按功能可分为＿＿＿、＿＿＿、＿＿＿、＿＿＿和＿＿＿。

4. STM32 微控制器的 NRST 引脚输入＿＿＿电平时，MCU 将复位，当 NRST 从＿＿＿电平变为＿＿＿电平时，系统重新运行。

5. STM32 微控制器的＿＿＿引脚可接外部电池，用于给 RTC 单元供电，允许 RTC 在系统断电正常运行。

6. 典型的 STM32 最小系统由＿＿＿＿＿＿、＿＿＿＿＿＿、＿＿＿＿＿＿、＿＿＿＿＿＿、＿＿＿＿＿＿和＿＿＿＿＿＿构成。

二、选择题

1. STM32L 系列微控制器的最高频率为（ ）MHz。

A. 72   B. 80   C. 120   D. 170

2. STM32L431RCT6 不具有（ ）引脚。

A. PA15   B. PB15   C. PC15   D. PD15

3. STM32L4 系列微控制的 Flash 最大为（ ）。

A. 64KB   B. 128KB   C. 256KB   D. 512KB

4. 关键字（ ）用于声明只读的变量，其值不能被改变。

A. const   B. typedef   C. volatile   D. static

5. 定义 int a [10] = {0, 1, 2, 3, 4}；int *p = a；则 *（p+5）的值为（ ）。

A. 0   B. 1   C. 2   D. 3

三、判断题

1. STM32L431 系列芯片的供电电压范围为 1.71 ~ 3.6V。（ ）

2. 为了保证电源的稳定性，硬件设计时需在 VDD 和 VSS 附近添加去耦电容。（ ）

3. VREF + 和 VREF − 为 ADC 提供参考电压，如果 VREF + 和 VREF − 具有单独引脚，则 VREF − 必须与 VSSA 短接以共地。（ ）

4. STM32 微控制器都有 BOOT0 和 BOOT1 两个启动引脚。（ ）

5. STM32 微控制器共有 Flash 启动、系统存储器启动和 SRAM 启动 3 种启动模式。（ ）

四、简答题

1. 画出 STM32 最小系统的复位电路原理图，并分析复位原理。

2. 查阅资料，设计 DC 12V 转 DC 3.3V 的电源电路。

3. 完成裸机开发环境搭建。

▶ 第 3 章

STM32 通用功能输入输出

本章思维导图

通用功能输入输出（General Purpose Input Output，GPIO）是微控制器最核心和最基本的功能。本章首先介绍 GPIO 的概念及应用场景，然后讲解 IO 内部电路结构和工作模式，最后通过两个应用实例讲解 GPIO 的应用方法。STM32 通用功能输入输出思维导图如图 3-1 所示，其中加●的为需要理解的内容，加●的为需要掌握的内容，加●的为需要实践的内容。

1. 理解 IO 内部电路结构。
2. 掌握 IO 工作模式、GPIO 应用场景及步骤。
3. 独立完成两个应用实例，每个实例所用时间不超过 10min。

建议读者在完成本章学习后及时更新完善思维导图，以巩固、归纳、总结本章内容。

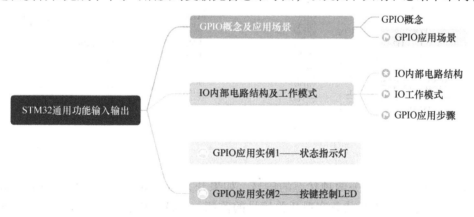

图 3-1　STM32 通用功能输入输出思维导图

3.1　GPIO 概念及应用场景

3.1.1　GPIO 概念

输入输出（Input Output，IO）是微控制器最基本的外设功能之一。GPIO 是相对于复用功能输入输出 AFIO（Alternate Function Input Output）而言的。GPIO 一般用于输出开关信号（高电平/低电平或 1/0），接收开关信号输入。AFIO 是 IO 的第二功能，根据功能不同其输入输出遵守一定的协议，如作为串口收发时，引脚电平根据收发数据变化，作为模拟输入时，引脚接收的为实际电压。

根据型号不同，STM32L431 处理器上 IO 端口和引脚多少不同，64 引脚的 STM32L431Rx 只有 A、B、C、D 4 组 IO 端口，其中 A、B 和 C 端口，每个端口有 16 个 IO 引脚；D 端口只有 1 个 IO 引脚；共 49 个 IO 引脚。而 100 引脚的 STM32L431Vx 有 A、B、C、D 和 E 5 个 IO 端口，每个端口有 16 个 IO 引脚，共 80 个 IO 引脚，每个引脚都可以用作 GPIO，也可用作 AFIO。

3.1.2 GPIO 应用场景

GPIO 主要应用于监测开关信号和控制设备开关，GPIO 应用示例如图 3-2 所示。

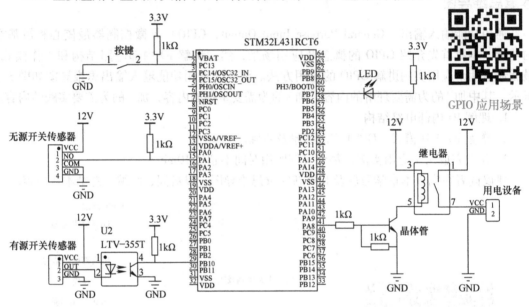

图 3-2　GPIO 应用示例

1. 监测开关信号

开关信号即只有开和关两种状态的信号，如果开为高（低）电平，则关为低（高）电平，GPIO 通过读引脚电平状态实现开关信号的监测，当读到引脚状态为 1 时，表明该引脚输入为高电平，此时可根据电路原理判断输入信号的开关状态。利用 GPIO 搭配适当电路即可实现任意开关信号监测，包括无源开关信号和有源开关信号。

（1）无源开关信号

无源开关信号指传感器输出本身不具备高低电平，通常有公共端（COM）、常开（NO）和（或）常闭（NC）等连接线，正常状态时，NO 和 COM 断路，NC 和 COM 短路，当传感器检测到异常时，NO 和 COM 短路，NC 和 COM 断路。常见的无源信号有各种按键、接近开关、限位开关、液位开关、水浸传感器输出、温度传感器输出、继电器输出等。

由于无源开关信号本身不输出高低电平，在电路连接时可在公共端接低电平，GPIO 引脚接 3.3V，即高电平。如图 3-2 中的按键，当读取 PC13 引脚值为 1 时，表明检测到高电平，根据电路原理图，此时按键为断开状态；当读取 PC13 引脚值为 0 时，表明检测到低电平，根据电路原理图，此时按键为闭合状态。又如图 3-2 中的无源开关传感器，当读取 PA1

引脚值为 1 时，表明检测到高电平，根据电路原理图，此时 NO 和 COM 断路，表明传感器所监测状态正常；当读取 PA1 引脚值为 0 时，表明检测到低电平，根据电路原理图，此时 NO 和 COM 短路，表明传感器所监测状态发生异常。

（2）有源开关信号

有源开关信号指传感器输出本身具备高低电平，相应传感器通常包含电源正极（VCC）、电源负极（GND）和输出（OUT），若正常状态时，则 OUT 输出高（低）电平，若异常状态时，则 OUT 输出低（高）电平。常见的有源信号包括霍尔式传感器输出、红外传感器输出、火灾报警器输出等。

由于有源信号输出具有极性，其输出高电平电压一般为 5V、12V 或 24V，超出了 MCU 引脚承受能力，因此不能直接接到 MCU 的引脚，可采用光电耦合器进行隔离。如图 3-2 中有源传感器，该传感器供电电源为 DC 12V，其输出高电平为 12V，如果所监测状态正常时传感器输出为低电平，则状态异常时传感器输出为高电平（12V）。当读取 PB10 引脚值为 1 时，表明检测到高电平，根据电路原理图，此时光电耦合器引脚 3 和引脚 4 断路，表明传感器所监测状态发生异常；当读取 PB10 引脚值为 0 时，表明检测到低电平，根据电路原理图，此时光电耦合器引脚 3 和引脚 4 短路，表明传感器所监测状态正常。

2. 控制设备开关

GPIO 通过设置引脚电平高低实现外部设备或器件的开关控制，搭配适当电路可控制任意设备开关，控制方式需结合原理图实现。如图 3-2 中的 LED，当设置 PB7 输出高电平时，LED 熄灭，当设置 PB7 输出低电平时，LED 点亮。又如图 3-2 中的用电设备，此设备需 12V 供电才能工作，而 GPIO 只能输出 3.3V 电压，因此可采用晶体管和继电器设计控制电路，根据电路原理，如果要给设备供电，只需 PA8 输出高电平即可。

3.2 IO 内部电路结构及工作模式

3.2.1 IO 内部电路结构

IO 内部电路结构

STM32 的 IO 内部结构框图如图 3-3 所示，分为输入和输出两部分，上半部分为输入，下半部分为输出，最右侧为 STM32 芯片引出的 IO 引脚，其他部件均位于芯片内部。

1. 保护二极管

两个保护二极管可以防止引脚输入电压过高或过低，当引脚电压高于 VDD 时，上方的二极管导通，当引脚电压低于 VSS 时，下方的二极管导通，这将输入电压钳位在 VCC 和 GND 之间，防止不正常电压输入芯片导致芯片烧毁。

2. 上拉电阻和下拉电阻

通过配置上拉电阻和下拉电阻的开关，可以控制引脚默认的输入状态。开启上拉电阻时，引脚默认输入电压为高电平，称为上拉输入；开启下拉电阻时，引脚默认输入电压为低电平，称为下拉输入；两者都不开启时，默认输入为高阻态，称为浮空输入。引脚作为输入时，一般要根据原理图设置为"上拉输入"或"下拉输入"，使它具有确定的默认输入状态。

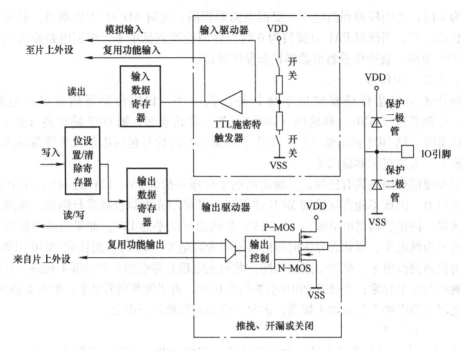

图 3-3　STM32 的 IO 内部结构框图

3. TTL 施密特触发器

　　施密特触发器（Schmidt Trigger）是一种由电位触发的触发器（一般触发器由时钟沿触发），它在输入电压递减和递增两种不同变化方向时有不同的阈值电压，因此具有较强的抗干扰能力。施密特触发器分为正向施密特触发器和反向施密特触发器，其符号及输入输出特性如图 3-4 所示，横轴为输入，纵轴为输出，STM32 中采用的是正向施密特触发器，对于正向施密特触发器，当输入值递减至低于输入低阈值（VIL）时，输出变为低电平（VOL），当输入值递增至高于输入高阈值（VIH）时，输出变为高电平（VOH）。

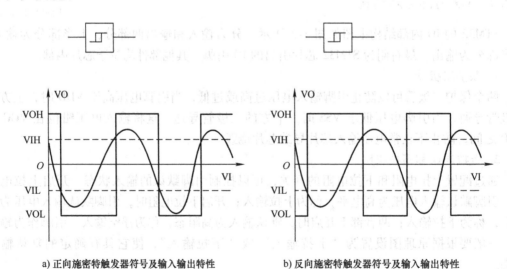

　　　a) 正向施密特触发器符号及输入输出特性　　　　　　　b) 反向施密特触发器符号及输入输出特性

图 3-4　施密特触发器符号及输入输出特性

4. 输入数据寄存器

寄存器是 MCU 内部用来存放指令和数据的一种有限存储容量的高速存储部件，其本质是一种只包含存储电路（由锁存器或触发器构成）的时序逻辑电路。由于一个锁存器或触发器只能存储一位二进制数，因此 N 位寄存器是由 N 个锁存器或触发器构成的。

输入数据寄存器是 MCU 用来保存输入结果的寄存器。STM32 每个端口都对应有一个独立的输入寄存器，输入寄存器为 32 位，但只用到低 16 位存储对应 16 个引脚的输入状态，高 16 位保留。引脚输入信号经上拉电阻或下拉电阻后，输入至 TTL 施密特触发器，模拟信号被施密特触发器转化为高电平或低电平，然后以 1（高电平）或 0（低电平）的数字信号形式存储至输入数据寄存器的相应位，读输入数据寄存器即可获取引脚的输入电平状态。

5. 置位/复位寄存器

置位/复位寄存器为 32 位寄存器，直接与输出数据寄存器相连，用于设置输出数据寄存器每一位的值。置位/复位寄存器每两位对应输出数据寄存器的一位，如设置置位/复位寄存器的第 0 位为 1，则输出数据寄存器的第 0 位被设置为 1；设置置位/复位的第 16 位为 1，则输出数据寄存器的第 0 位被设置为 0。

6. 输出数据寄存器

端口被设置成输出模式后，可以从输出数据寄存器相应位读写数据来判断和控制 IO 口的输出状态，与输入数据寄存器一样，输出数据寄存器为 32 位，但只用到低 16 位，且只能以 16 位的方式读取和设置，如果要单独设置某一位则需通过置位/复位寄存器设置。

7. P–MOS 和 N–MOS

P–MOS 和 N–MOS 组成的单元电路使 IO 引脚具有了"推挽输出"和"开漏输出"两种输出模式。

当设置 IO 引脚为推挽输出模式时，如果设置输出数据寄存器的相应位为 1，则上方的 P–MOS 导通，下方的 N–MOS 截止，该引脚对外输出高电平（3.3V）。反之，如果设置输出数据寄存器的相应位为 0，则上方的 P–MOS 截止，下方的 N–MOS 导通，该引脚对外输出低电平（0V）。

当设置 IO 引脚为开漏输出模式时，则上方的 P–MOS 漏极开路，即 P–MOS 永远截止，此时如果设置输出数据寄存器的相应位为 1，P–MOS 和 N–MOS 均截止，该引脚对外呈现高阻态，若想让该引脚输出高电平，则必须在该引脚接上拉电阻，由上拉电阻提供高电平。如果设置输出数据寄存器的相应位为 0，则 P–MOS 截止，N–MOS 导通，该引脚对外输出低电平（0V）。

3.2.2 IO 工作模式

根据 STM32 的 IO 内部结构，IO 共有浮空输入、上拉输入、下拉输入、模拟输入、推挽输出、开漏输出、复用功能推挽输出和复用功能开漏输出八种工作模式。

1. 通用输入模式

IO 用作通用输入时，施密特触发器打开，输出被禁止，可配置为浮空输入模式、上拉输入模式或下拉输入模式。当引脚配置为浮空输入模式时，该引脚默认状态为高阻态；引脚配置为上拉输入模式时，该引脚默认状态为高电平；引脚配置为下拉输入模式时，该引脚默认状态为低电平。GPIO 用于开关量监测时，应根据电路原理配置为上拉或下拉输入，不建议配置为浮空输入。

2. 通用输出模式

IO 用作通用输出时，可被配置为推挽输出模式或开漏输出模式。IO 工作在推挽输出模式时，双 MOS 工作，通过输出数据寄存器可控制 IO 输出高低电平。IO 工作在开漏输出模式时，只有 N-MOS 工作，通过输出数据寄存器可控制 IO 输出高阻态或低电平，要输出高电平需外接上拉电阻。需要注意的是，若有多个开漏输出模式引脚连接在一起，只有当所有引脚都输出高阻态时，才由上拉电阻提供高电平，此电平的电压为外部上拉电阻所接电源的电压，若其中一个引脚输出低电平，则所有引脚均输出低电平。

GPIO 输出速度可配置为 2MHz、25MHz、50MHz 或 100MHz，此处的输出速度指 IO 支持高低电平切换的最大频率，频率越高，功耗越大。

3. 复用功能输入输出

IO 用作复用功能输入输出时，包括默认复用功能和重映射复用功能。引脚的默认复用功能是固定的，使用默认复用功能必须把相应引脚配置为复用功能输入或复用功能输出。为了便于硬件设计可以通过软件配置相应的寄存器把一些复用功能重新映射到其他一些引脚上。

4. 模拟输入输出

模拟输入输出模式中，双 MOS 结构被关闭，施密特触发器停用，上/下拉被禁止，其他外设通过模拟通道进行输入输出。

3.2.3　GPIO 应用步骤

GPIO 是嵌入式系统中应用最频繁的，采用 STM32CubeIDE 进行开发时，GPIO 的配置最为简单，主要包括引脚功能选择、工作模式详细配置和输入输出功能实现三大步骤。

1. 引脚功能选择

以图 3-2 中 LED（PB7）和按键（PC13）为例，PB7 应配置为输出模式（GPIO_Output），PC13 应配置为输入模式（GPIO_Input），配置方式如图 3-5 所示。首先，在搜索框输入引脚号 PB7，此时 PB7 会闪烁，可快速定位引脚。然后，单击该引脚，此时弹出引脚可设置功能，包括复用功能和通用功能，其中 "GPIO_Input" 为通用输入功能，"GPIO_Output" 为通用输出功能，单击即可配置为相应功能。

2. 工作模式详细配置

完成引脚选择及输入输出配置后，需对引脚工作模式进行详细配置，配置方式如图 3-6 所示。首先，展开 "System Core"，单击选中 "GPIO" 选项。然后，单击选中待配置引脚，如 PB7。最后，在弹出的配置框中选择设置相应的功能。

（1）默认输出电平

该选项用于设置系统复位后，引脚输出电平，包括 "Low" 和 "High" 两个选项，分别对应低电平和高电平。

（2）引脚模式

引脚功能为输出时，有 "Output Push Pull" 和 "Output Open Drain" 两个选项，分别对应推挽输出和开漏输出。

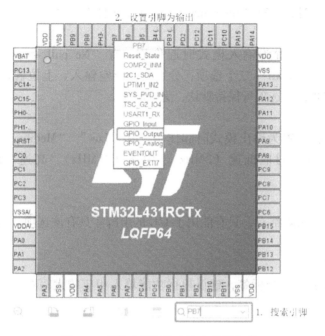

图 3-5　引脚选择及输入输出配置方式

图 3-6　工作模式详细配置方式

引脚功能为输入时，只有"Input mode"选项，并且不可更改。

（3）上拉下拉

该选项仅在引脚配置为输入模式时起作用，有"No pull – up and no pull – down" "Pull – up"和"Pull – down"三个选项，分别对应浮空输入、上拉输入和下拉输入。当引脚配置为输出模式时，该选项可保持默认，无须配置。

（4）输出速度

该选项仅在引脚配置为输出模式时起作用，有"Low" "Medium" "High"和"Very High"四个选项，分别对应低速（2MHz）、中速（25MHz）、高速（50MHz）和超高速（100MHz）。

（5）快速模式

该选项不是每个引脚都有，只有能用于 I2C 的引脚才具有该选项，用于设置 I2C 为快速模式。

（6）用户标签

用于为引脚宏定义一个标签，建议根据功能填入相应的大写英文单词（或缩写），如 LED、KEY、BEEP 等。

3. 输入输出功能实现

功能配置完成后，按 < Ctrl + S > 键保存，会在 main. c 中自动生成初始化配置代码，读者可自行查看，了解具体配置。根据功能逻辑，调用相应的函数即可实现通用 IO 引脚的输入和输出功能。GPIO 相关函数声明位于"Drivers"→"STM32L4xx_HAL_Driver"→"Inc"目录下的"stm32l4xx_hal_gpio. h"头文件，GPIO 相关函数声明如图 3-7 所示，下面对常用函数进行介绍。

```
270 /* IO operation functions ****************************************************/
271 GPIO_PinState      HAL_GPIO_ReadPin(GPIO_TypeDef* GPIOx, uint16_t GPIO_Pin);
272 void               HAL_GPIO_WritePin(GPIO_TypeDef* GPIOx, uint16_t GPIO_Pin, GPIO_PinState PinState);
273 void               HAL_GPIO_TogglePin(GPIO_TypeDef* GPIOx, uint16_t GPIO_Pin);
274 HAL_StatusTypeDef  HAL_GPIO_LockPin(GPIO_TypeDef* GPIOx, uint16_t GPIO_Pin);
275 void               HAL_GPIO_EXTI_IRQHandler(uint16_t GPIO_Pin);
276 void               HAL_GPIO_EXTI_Callback(uint16_t GPIO_Pin);
277
```

图 3-7 GPIO 相关函数

（1）函数 HAL_GPIO_ReadPin（）

函数 HAL_GPIO_ReadPin（）的功能是读取某个引脚的输入电平状态，其参数说明见表 3-1。

表 3-1 函数 HAL_GPIO_ReadPin（）

函数名	HAL_GPIO_ReadPin
函数原形	GPIO_PinState HAL_GPIO_ReadPin（GPIO_TypeDef * GPIOx, uint16_t GPIO_Pin）；
功能描述	读取引脚输入电平状态
输入参数1	GPIOx，其中 x 为 A、B、C、D、E，即各个端口
输入参数2	GPIO_Pin，引脚，可选 GPIO_Pin_n，其中 n = 1，2，…，15
返回值	引脚状态，GPIO_PIN_RESET 表示低电平，GPIO_PIN_SET 表示高电平

该函数使用示例如下：

> //读取引脚 PC13 的输入状态
> GPIO_PinState Status_LED；
> Status_LED = HAL_GPIO_ReadPin（GPIOC，GPIO_Pin_13）；

（2）函数 HAL_GPIO_WritePin（）

函数 HAL_GPIO_WritePin（）的功能为设置某个引脚的输出电平状态，其参数说明见表 3-2。

表 3-2 函数 HAL_GPIO_WritePin（）

函数名	HAL_GPIO_WritePin
函数原形	void HAL_GPIO_WritePin（GPIO_TypeDef * GPIOx，uint16_t GPIO_Pin，GPIO_PinState Pin-State）；
功能描述	设置引脚输出电平状态
输入参数 1	GPIOx，其中 x 为 A、B、C、D、E，即各个端口
输入参数 2	GPIO_Pin，引脚，可选 GPIO_Pin_n，其中 n = 1，2，…，15
输入参数 3	PinState，引脚状态，GPIO_PIN_RESET 表示低电平，GPIO_PIN_SET 表示高电平
返回值	无

该函数使用示例如下：

> //设置引脚 PB7 输出高电平
> HAL_GPIO_WritePin（GPIOB，GPIO_Pin_7，GPIO_PIN_SET）；

（3）函数 HAL_GPIO_TogglePin（）

函数 HAL_GPIO_TogglePin（）的功能是使某个引脚的输出电平翻转，其参数说明见表 3-3。

表 3-3 函数 HAL_GPIO_TogglePin（）

函数名	HAL_GPIO_TogglePin
函数原形	void HAL_GPIO_TogglePin（GPIO_TypeDef * GPIOx，uint16_t GPIO_Pin）；
功能描述	每调用一次该函数，则对应引脚输出电平状态变化一次
输入参数 1	GPIOx，其中 x 为 A、B、C、D、E，即各个端口
输入参数 2	GPIO_Pin，引脚，可选 GPIO_Pin_n，其中 n = 1，2，…，15
返回值	无

该函数使用示例如下：

> //引脚 PB7 输出电平翻转
> HAL_GPIO_TogglePin（GPIOB，GPIO_Pin_7）；

3.3 GPIO 应用实例1——状态指示灯

3.3.1 电路原理及需求分析

1. 电路原理

嵌入式系统中通常采用 LED 指示系统的工作状态，LED 相关电路原理图如图 3-8 所示，LED 阳极接高电平，阴极经限流电阻后接 GPIO 引脚，引脚输出高电平时，对应的 LED 熄灭，引脚输出低电平，对应的 LED 点亮。

2. 需求分析

利用 LED1（PA0）指示系统工作状态，上电或复位后，系统进行初始化，初始化完成后，LED1 先以 0.5s 的间隔闪烁 3 次，然后进入正常运行状态，LED1 以 1s 的间隔闪烁。根据电路原理图，当 PA0 输出高电平时，LED1 熄灭，当 PA0 输出低电平时，LED1 点亮。

GPIO 应用实例1

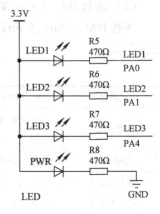

图 3-8　LED 相关电路原理图

3.3.2 实现过程

本实例将从工程创建开始详细介绍其实现过程，后续示例将在本实例基础上进行功能增删。

1. 创建工程

打开 STM32CubeIDE 软件，依次单击"File"→"New"→"STM32 Project"创建 STM32 工程，弹出芯片选择对话框，本书采用的芯片为 STM32L431RCT6，因此可输入芯片型号关键字（如 L431RC），在芯片列表中选择相应芯片后，弹出工程名称对话框，在"Project Name"栏输入工程名，然后单击"Finish"完成工程创建，如图 3-9 所示。注意工程名要有实际含义，只能包含数字、字母和下画线，且只能以字母开头，此处为"ch3_1_LED_Status"。

2. 调试配置

工程创建成功后要先进行调试配置，调试配置步骤如图 3-10 所示，首先单击选中"System Core"下的"SYS"，然后选择"Debug"选项，本书采用的是 ST-LINK，因此选择 Serial Wire 选项。

3. 时钟配置

设置完调试选项后，紧接着进行时钟配置。时钟配置包括两大步，即时钟源配置和时钟参数配置。

（1）时钟源配置

时钟源配置步骤如图 3-11 所示，首先单击选中"System Core"下的"RCC"，然后根据电路板配置高速时钟和低速时钟，由于本书所用开发板采用 12MHz 的无源晶振提供高速外部时钟，不提供低速外部时钟，因此只需配置 HSE 为石英晶振模式（Crystal/Ceramic Resonator），读者的电路板如果采用有源晶振提供高速外部时钟，则该选项应设置为旁路模式（BYPASS Clock Source）。

图 3-9　工程创建

图 3-10　调试配置步骤

图 3-11　时钟源配置步骤

（2）时钟参数配置

配置完时钟源后要进行时钟参数配置。时钟参数配置步骤如图3-12所示，具体如下：①单击"Clock Configuration"切换至时钟参数配置界面；②根据晶振频率改为对应值，此处为12；③勾选"HSE"，设置为外部高速时钟；④勾选"PLLCLK"，实现倍频分频；⑤修改HCLK的值，通常设置为最大频率，此处为80，然后按＜Enter＞键，软件会自动搜索解决方案，完成系统时钟、高级总线时钟、外设时钟等时钟的配置，保存工程即可生成配置程序。

4. 编译工程下载程序

调试配置和时钟参数配置完成后，即完成了最小系统软件配置。建议此时先编译工程，并下载程序至电路板，确保基本配置无误后，再进行后续功能的实现。

5. 配置引脚功能

根据电路原理配置LED1对应引脚功能为开漏输出，默认输出电平为高（LED1熄灭），定义用户标签为"LED1"，其他配置保持默认即可，LED1引脚配置如图3-13所示。

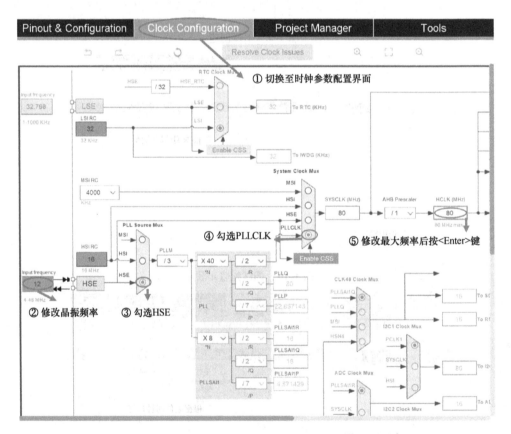

图3-12　时钟参数配置步骤

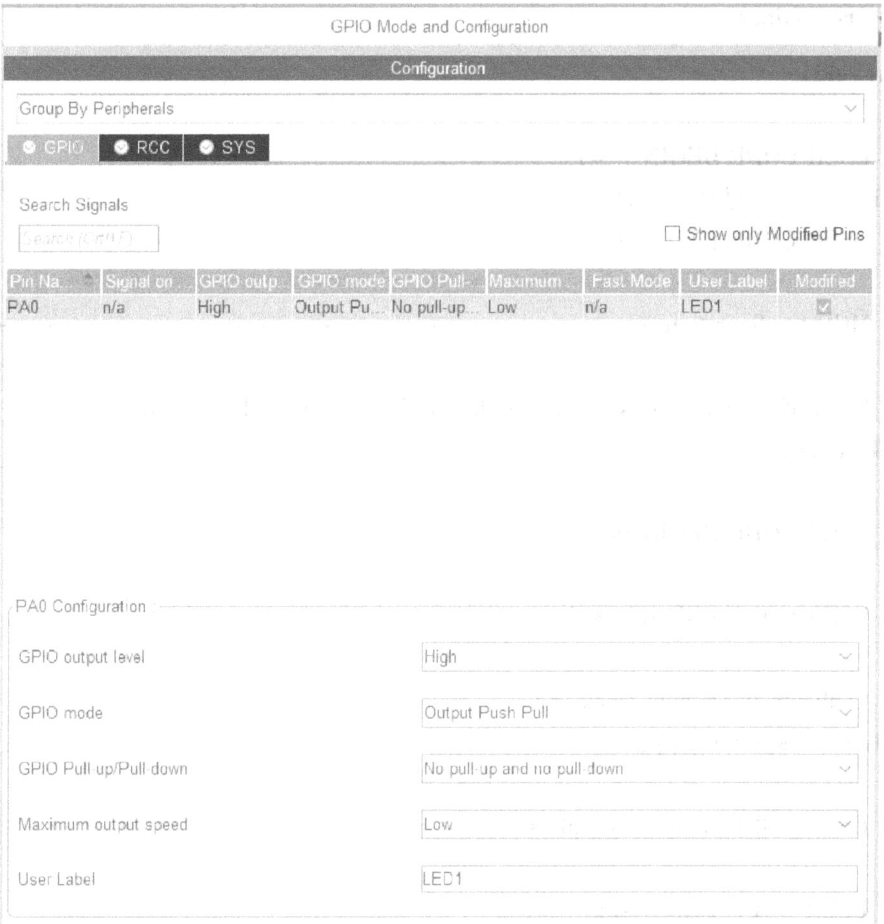

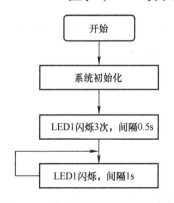

图 3-13　LED1 引脚配置

6. 编程实现功能

　　根据电路原理及需求分析，系统初始化完成后，LED1 先以 0.5s 的间隔闪烁 3 次，然后进入正常运行状态，LED1 以 1s 的间隔闪烁。因此，状态指示灯主程序流程如图 3-14 所示，根据程序流程图，完善 ./Core/Src/main.c 程序（"."表示当前工程），如下所示。

```
开始
  ↓
系统初始化
  ↓
LED1闪烁3次，间隔0.5s
  ↓
LED1闪烁，间隔1s
```

图 3-14　状态指示灯主程序流程

```
. / Core/Src/main. c
```

```c
int main( void)
{
    /* USER CODE BEGIN 1 */
    int i = 0;  //循环用变量
    /* USER CODE END 1 */

    /* MCU Configuration - - - - - - - - - - - - - - - - - - - - - - - - - - */

    /* Reset of all peripherals,Initializes the Flash interface and the Systick. */
    HAL_Init( );

    /* USER CODE BEGIN Init */

    /* USER CODE END Init */

    /* Configure the system clock */
    SystemClock_Config( );

    /* USER CODE BEGIN SysInit */

    /* USER CODE END SysInit */

    /* Initialize all configured peripherals */
    MX_GPIO_Init( );
    /* USER CODE BEGIN 2 */
    /* 初始化完成,LED1 间隔 0.5s 闪烁 3 次 */
    for( i = 0; i < 6; i + + )
    {
        HAL_GPIO_TogglePin( LED1_GPIO_Port,LED1_Pin) ;//LED1 引脚电平翻转
        HAL_Delay( 500) ;//延时 0.5s
    }

    /* USER CODE END 2 */

    /* Infinite loop */
    /* USER CODE BEGIN WHILE */
```

```
/* 初始化完成,LED1 间隔0.5s 闪烁3 次 */
while (1)
{
    HAL_GPIO_TogglePin(LED1_GPIO_Port,LED1_Pin);//LED1 引脚电平翻转
    HAL_Delay(1000);//延时1s
    /* USER CODE END WHILE */

    /* USER CODE BEGIN 3 */
}
/* USER CODE END 3 */
}
```

LED 闪烁可采用亮灭加延时的方法实现,这里采用 HAL_GPIO_TogglePin () 实现 LED 的亮灭控制,采用 HAL_Delay () 实现延时,HAL_Delay () 函数为毫秒延时函数。

需要注意的是,用户添加程序时只能添加在成对的 "BEGIN" 和 "END",否则再次配置生成程序时,所添加的程序将被清除。

程序编译通过后 (0 错误,0 警告),将程序下载至开发板,观察 LED1 现象,可以发现 LED1 先快速闪烁3 次,然后以 1s 间隔闪烁。

3.4 GPIO 应用实例 2——按键控制 LED

3.4.1 电路原理及需求分析

GPIO 应用实例 2

1. 电路原理

本实例采用按键控制 LED,按键和 LED 相关电路原理图如图 3-15 所示。LED 阳极接高电平,阴极经限流电阻后接 GPIO 引脚,引脚输出高电平时 LED 熄灭,引脚输出低电平时 LED 点亮。按键一端接高电平,另一端经限流电阻接 GPIO 引脚,下方电容和电阻构成硬件消抖电路,按键松开时读取引脚为低电平,按键按下时读取引脚为高电平。

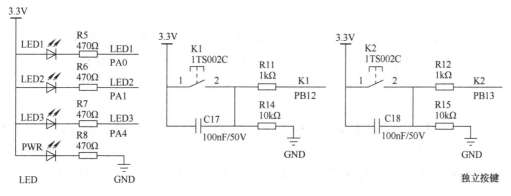

图 3-15　按键和 LED 相关电路原理图

2. 需求分析

1）LED1（PA0）用于指示系统的工作状态，上电或复位后，系统进行初始化，初始化完成后，LED1 先以 0.5s 的间隔闪烁 3 次，然后以 1s 的间隔闪烁。

2）按键 K1 通过轮询的方式控制 LED2，每按一次 K1，LED2 状态发生一次改变。

3.4.2 实现过程

本实例在"GPIO 应用实例1——状态指示灯"基础上添加功能程序实现，主要包括工程管理、配置引脚功能、编程实现功能、编译下载程序等步骤。

1. 工程管理

为了与"GPIO 应用实例1"进行区分，这里先复制工程，然后在对其进行更改。在工程栏选中工程"ch3_1_LED_Status"，按 < Ctrl + C > 键复制工程，然后按 < Ctrl + V > 键粘贴工程，此时弹出复制工程对话框，如图 3-16 所示，更改工程名为"ch3_2_LED_KEY"，然后单击"Copy"按钮进行复制，在工程栏出现名为"ch3_2_LED_KEY"的工程。展开该工程，可以看到配置文件为"ch3_1_LED_Status.ioc"，单击选中该文件，右键选择"Rename…"即可修改文件名，将其修改为"ch3_2_LED_KEY.ioc"。至此，完成工程复制。读者在练习时，可不复制工程，直接在"GPIO 应用实例1"基础上进行修改。

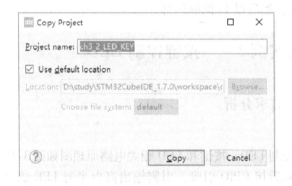

图 3-16　复制工程对话框

2. 配置引脚功能

LED2 引脚功能配置与 LED1 相同，区别是用户标签为"LED2"。根据电路原理配置 K1 对应引脚功能为下拉输入，K1 引脚配置如图 3-17 所示，完成配置后，保存工程，自动生成配置程序。

3. 编程实现功能

根据需求分析，只需在主程序的 while（）循环内增加按键 K1 监测程序，当监测到按键按下，等待按键 K1 松开时，改变 LED2 的状态。因此，按键控制 LED 程序流程如图 3-18 所示，根据程序流程图，主程序如下，限于篇幅，此处仅显示 while（）内循环内容。

图 3-17　K1 引脚配置

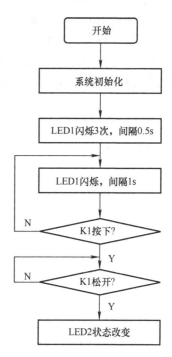

图 3-18　按键控制 LED 程序流程

. / Core/Src/main. c

```
while (1)
{
    HAL_GPIO_TogglePin(LED1_GPIO_Port,LED1_Pin);//LED1 引脚电平翻转
    HAL_Delay(1000);//延时 1s

    /* 判断按键是否按下 */
    if(HAL_GPIO_ReadPin(K1_GPIO_Port,K1_Pin))//读到高电平表示按键按下
    {
        while(HAL_GPIO_ReadPin(K1_GPIO_Port,K1_Pin));//等待按键松开
        HAL_GPIO_TogglePin(LED2_GPIO_Port,LED2_Pin);//LED2 引脚电平翻转
    }
    /* USER CODE END WHILE */
    /* USER CODE BEGIN 3 */
}
```

4. 编译下载程序

程序编写完成后编译程序，显示 0 错误 0 警告，此时若直接下载程序，将会下载 "GPIO 应用实例 1" 的程序，须修改运行配置选项，单击下载图标 ⊙ ‧右侧的 "下箭头"，选择 "Run Configurations"，弹出运行配置选项对话框，如图 3-19 所示，更改 "C/C + + Application" 的文件为 "ch3_2_LED_KEY.elf"，完成设置后，再下载程序。运行时可以看到 LED1 先以 0.5s 的间隔闪烁 3 次，然后以 1s 的间隔闪烁，此时按下 K1，LED1 停止闪烁，松开 K1 后 LED2 状态改变，LED1 继续闪烁。

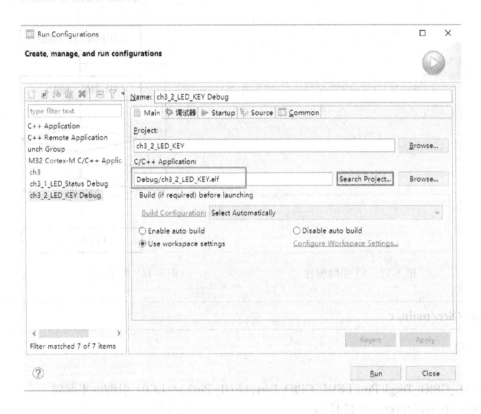

图 3-19　运行配置对话框

思考与练习

一、填空题

1. GPIO 通过读引脚电平状态实现开关信号的监测，当读到引脚状态为_____时，表明引脚输入为高电平，此时可根据电路原理判断输入信号的开关状态。

2. 无源开关信号指传感器输出本身不具备高低电平，正常状态时，NO 和 COM _____，NC 和 COM _____。

3. 由于有源信号输出具有极性，其输出高电平电压一般为 5V、12V 或 24V，超出了 MCU 引脚承受能力，因此不能直接接到 MCU 的引脚，可采用_____进行隔离。

4. 如果 IO 引脚配置为上拉输入，则该引脚默认输入状态为_____电平。

5. 引脚配置为_____输出时，双 MOS 工作，输出数据寄存器可控制 IO 输出高或低电平。

二、选择题

1. 下列哪个选项不属于 GPIO？（　　　）

A. 推挽输出　　　　　B. 开漏输出　　　　　C. 浮空输入　　　　　D. 模拟输入

2. LED 阳极接引脚 PA0，LED 阴极经限流电阻接低电平，欲控制 LED 亮灭，则 PA0 可设置为何种模式？（　　　）

A. 推挽输出　　　　　B. 开漏输出　　　　　C. 上拉输入　　　　　D. 下拉输入

3. 执行下列哪条语句，可以使上题中的 LED 点亮？（　　　）

A. HAL_GPIO_WritePin（GPIOA，GPIO_Pin_0）；

B. HAL_GPIO_ReadPin（GPIOA，GPIO_Pin_0）；

C. HAL_GPIO_WritePin（GPIOA，GPIO_Pin_0，1）；

D. HAL_GPIO_WritePin（GPIOA，GPIO_Pin_0，0）；

4. STM32 引脚 PB12 接按键 KEY1，则建议其用户标签设置为（　　　）。

A. K1　　　　　B. k1　　　　　C. KEY1　　　　　D. Key1

5. 连续执行 HAL_GPIO_TogglePin（GPIOA，GPIO_Pin_0）三次，则 PA0 的状态为（　　　）。

A. 高电平　　　　　B. 低电平　　　　　C. 不确定　　　　　D. 与原状态相反

三、判断题

1. STM32 每个 IO 引脚都可以用作 GPIO，也可用作 AFIO。（　　　）

2. 当引脚配置为输出模式时，上下拉选项可保持默认，无须配置。（　　　）

3. 引脚配置为输出模式时，调用函数 HAL_GPIO_ReadPin（）不可以获取输出状态。（　　　）

4. 调用函数 HAL_GPIO_LockPin（）后，对应引脚输出状态不可以改变。（　　　）

5. STM32CubeIDE 创建工程时，工程的名字可以是中文。（　　　）

四、简答题

1. 简述 GPIO 的概念。

2. 举例描述 GPIO 的应用场景。

3. 根据 IO 内部电路结构描述 GPIO 作为输出和输出的工作原理。

4. IO 作为 GPIO 使用时共有几种工作模式，各种模式有何区别？

5. 一个无源开关传感器，有常开（NO）和公共端（COM）两条连接线，如果 COM 接低电平，则 NO 应如何接？对应引脚应配置为何种模式？

6. 嵌入式系统在工业中的应用广泛，大部分用电设备在系统上电时应保持关闭状态，应如何配置才能使图 3-1 中的用电设备上电时处于关闭状态？

7. 简述 GPIO 应用步骤。

五、编程题

1. 更改实例1，使得程序正常运行时，LED1 以 2s 间隔闪烁。

2. 更改实例2，实现如下工程，按一下 K1，LED2 熄灭，按一下 K2，LED2 点亮。

3. 利用现有的传感器、蜂鸣器、电机等设备，自主设计控制应用，并实现相应功能。

第 4 章

STM32 外部中断

本章思维导图

外部中断能够提高输入监测的实时性，提高系统的稳定性。本章讲解 STM32 的外部中断（Extended Interrupts，EXTI），在理解中断基本概念基础上，掌握 EXTI 内部电路结构和应用步骤，进而完成 EXTI 应用实例。STM32 外部中断思维导图如图 4-1 所示，其中加 ⭐ 的为需要理解的内容，加 ◉ 的为需要掌握的内容，加 的为需要实践的内容。

1. 理解中断基本概念。
2. 掌握 EXTI 内部电路结构和应用步骤。
3. 独立完成应用实例，所用时间不超过 10min。

建议读者在完成本章学习后及时更新完善思维导图，以巩固、归纳、总结本章内容。

图 4-1　STM32 外部中断思维导图

4.1　中断基本概念

1. 中断

中断是 MCU 处理紧急事件的一种机制，能够有效增强系统的实时性。中断执行过程示意图如图 4-2 所示，MCU 执行主程序时，出现了某些意外或紧急事件，需要 MCU 紧急处理，此时主程序被打断，MCU 转而处理紧急事件，处理完毕后再返回继续执行主程序的过程称为中断。发生的意外或紧急事件称为中断源，STM32L4 系列 MCU 最多有 83 个中断源，包括 16 个内核中断和 67 个可屏蔽中断。主程序被

图 4-2　中断执行过程示意图

打断的地方称为断点，断点即程序指针，指向当前主程序运行指令的下一条指令。MCU 转去处理中断服务程序的过程称为中断响应，中断服务处理完毕后，返回继续执行主程序的过程称为中断返回。中断服务程序通常为一个函数，该函数实现紧急处理功能。

2. 中断向量

中断服务程序在内存中的入口地址称为中断向量，把系统中所有中断向量集中起来放到存储器的某一区域内，这个存储中断向量的存储区域称为中断向量表。

3. 嵌套向量中断控制器

嵌套向量中断控制器（Nested Vectored Interrupt Controller，NVIC）是 STM32 中断系统的核心，其重要作用是为所有中断提供优先级，实现中断嵌套。

4. 中断优先级

中断优先级表示中断的重要程度，STM32 具有两类优先级，即抢占优先级（Preemption priority）和响应优先级（Subpriority），可通过中断优先级寄存器（NVIC_IPR）进行分组配置。中断优先级寄存器采用 8 位表示优先级，理论上可以配置 256 个中断优先级，实际上 STM32 只用了高 4 位，并可通过编程将这 4 位分组为抢占优先级和响应优先级，STM32 中断优先级分组见表 4-1，默认配置为第 4 组。中断优先级用数字表示，数字越小，对应优先级越高，判断中断优先级时先判断抢占优先级，抢占优先级高，则该中断优先级高。如果抢占优先级相同，则根据响应优先级判断，如果响应优先级也相同，则根据中断向量地址判断。

表 4-1　STM32 中断优先级分组

优先级分组	抢占优先级	响应优先级
第 0 组：NVIC_PriorityGroup_0	无	4 位/16 级（0~15）
第 1 组：NVIC_PriorityGroup_1	1 位/2 级（0~1）	3 位/8 级（0~7）
第 2 组：NVIC_PriorityGroup_2	2 位/4 级（0~3）	2 位/4 级（0~3）
第 3 组：NVIC_PriorityGroup_3	3 位/8 级（0~7）	1 位/2 级（0~1）
第 4 组：NVIC_PriorityGroup_4	4 位/16 级（0~15）	无

5. 中断执行顺序

多个中断发生时，MCU 根据中断优先级确定中断执行顺序，中断执行遵循如下规则：

1）允许中断嵌套，即优先执行抢占优先级高的中断。如执行中断 A 时，发生了抢占优先级更高的中断 B，则暂停中断 A 处理过程转去处理中断 B，处理完中断 B 后再继续处理中断 A，这个过程称为中断嵌套。中断嵌套只与抢占优先级有关，抢占优先级不同，才能发生中断嵌套。

2）当抢占优先级相同时，根据中断发生顺序执行，哪个中断先发生，则先执行哪个中断，如果几个抢占优先级相同的中断同时发生，则优先执行响应优先级高的中断。

下面举例说明中断执行顺序，有 4 个中断 A、B、C 和 D，抢占优先级和响应优先级分别为（3，1）、（2，2）、（1，3）和（2，3），则根据中断发生顺序有以下几种执行情况：

① 当 4 个中断同时发生时，中断执行顺序为 C、B、D、A。

② 执行中断 A 时，发生了中断 B，由于中断 B 的抢占优先级更高，因此可以打断中断 A，即发生中断嵌套。

③ 执行中断 B 时，发生了中断 D，由于中断 B 和中断 D 的响应优先级相同，不会产生嵌套，中断 B 执行完后，再执行中断 D。如果中断 B 和中断 D 同时发生，由于中断 B 的响应优先级更高，因此先执行中断 B。

4.2 STM32 外部中断系统

4.2.1 EXTI 主要特征

STM32 外部中断是引脚电平变化引起的中断，由 NVIC 和外部中断事件控制器（Extended Interrupts and Events Controller，EXTI）控制。EXTI 负责管理所有的外部中断和内部异常事件，并产生中断请求。STM32 外部中断的主要特征如下：

1）可产生最多 39 个事件/中断请求，包括 25 个可配置中断和 14 个直接中断。

2）每个事件/中断具有独立的屏蔽控制。

3）可配置中断包括 IO 引脚中断和部分其他外设中断，支持上升沿或下降沿触发，并且具有专用的状态位用于指示中断源。

4）直接中断主要是部分外设产生的唤醒事件，用于唤醒设备，其状态标志由相应外设提供。

5）所有中断可通过软件进行模拟。

注：可配置中断包括 GPIO、PVD、RTC 等，直接中断包括 I2C 唤醒中断、USART 唤醒中断等，本书所讲外部中断主要指 GPIO 引起的中断，即 IO 引脚电平变化导致的中断。其他中断可参考官方参考手册。

4.2.2 EXTI 内部电路结构

EXTI 之所以能够实现中断控制，是因为其具有严谨合理的硬件电路，以 STM32L4 系列为例，其 EXTI 内部电路结构如图 4-3 所示，主要由边沿检测电路、下降沿触发选择寄存器、上升沿触发选择寄

EXTI 内部电路

存器、中断屏蔽寄存器、挂起请求寄存器等构成。下面以 GPIO 中断为例讲解其工作原理，欲产生 GPIO 中断，首先应配置下降沿触发选择寄存器或（和）上升沿触发选择寄存器，当其相应位配置为 1 时，边沿检测电路即可检测到电平变化；然后配置中断屏蔽寄存器相应位为 1，当边沿检测电路检测到电平变化时，即可将挂起请求寄存器相应位置 1，进而引发中断，CPU 响应中断后立即执行相应的中断服务程序。

综上所述，EXTI 提供了一个完全由硬件自动完成的程序执行通道，中断响应过程无须软件参与，降低了 CPU 的负荷，提高了响应速度，是利用硬件提升 MCU 处理事件能力的有效方法。

4.2.3 EXTI 应用步骤

EXTI 是最常用的功能之一，主要用于开关量监测，采用 STM32CubeIDE 进行开发时，EXTI 的配置主要包括引脚功能选择、工作模式详细配置、NVIC 设置和中断服务程序实现四大步骤。

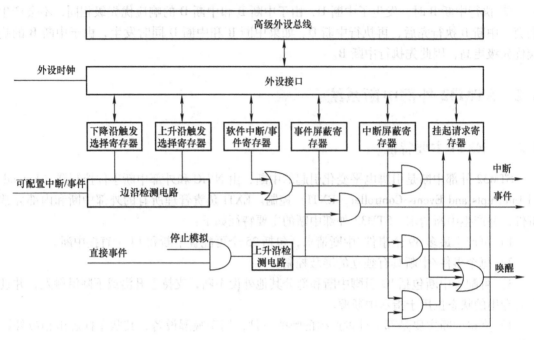

图 4-3　EXTI 内部电路结构

1. 引脚功能选择

以引脚 PC0 为例，首先选中 PC0，然后设置为 GPIO_EXTI0，如图 4-4 所示。

2. 工作模式详细配置

工作模式详细配置如图 4-5 所示，包括触发模式（GPIO mode）、上拉/下拉（GPIO Pull – up/Pull – down）和用户标签（User Label）。上拉/下拉和用户标签设置请参考第 3 章内容。触发模式包括六种模式：

1）外部中断模式上升沿触发（External Interrupt Mode with Rising edge trigger detection）：仅当引脚出现上升沿（引脚电平由低变高）时触发中断。

2）外部中断模式下降沿触发（External Interrupt Mode with Falling edge trigger detection）：仅当引脚出现下降沿（引脚电平由高变低）时触发中断。

3）外部中断模式双边沿触发（External Interrupt Mode with Rising/Falling edge trigger detection）：当引脚出现上升沿和下降沿时均触发中断。

4）外部事件模式上升沿触发（External Event Mode with Rising edge trigger detection）：仅当引脚出现上升沿（引脚电平由低变高）时触发事件。

5）外部事件模式下降沿触发（External Event Mode with Falling edge trigger detection）：仅当引脚出现下降沿（引脚电平由高变低）时触发事件。

6）外部事件模式双边沿触发（External Event Mode with Rising/Falling edge trigger detection）：当引脚出现上升沿和下降沿时均触发事件。

3. NVIC 设置

引脚配置为外部中断模式时，允许中断，单击"NVIC"标签，弹出 NVIC 配置选项，如图 4-6 所示，只需勾选"Enabled"选项即可。

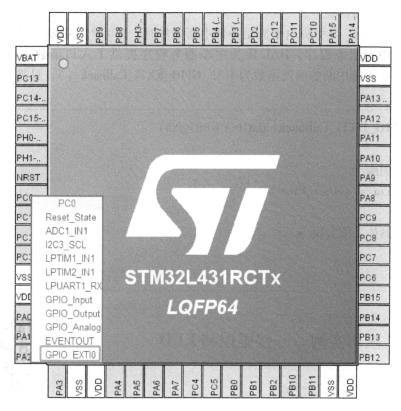

图 4-4 引脚功能选择

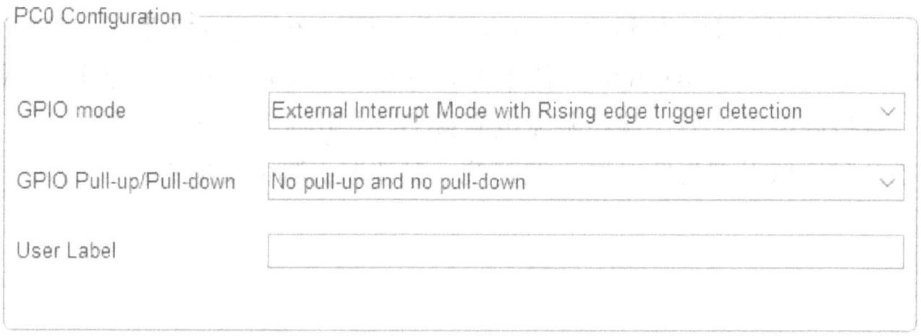

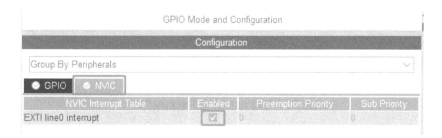

图 4-5 工作模式详细配置

图 4-6 NVIC 设置

4. 中断服务程序实现

上述配置完成后，当引脚电平满足外部中断条件时，即可产生中断，CPU 暂停当前工作，转而执行中断服务程序，HAL 库为中断服务程序提供了入口函数，称为回调函数（Callback（）），外部中断的回调函数为 HAL_GPIO_EXTI_Callback（），只需实现该函数即可，如下所示：

```
void HAL_GPIO_EXTI_Callback(uint16_t GPIO_Pin)
{
    /* 判断引脚 */
    if(GPIO_Pin = = User_Label)
    {
        /* 具体功能实现 */
    }
}
```

4.3 EXTI 应用实例——按键控制 LED

EXTI 应用实例

4.3.1 电路原理及需求分析

1. 电路原理

本实例在 3.4 节"GPIO 应用实例 2——按键控制 LED"的基础上增加功能，实现按键以外部中断的方式控制 LED，按键和 LED 相关电路原理图如图 4-7 所示。LED 阳极接高电平，阴极经限流电阻后接 GPIO 引脚，引脚输出高电平，LED 熄灭，引脚输出低电平，LED 点亮。按键一端接高电平，另一端经限流电阻接 GPIO 引脚，下方电容和电阻构成硬件消抖电路，按键松开时读取引脚为低电平，按键按下时读取引脚为高电平。

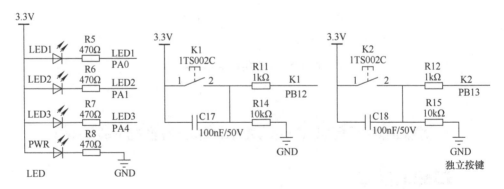

图 4-7　按键和 LED 相关电路原理图

2. 需求分析

1）LED1（PA0）用于指示系统工作状态，上电或复位后，系统进行初始化，初始化完成后，LED1 先以 0.5s 的间隔闪烁 3 次，然后进入正常运行状态，LED1 以 1s 的间隔闪烁。

2）按键 K1 通过轮询的方式控制 LED2，每按一次 K1，LED2 状态发生一次改变。

3）按键 K2 通过外部中断的方式控制 LED3，每按一次 K2，LED3 状态发生一次改变。

4.3.2　实现过程

本实例在 "GPIO 应用实例 2——按键控制 LED" 基础上添加功能实现，主要包括工程管理、按键 K2 配置、编程实现功能、编译下载程序等步骤。

1. 工程管理

可根据 3.2 节方式复制工程，或者重新创建工程，或者直接在 3.2 节的基础上进行更改。本节采用复制工程的方式，复制后的工程名为 ch4_1_LED_KEY_EXTI。

2. 按键 K2 配置

K2 连接引脚 PB13，因此 PB13 配置为外部中断功能，具体配置如图 4-8 所示。根据电路原理图，K2 松开时，PB13 为低电平，K2 按下时，PB13 为高电平，当 K2 按下时，PB12 由低电平变为高电平，产生上升沿，因此 GPIO 模式配置为外部中断上升沿触发，上拉/下拉配置为下拉，用户标签为 "K2"。根据 EXTI 应用步骤，还需配置 NVIC，如图 4-9 所示。完成配置后，保存工程，自动生成配置程序。

图 4-8　PB13 具体配置

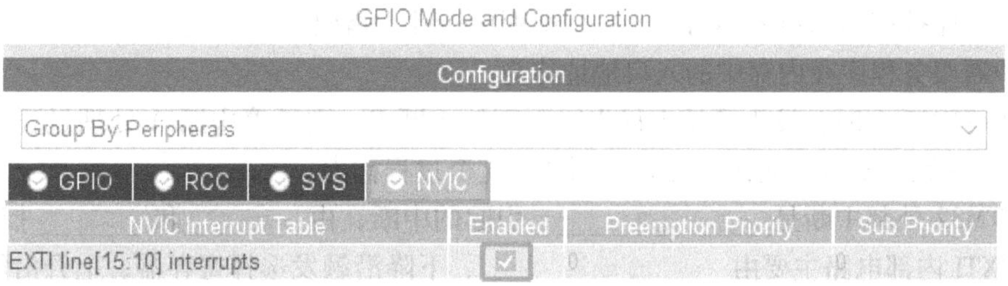

图 4-9　NVIC 配置

3. 编程实现功能

根据需求分析，只需在 main. c 中 "/ * USER CODE BEGIN 4 * /" 和 "/ * USER CODE END 4 * /" 之间实现 EXTI 的回调函数，当按键按下时，CPU 自动跳转至中断服务程序，运行回调函数。进入回调函数后，首先判断是否为 K2 中断，如果是，则调用函数实现 LED3 状态翻转，如下所示：

```
. / Core/Src/main. c

/ * USER CODE BEGIN 4 * /


/ * 外部中断回调函数 * /
void HAL_GPIO_EXTI_Callback(uint16_t GPIO_Pin)
{
    if(GPIO_Pin == K2_Pin)
    {
        HAL_GPIO_TogglePin(LED3_GPIO_Port,LED3_Pin);//LED3 引脚电平翻转
    }
}
/ * USER CODE END 4 * /
```

4. 编译下载程序

程序编写完成后编译程序，显示 0 错误 0 警告，下载程序，按下按键 K2 观察运行结果，并与 K1 进行对比，可以发现：对于按键 K2，按下 K2 的瞬间，LED3 状态改变，不影响 LED1 是闪烁；对于按键 K1，按下 K1，LED1 停止闪烁，松开 K1 后 LED2 状态改变，LED1 继续闪烁。

思考与练习

一、填空题

1. STM32L4 系列 MCU 最多有_____个中断源，包括_____个内核中断和_____个可屏蔽中断。

2. 主程序被打断的地方称为_____，即程序指针，指向_____。

3. 中断服务程序在内存中的入口地址称为_____。

4. 执行中断 A 时，发生了抢占优先级更高的中断 B，则暂停中断 A 处理过程转去处理中断 B，处理完中断 B 后再继续处理中断 A，这个过程称为_____。

5. STM32 外部中断是_____引起的中断，由_____和_____控制。

6. EXTI 内部电路主要由_____、下降沿触发选择寄存器、上升沿触发选择寄存器、_____、_____等构成。

7. _____提供了一个完全由硬件自动完成的程序执行通道，无须软件的参与，降低了 CPU 的负荷，提高了响应速度，是利用硬件提升 MCU 处理事件能力的有效方法。

二、选择题

1. 有 4 个中断 A、B、C 和 D，抢占优先级和响应优先级分别为 (2，1)、(3，2)、(1，3)和 (2，2)，则 4 个中断同时发生时，中断执行顺序为 (   )。

A. ABCD B. CADB C. CDAB D. BDAC

2. 烟雾传感器输出接 STM32 的引脚 PB8，无烟雾时输出低电平，检测到烟雾时输出高电平，则为了实现烟雾监测，PB8 应如何配置？（　　　）

A. 外部中断模式，下拉输入，上升沿触发

B. 外部中断模式，上拉输入，上升沿触发

C. 外部中断模式，上拉输入，下降沿沿触发

D. 外部中断模式，下拉输入，双边沿触发

3. 若中断优先级分组设置为第 2 组，则最多可实现（　　　）级中断嵌套。

A. 2 B. 4 C. 6 D. 8

三、判断题

1. STM32 最多可配置 256 个中断优先级。（　　　）

2. 中断优先级数字越小，优先级越高。（　　　）

3. 由于中断能够降低 CPU 的负荷，提高系统响应速度，因此在设计程序时，中断越多越好。（　　　）

4. STM32 的任何一个 IO 引脚都可以配置为外部中断。（　　　）

5. 中断执行过程无须 CPU 参与，完全由硬件实现。（　　　）

四、简答题

1. 简述中断的概念。

2. 举例描述 EXTI 的应用场景。

3. 根据 EXTI 内部电路结构描述它的工作原理。

4. EXTI 有几种触发方式，各种触发方式有何区别？

5. 一个无源开关传感器，有常开（NO）和公共端（COM）两条连接线，如果 COM 接低电平，则 NO 应如何接？对应引脚应配置为何种模式？

6. 以实例 1 为例，根据源程序分析 EXTI 执行过程。

7. 简述 EXTI 应用步骤。

五、编程题

1. 独立完成应用实例功能，并改变中断触发方式，观察实验现象，分析原因。

2. 更改本章应用实例 1，使得程序正常运行时，K2 松开，LED3 状态发生变化。

3. 更改本章应用实例 2，实现如下功能，按一下 K1，LED2 熄灭；按一下 K2，LED2 点亮。

4. 利用手里现有传感器、蜂鸣器、电机等设备，自主设计并实现一款开关量监控系统。

第 5 章

STM32 定时器/计数器

本章思维导图

定时器/计数器是微控制器基本功能之一，可用于定时和计数两种基本功能，也可用于实现输入捕获、输出比较、脉宽调制等高级应用。本章主要讲解 STM32 定时器/计数器的基本功能及应用。首先，讲解定时器/计数器的基本概念，包括定时器与计数器的概念及区别，定时器使用时面临的几个基本问题以及 STM32 定时器分类及功能特性。然后，讲解 STM32 定时器系统，重点讲解内部电路结构中的时基单元和输出比较单元。最后，通过两个应用实例掌握定时器基本应用：精确定时和脉冲宽度调制。STM32 定时器/计数器思维导图如图 5-1所示，其中加◉的为需要理解的内容，加◉的为需要掌握的内容，加 的为需要实践的内容。

1. 理解定时器/计数器的基本概念。

2. 掌握 STM32 定时器内部电路结构和脉冲宽度调制。

3. 独立完成两个应用实例，每个实例所用时间不超过 10min。

建议读者在完成本章学习后及时更新完善思维导图，以巩固、归纳、总结本章内容。

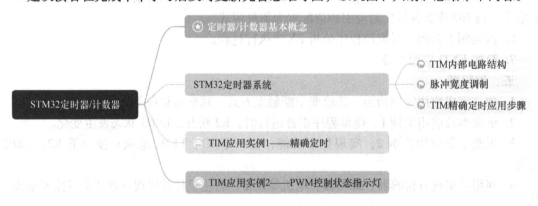

图 5-1　STM32 定时器/计数器思维导图

5.1　定时器/计数器基本概念

1. 定时器与计数器的概念及区别

定时器是对周期固定的 MCU 内部外设时钟信号进行计数，当达到计数值时会产生中断，从而达到精确定时的目的。如时钟信号周期为 1ms，要产生 1s 精确定时，则可设置定时器从 0 开始向上递增计数，当计数值达到 1000 时触发中断。

计数器是对周期不确定的外部脉冲进行计数，通常用于统计一段时间内外部脉冲个数，可用于信号频率测量、旋转设备转速测量、流水线工件计数等应用。

定时器和计数器本质上功能都是计数，区别是计数对象不同，所对应的应用场景也不同，定时器可看成计数器的一种特例。由于精确定时是定时器/计数器的最基本功能，因此，行业内通常将定时器/计数器简称为定时器。

2. 定时器应用中面临的问题

定时器应用中通常会面临四个基本问题，即周期、位数、计数值和中断处理。

周期即每秒钟脉冲个数。定时器的位数决定了定时器的计数最大值，如八位定时器计数最大值为 255，十六位定时器计数最大值为 65535。计数值指定时器要计的脉冲个数，通过设置计数初值和计数终止即可确定计数值。中断处理是脉冲个数达到定时器计数值时要进行的中断服务。

下面以量杯注水为例对其进行说明，量杯注水与定时器比拟关系如图 5-2 所示，有一容量为 300ml 的量杯，量杯中原有水 100ml，注水速度为 1ml/s，量杯中水量为 200ml 时，停止注水，并将水倒入反应罐中。对应到定时器上，则计数最大值为 300，计数初值为 100，计数终值为 200，可实现 100s 的精确定时，将水倒入反应罐为中断处理。如果要实现 50s 的精确定时，可以设置计数初值为 200（100），计数终值为 250（150），只要保证终值 − 初值为 50 即可。

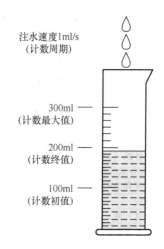

图 5-2　量杯注水与定时器比拟关系

3. STM 定时器分类

STM32 定时器分类如图 5-3 所示，包括外设定时器和内核定时器，内核定时器为滴答定时器，外设定时器分为常规定时器（包括高级定时器、通用定时器和基本定时器）和专用定时器（看门狗定时器、实时时钟、低功耗定时器）。

图 5-3　STM32 定时器分类

（1）滴答定时器

STM32 的滴答定时器（System Tick Timer，SysTick）是一个 24 位的定时器，具有自动重载和溢出中断功能，主要用于产生操作系统的时钟节拍，方便系统在不同系列 MCU 的移植。此外，在前后台架构中还可以产生延时，如 HAL_Delay（）函数就是用 SysTick 实现的ms 延时函数。

（2）看门狗定时器

看门狗定时器主要作用是当系统异常时自动复位，STM32 提供了一个独立看门狗定时器（Independent Watchdog，IWDG）和一个系统窗口看门狗定时器（System Window Watchdog，WWDG）。

（3）实时时钟

STM32 的实时时钟（Real – Time Clock，RTC）是一个独立的二进制表示十进制（Binary – Coded Decimal，BCD）定时器，为 VBAT 提供独立电源（通常采用纽扣电池）后，即使系统断电，RTC 仍可继续运行，主要用于记录时间，提供日历。

（4）低功耗定时器

STM32L 系列 MCU 具有多个低功耗定时器（Low – Power Timer，LPTIM），LPTIM 具有独立的时钟，可以在停止模式（Stop Mode）下运行，主要用于功耗管理。

（5）常规定时器

常规定时器包括高级定时器、通用定时器和基本定时器，STM32L431RCT6 常规定时器功能见表5-1，本章主要讲解常规定时器的基本功能。

表 5-1　STM32L431RCT6 常规定时器功能

主要功能	高级定时器 TIM1	通用定时器 TIM2/TIM15/TIM16	基本定时器 TIM6/TIM7
内部时钟源（8MHz）	●	●	●
带 16 位分频的计数单元	●	●	●
更新中断和 DMA	●	●	●
计数方向	向上、向下、双向	向上、向下、双向	向上
外部事件计数	●	●	○
其他定时器触发或级联	●	●	○
4 个独立输入捕获、输出比较通道	●	●	○
单脉冲输出方式	●	●	○
正交编码器输入	●	●	○
霍尔式传感器输入	●	●	○
输出比较信号死区产生	●	○	○
制动信号输入	●	○	○

注：表中"●"表示有该功能；"○"表示无该功能。

STM32L431RCT6 具有 1 个滴答定时器，1 个 IWDG，1 个 WWDG，1 个 RTC，2 个低功耗定时器，1 个高级定时器（TIM1），3 个通用定时器（TIM2、TIM15 和 TIM16），2 个基本定时器（TIM6 和 TIM7）。

5.2　STM32 定时器系统

5.2.1　TIM 内部电路结构

TIM 内部电路结构 1　　　TIM 内部电路结构 2

STM32 通用定时器内部电路结构如图 5-4 所示，大致可分为外部计数模块、触发控制模块、时基单元模块和输入捕获/输出比较模块四大模块。

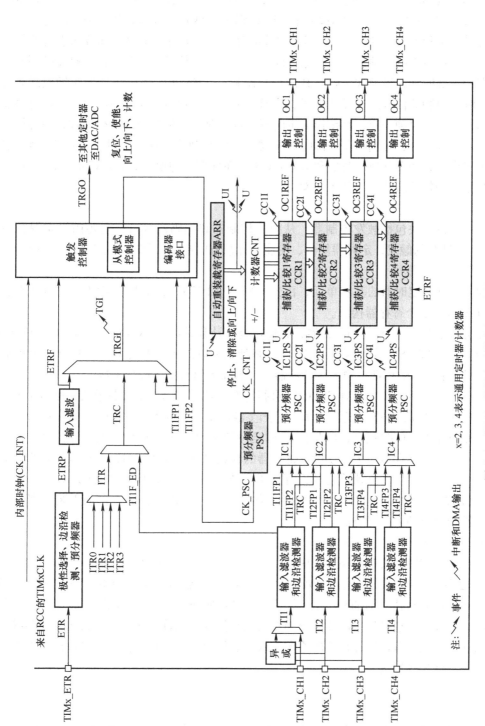

图 5-4 STM32 通用定时器内部电路结构

x=2、3、4 表示通用定时器/计数器

注: 事件 中断和DMA输出

1. 外部计数模块

外部计数模块通过外部输入引脚对外部脉冲进行计数，STM32L431RCT6 定时器有两个外部输入引脚，TIM1_ETR（PA12）和 TIM2_ETR（PA0）。外部计数采用外部时钟，包括外部时钟模式 1 和外部时钟模式 2。当采用外部时钟模式 1 时，来自外部输入引脚的信号经过极性选择、边沿检测、预分频器和输入滤波后，以触发信号的角色连接到触发控制器，作为定时器的计数时钟，该模式可触发其他定时器和 DAC/ADC。当采用外部时钟模式 2 时，来自外部输入引脚的信号经过极性选择、边沿检测、预分频器和输入滤波后，不经过触发控制器，而是像内部时钟一样，直接作为定时器的计数时钟。根据内部结构原理，两种模式均可实现外部脉冲计数，区别在于外部时钟模式 1 下的时钟除了作时钟外，还可作为触发信号，产生触发事件，触发其他定时器和 DAC/ADC。而外部时钟模式 2 就是特指来自 ETR 脚的时钟，只是个纯粹的时钟，不具备触发功能。

2. 触发控制模块

触发控制模块包括触发控制器、从模式控制器和编码器接口，主要用来实现其他定时器、DAC/ADC 的触发，定时器复位、使能、计数方向控制以及输入捕获信号的编码。

3. 时基单元模块

时基单元是定时器的基本单元，由预分频器（PSC）、计数器（CNT）和自动重装载寄存器（ARR）三个寄存器构成。

预分频器是一个 16 位的寄存器，其作用是对计数时钟（CK_PSC）进行 0 ~ 65535 分频，如计数时钟为 80MHz，预分频器值为 79，则计数时钟经预分频器 80（79 + 1）分频后，将分频后的时钟（CK_CNT）输入至计数器，计数器的值每 $1\mu s$ 改变 1 次。

开启定时器后，计数器对 CK_CNT 进行计数，如设置为向上计数模式，则每个 CK_CNT 周期，CNT 值加 1，CNT 值达到终值时，产生溢出事件，进而触发中断。如设置为向下计数模式，则每个 CK_CNT 周期，CNT 值减 1，当其值减为 0 时，产生触发事件，触发中断。

自动重装载寄存器用于自动设置寄存器的计数终值或计数初值，当计数模式为向上计数时，产生溢出事件后，自动重装载寄存器的值作为计数终值自动填入计数器（计数初值为 0），当计数模式为向下计数时（计数终值为 0），产生溢出事件后，自动重装载寄存器的值作为计数初值自动填入计数器。

4. 输入捕获/输出比较模块

一般通用定时器具有 4 路输入捕获/输出比较通道（TIMx_CH1、TIMx_CH2、TIMx_CH3 和 TIMx_CH4）。输入捕获/输出比较的核心是捕获/比较寄存器（CCR），每个输入捕获/输出比较通道都具有独立的捕获/比较寄存器。输入捕获/输出比较通道的输入信号经多路复用、输入滤波器、边沿检测器和预分频器后更新值捕获比较寄存器。捕获比较寄存器与计数器进行比较，当捕获比较寄存器的值大于或小于计数器的值时，会产生输入捕获事件、比较输出事件或输出脉冲信号。

5.2.2 脉冲宽度调制

脉冲宽度调制（Pulse - Width Modulation，PWM）简称脉宽调制，是一种对模拟信号电平进行数字编码的方法，可以利用 MCU 的数字输出，通过对一系列脉冲宽度进行调制，实现对模拟电路的控制，广泛应用于测量、通信、工控等领域。

1. PWM 参数

PWM 信号具有三个基本参数，即周期、频率和占空比。周期是一个完整的 PWM 波形所持续的时间；频率是周期的倒数，即 1s 内完整 PWM 波形的个数，单位为 Hz；占空比是高电平持续时间与周期之比，用百分比表示。PWM 示例波形如图 5-5 所示，图中一个完整的 PWM 波形持续时间为 1ms，即周期为 1ms，频率为 1000Hz，高电平持续时间为 666μs，则占空比为 66.6%。

图 5-5　PWM 示例波形

2. PWM 电压调节原理

PWM 对模拟信号编码的本质是将脉冲信号加到模拟负载，高电平时提供直流输出，低电平时断开直流输出。理论上，通过对高电平和低电平的时间控制，可以任意输出不大于高电平电压的模拟电压，输出电压为高电平电压与占空比的乘积。PWM 电压调节原理如图 5-6所示，图中高电平电压为 3.3V，低电平电压为 0V，占空比分别为 50%、20% 和 80%，在一定频率下，分别可以得到模拟的 1.65V、0.66V 和 2.64V 的直流电压。

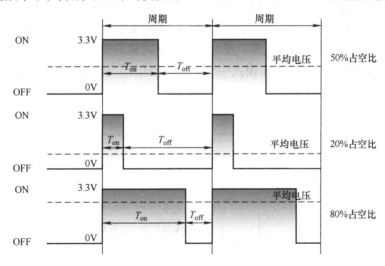

图 5-6　PWM 电压调节原理

3. STM32 的 PWM 输出原理

STM32 通用定时器和高级定时器具有 PWM 输出功能，通过设置预分频器、自动重装载寄存器和捕获比较寄存器的值可获得任意周期（频率）和占空比的 PWM 输出。下面以 STM32CubeIDE 默认配置说明 PWM 的输出原理，即计数方向为向上计数，PWM 模式为模式一，输出极性为高，默认配置的 PWM 输出原理如图 5-7 所示。

PSC 和 ARR 用于控制 PWM 的周期，CCR 用于控制 PWM 的占空比。当周期确定后，每个周期 CNT 值加 1，并与 CCR 值比较，当 CNT 值小于 CCR 值时，CH 通道输出高电平，当

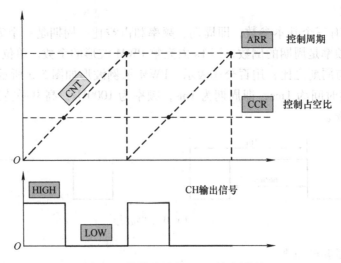

图 5-7　默认配置的 PWM 输出原理

CNT 值大于 CCR 值时，CH 通道输出低电平，当 CNT 值等于 ARR 值时，CNT 值自动置零，重新开始计数并与 CCR 值进行比较，进而实现连续的 PWM 输出。

4. CH 输出信号与计数方向、PWM 模式和输出极性的关系

上面以默认配置为例分析了 PWM 输出原理，实际上 CH 通道输出信号与计数方向、PWM 模式和输出极性均有关系，输出极性包括高和低两种极性，决定了 CH 输出的有效电平，如极性为高则有效电平为高电平，反之有效电平为低电平。当计数方向为向上或向下计数时，PWM 有两种模式，即 PWM 模式一和 PWM 模式二。输出信号与计数方向及 PWM 模式的关系见表 5-2。

表 5-2　输出信号与计数方向及 PWM 模式的关系

计数方向	CNT 与 CCR	PWM 模式	
		PWM 模式一	PWM 模式二
向上计数	CNT < CCR	有效电平	无效电平
	CNT > CCR	无效电平	有效电平
向下计数	CNT < CCR	无效电平	有效电平
	CNT > CCR	有效电平	无效电平

5.2.3　TIM 精确定时应用步骤

精确定时是定时器最核心的功能，利用定时器实现精确定时的基本步骤包括：选择定时器、定时器参数配置、NVIC 设置、启动定时器和中断服务程序实现五大步骤。

1. 选择定时器

对于简单定时任务，通常可选择基本定时器实现，通用定时器及高级定时器可用于实现其他高级功能，如外部计数、PWM 产生等。单击选中定时器，在定时器模式中勾选"Activated"接口选中该定时器，此时定时器计数时钟为是内部时钟。

2. 定时器参数配置

基本定时器参数配置相对简单，如图 5-8 所示，具体配置方法如下：

1）预分频器（Prescaler，PSC）：实现对计数时钟的分频，需与计数周期协调设置。

2）计数模式（Counter Mode）：无须修改，保持默认的向上计数模式。

Counter Settings	
Prescaler (PSC - 16 bits va...	8000-1
Counter Mode	Up
Counter Period (AutoReloa...	10000-1
Auto-Reload Preload	Enable

图 5-8　定时器参数配置

3）计数周期（Counter Period，ARR）：与预分频器协同确定定时时间。

4）允许自动重加载（Auto – Reload Preload）：Disable 无缓冲，ARR 的值被直接更新，Enable 有缓冲，ARR 的值在下一个周期更新。

3. NVIC 设置

单击"NVIC"标签，弹出 NVIC 配置选项，勾选"Enabled"即可。

4. 启动定时器

定时器配置完成后一定要在适当的时机启动定时器，定时器才能工作。HAL 库提供了 3 种启动定时器方式：轮询方式启动（无中断）、中断方式启动（溢出中断）和 DMA 方式启动（DMA 中断）。

5. 中断服务程序实现

上述配置完成后，当定时时间到时，即可产生中断，CPU 暂停当前工作，转而执行中断服务程序，HAL 库为中断服务程序提供了入口函数，称为回调函数（Callback（）），定时器溢出中断的回调函数为 HAL_TIM_PeriodElapsedCallback（），只需实现该函数即可，如下所示：

```
void HAL_TIM_PeriodElapsedCallback(TIM_HandleTypeDef *htim)
{
    /* 判断定时器 */
    if(htim->Instance == TIM6)
    {
        //执行中断任务
    }
}
```

5.3　TIM 应用实例 1——精确定时

5.3.1　电路原理及需求分析

1. 电路原理

本实例在第 3 章 3.4 节"GPIO 应用实例 2——按键控制 LED"的基础上完善程序，利用定时器实现 LED1 的状态指示，电路原理图如图 5-9 所示。

TIM 应用实例 1

2. 需求分析

1) LED1（PA0）用于指示系统工作状态，上电或复位后，系统进行初始化，初始化完成后，LED1 先以 0.5s 的间隔闪烁 3 次，然后进入正常运行状态，LED1 以 1s 的间隔闪烁。

2) 按键 K1 通过轮询的方式控制 LED2，每按一次 K1，LED2 状态发生一次改变。

3) 按键 K2 通过外部中断的方式控制 LED3，每按一次 K2，LED3 状态发生一次改变。

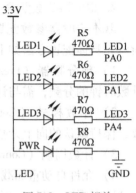

图 5-9　LED 相关电路原理图

5.3.2　实现过程

本实例在第 3 章 3.4 节 "GPIO 应用实例 2——按键控制 LED" 基础上添加功能实现，主要包括定时器配置、编程实现功能、编译下载程序等步骤。

1. 定时器配置

STM32L431RCT6 有 1 个高级定时器 TIM1，3 个通用定时器 TIM2、TIM15 和 TIM16，2 个基本定时器 TIM6 和 TIM7，本例采用 TIM6 产生 1s 的定时中断控制 LED1 的状态。TIM6 配置方式如图 5-10 所示。首先，单击选中 "TIM6" 选项，勾选 "Activated" 选项。然后，根据要求配置 "Counter Settings"，包括预分频器（Prescaler）、计数模式（Counter Mode）、计数周期（Counter Period）和允许自动重加载（Auto-Reload Preload）。要产生间隔 1s 的定时中断，则可设置预分频器值为 8000-1，计数模式为向上计数（Up），计数周期为10000-1，允许自动重加载。最后，选中切换 "NVIC Settings" 选项，勾选允许中断，保存配置并生成程序。

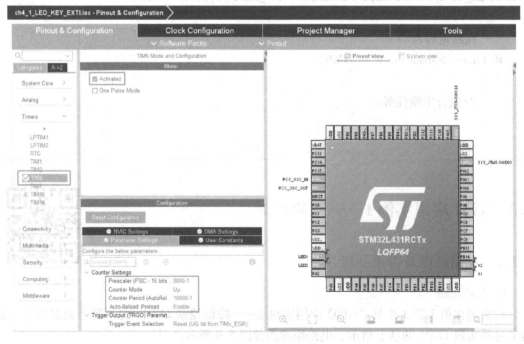

图 5-10　TIM6 配置方式

2. 编程实现功能

根据需求分析，具体步骤如下：①删除 main（）函数中对 LED1 的控制程序；②启动定时器，在 for 循环后添加程序"HAL_TIM_Base_Start_IT（&htim6）；"；③编写回调函数，在 main.c 中"/ * USER CODE BEGIN 4 * /"和"/ * USER CODE END 4 * /"之间实现 TIM6 的回调函数，当计时到 1s 时，CPU 自动跳转至中断服务程序，运行回调函数。进入回调函数后，首先判断是否为 TIM6 中断，如果是，则调用函数实现 LED1 状态翻转，如下所示：

```
./ Core/Src/main.c

int main(void)
{
    /* USER CODE BEGIN 1 */

    /* USER CODE END 1 */

    /* MCU
Configuration --------------------------------------- */

    /* Reset of all peripherals, Initializes the Flash interface and the Systick. */
    HAL_Init();

    /* USER CODE BEGIN Init */

    /* USER CODE END Init */

    /* Configure the system clock */
    SystemClock_Config();

    /* USER CODE BEGIN SysInit */

    /* USER CODE END SysInit */

    /* Initialize all configured peripherals */
    MX_GPIO_Init();
    MX_TIM6_Init();
    /* USER CODE BEGIN 2 */
    /* 1. LED1 先以 0.5s 的间隔闪烁 3 次 */
    for(int i = 0; i < 6; i + +)
    {
        HAL_GPIO_TogglePin(LED1_GPIO_Port, LED1_Pin);//电平翻转
        HAL_Delay(500);
    }
    /* 4. 启动 TIM6 */
    HAL_TIM_Base_Start_IT(&htim6);
    /* USER CODE END 2 */
```

```
/ *  Infinite loop  * /
/ *  USER CODE BEGIN WHILE  * /
while (1)
{

        / *  2. 每按一次 K1,LED1 状态改变一次  * /
        if(HAL_GPIO_ReadPin(K1_GPIO_Port, K1_Pin) = = GPIO_PIN_SET)//判断
K1 是否按下
        {
            while(HAL_GPIO_ReadPin(K1_GPIO_Port, K1_Pin) = = GPIO_PIN_
SET);//等待 K1 释放
            HAL_GPIO_TogglePin(LED2_GPIO_Port, LED2_Pin);//电平翻转
        }
    / *  USER CODE END WHILE  * /

    / *  USER CODE BEGIN 3  * /
}
    / *  USER CODE END 3  * /
}
/ *  USER CODE BEGIN 4  * /
/ *  3. EXTI 回调函数  * /
void HAL_GPIO_EXTI_Callback(uint16_t GPIO_Pin)
{
    if(GPIO_Pin = = K2_Pin)//判断是否为 K2
    {
        HAL_GPIO_TogglePin(LED3_GPIO_Port, LED3_Pin);
    }
}
/ *  5. 定时器回调函数  * /
void HAL_TIM_PeriodElapsedCallback(TIM_HandleTypeDef * htim)
{
    if(htim - >Instance = = TIM6)//判断是否为 TIM6
    {
        / *  正常运行 LED1 间隔1s 闪烁  * /
        HAL_GPIO_TogglePin(LED1_GPIO_Port, LED1_Pin);
    }
}
/ *  USER CODE END 4  * /
```

注：上述代码中注释 1 ~ 5 标明了实现预期功能的编程步骤。

3. 编译下载程序

程序编写完成后编译程序，显示 0 错误 0 警告，下载程序，观察现象。首先，观察 LED1 的状态，能否实现间隔 1s 闪烁，然后分别按下按键 K1 和按键 K2 观察运行结果，可以发现：此时按下 K1 和 K2 的现象几乎完全一样。请读者对比"GPIO 应用实例 2——按键控制 LED"分析产生不同现象的原因。

5.4　TIM 应用实例 2——PWM 控制状态指示灯

TIM 应用实例 2

5.4.1　电路原理及需求分析

本实例在 5.3 节"TIM 应用实例 1——精确定时"的基础上完善程序，利用 PWM 实现 LED1 的亮度控制。电路原理同上，要求实现如下功能：

1）LED1（PA0）用于指示系统工作状态，上电或复位后，系统进行初始化，初始化完成后进入正常运行状态，LED1 以 1s 的速度改变亮度，亮度共 10 级，从亮度 1 逐渐变为亮度 10，再从亮度 10 变为亮度 1，以此循环。

2）按键 K1 通过轮询的方式控制 LED2，每按一次 K1，LED2 状态发生一次改变。

3）按键 K2 通过外部中断的方式控制 LED3，每按一次 K2，LED3 状态发生一次改变。

5.4.2　实现过程

本实例在"TIM 应用实例 1——精确定时"基础上利用 PA0 输出不同占空比的 PWM 来实现 LED1 的亮度控制，主要包括 PWM 配置、编程实现功能、编译下载程序等步骤。

1. PWM 配置

由于 PA0 具有第二功能 TIM2_CH1，因此可通过定时器 TIM2 的 CH1 通道输出 PWM，TIM2 具体配置如图 5-11 所示，配置步骤如下：

1）PA0 引脚功能更改：选中"PA0"引脚，将其功能改为"TIM2_CH1"。

2）TIM2 模式配置：选中"TIM2"，在模式配置中选择时钟源（Clock Source）为内部时钟（Internal Clock），通道 1（Channel1）选择 CH1 产生 PWM（PWM Generation CH1）。

3）TIM2 参数配置：首先配置 PWM 周期，本应用采用周期 1ms 的 PWM 即可，因此设置"Counter Settings"下的 PSC 为 80 - 1，ARR 为 1000 - 1，自动重装载为 Enable；然后，通过"PWM Generation Channel1"选项配置 PWM 模式、占空比等参数，由于后续要动态修改占空比，"PWM Generation Channel1"保持默认设置即可，即 PWM 模式一，占空比 0，极性为高。

2. 编程实现功能

根据需求分析，具体步骤如下：

1）删除原程序：删除 main（）函数和 TIM6 中断回调函数中对 LED1 的控制程序。

2）定义全局变量 ccr 作为 CCR 的值。

3）启动 PWM 输出：在"HAL_TIM_Base_Start_IT（&htim6）；"下一行添加启动 PWM 的代码"HAL_TIM_PWM_Start（&htim2，TIM_CHANNEL_1）；"。

4）在 TIM6 中断回调函数中添加程序，实现对 CCR 的改变，从而改变占空比，如下所示：

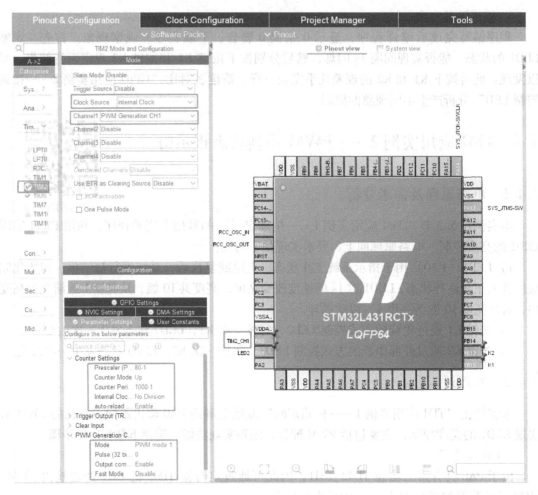

图 5-11　TIM2 具体配置

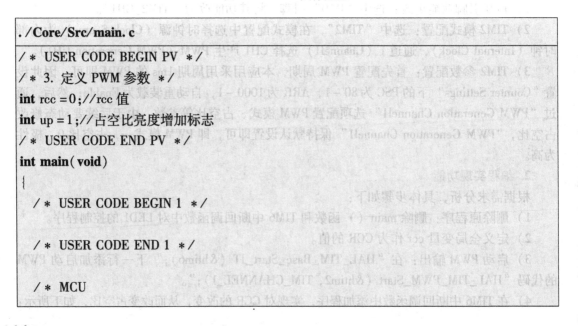

```
./Core/Src/main. c

/* USER CODE BEGIN PV */
/* 3. 定义 PWM 参数 */
int rcc = 0;//rcc 值
int up = 1;//占空比亮度增加标志
/* USER CODE END PV */
int main( void)
{
  /* USER CODE BEGIN 1 */

  /* USER CODE END 1 */

  /* MCU
```

```
Configuration  — — — — — — — — — — — — — — — — — — — — — — — — — — — — * /

    / * Reset of all peripherals,Initializes the Flash interface and the Systick. * /
    HAL_Init();

    / * USER CODE BEGIN Init * /

    / * USER CODE END Init * /

    / * Configure the system clock * /
    SystemClock_Config();

    / * USER CODE BEGIN SysInit * /

    / * USER CODE END SysInit * /

    / * Initialize all configured peripherals * /
    MX_GPIO_Init();
    MX_TIM6_Init();
    MX_TIM2_Init();
    / * USER CODE BEGIN 2 * /

    / * 4. 启动 TIM6 * /
    HAL_TIM_Base_Start_IT(&htim6);

    / * 5. 启动 TIM2 PWM 输出 * /
    HAL_TIM_PWM_Start(&htim2,TIM_CHANNEL_1);
    / * USER CODE END 2 * /

    / * Infinite loop * /
    / * USER CODE BEGIN WHILE * /
    while (1)
    {
        / * 1. 每按一次 K1,LED1 状态改变一次 * /
        if( HAL_GPIO_ReadPin( K1_GPIO_Port,K1_Pin) = = GPIO_PIN_SET)//判断 K1
//是否按下
```

```
        {
            while(HAL_GPIO_ReadPin(K1_GPIO_Port,K1_Pin) = =
GPIO_PIN_SET);//等待 K1 释放
                HAL_GPIO_TogglePin(LED2_GPIO_Port,LED2_Pin);//电平翻转
        }


        /* USER CODE END WHILE */

        /* USER CODE BEGIN 3 */
    }
    /* USER CODE END 3 */
}
/* USER CODE BEGIN 4 */
/* 2. EXTI 回调函数 */
void HAL_GPIO_EXTI_Callback(uint16_t GPIO_Pin)
{
    if (GPIO_Pin = =K2_Pin)//判断是否为 K2
    {
        HAL_GPIO_TogglePin(LED2_GPIO_Port,LED2_Pin);
    }
}


/* 6. 定时器回调函数 */
void HAL_TIM_PeriodElapsedCallback(TIM_HandleTypeDef * htim)
{
    /* 每1s 进一次中断,即每1s 改变 1 次 rcc,从而改变占空比,实现亮度调节 */
    if(htim - >Instance = =TIM6)//判断是否为 TIM6
    {
        /* 改变占空比,改变亮度 */
        if(up = =1)//判断是否增加占空比
        {
            rcc + =100;//rcc值增加 100
            _HAL_TIM_SET_COMPARE(&htim2,TIM_CHANNEL_1,rcc);//改变占空比
            if(rcc >1000)//判断 rcc 是否超过 1000
            {
                up =0;//rcc 置 0,跳转 rcc 递减分支
            }
        }
```

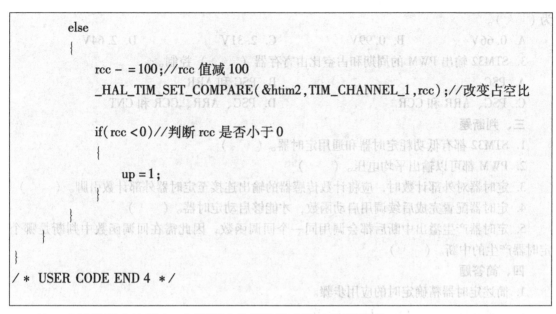

```
        else
        {
            rcc - =100;//rcc 值减 100
            _HAL_TIM_SET_COMPARE(&htim2,TIM_CHANNEL_1,rcc);//改变占空比

            if( rcc <0)//判断 rcc 是否小于 0
            {
                up =1;
            }
        }
    }
}
/ *  USER CODE END 4  */
```

注：上述代码中注释 1 ~ 6 标明了实现预期功能的编程步骤。

3. 编译下载程序

程序编写完成后编译程序，显示 0 错误 0 警告，下载程序，观察 LED1 的亮度变化规律，可以看到 LED1 的亮度逐渐变亮，然后又变暗，以此循环。

思考与练习

一、填空题

1. 定时器应用中通常会面临四个基本问题是 _____、_____、_____ 和 _____。

2. 定时器的位数决定了定时器的计数最大值，十六位定时器计数最大值为 _____。

3. STM32 的滴答定时器（System Tick Timer, SysTick）是一个 _____ 位的定时器，具有自动重载和溢出中断功能。

4. 看门狗定时器主要作用是当系统异常时 _____。

5. 外部计数模块通过外部输入引脚对 _____ 进行计数。

6. 时基单元是定时器的基本单元，由 _____、_____ 和 _____ 三个寄存器构成。

7. PWM 信号具有三个基本参数，即 _____、_____ 和 _____。

8. 利用 STM32L431 的定时器输出周期为 1ms，占空比为 66.6% 的 PWM，则应设置 PSC = _____，ARR = _____，CCR = _____。

二、选择题

1. STM32L4 利用定时器产生 1ms 的溢出中断，如果设置 PSC =79，则 ARR = （　　）。

A. 10 – 1   B. 100 – 1   C. 1000 – 1   D. 10000 – 1

2. PWM 频率为 10kHz，占空比为 30%，高电平为 3.3V，则 PWM 的平均电压为（　　）。

  A. 0.66V   B. 0.99V   C. 2.31V   D. 2.64V

  3. STM32 输出 PWM 的周期和占空比由寄存器（　　）控制。

  A. PSC   B. PSC 和 ARR

  C. PSC、ARR 和 CCR   D. PSC、ARR、CCR 和 CNT

三、判断题

  1. STM32 都有低功耗定时器和通用定时器。（　　）

  2. PWM 都可以输出平均电压。（　　）

  3. 定时器对外部计数时，应将计数传感器的输出连接至定时器外部计数引脚。（　　）

  4. 定时器配置完成后续调用启动函数，才能够启动定时器。（　　）

  5. 定时器产生溢出中断后都会调用同一个回调函数，因此需在回调函数中判断是哪个定时器产生的中断。（　　）

四、简答题

  1. 简述定时器精确定时的应用步骤。

  2. 简述定时器产生 PWM 的应用步骤。

  3. 简述定时器产生 PWM 的工作原理。

五、编程题

  1. 利用开发板实现可调亮度的台灯，具体功能如下：①按键 K1 通过外部中断方式控制 LED1；②LED1 初始状态为熄灭；③LED1 亮度共 3 级，LED1 亮度根据按下 K1 的次数循环改变，即亮度 1→亮度 2→亮度 3→熄灭→亮度 1→亮度 2 ……。上述功能仅供参考，可自由发挥，拓展更多功能。

  2. 在应用实例 1 和应用实例 2 的基础上，利用两个定时器产生图 5-12 所示的周期性的 PWM，每间隔 1s 产生周期为 1ms 的 PWM，PWM 脉冲个数为 10。

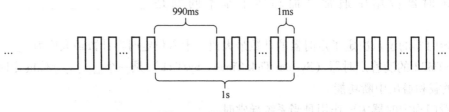

图 5-12 周期性的 PWM

  3. 利用定时器获取题 2 中 PWM 的周期。

第 6 章

STM32 通用同步异步通信

本章思维导图

通信是嵌入式系统与其他设备进行交互的必备手段，是嵌入式系统创新的基础。本章主要讲解 STM32 串口通信的基本应用。首先，介绍嵌入式系统中的通信基础，重点介绍异步串行通信（串口通信）。然后，讲解 STM32 串口系统，重点讲解 USART 内部电路结构和应用步骤。最后，通过两个应用实例掌握串口基本应用：串口打印信息和开关量远程监控系统，其中应用实例 2 是一个融合了 GPIO、EXTI、TIM 和 USART 的综合性应用。STM32 通用同步异步通信思维导图如图 6-1 所示，其中加 ◎ 的为需要理解的内容，加 ◉ 的为需要掌握的内容，加 ▢ 的为需要实践的内容。

1. 理解异步串行通信的相关概念及原理。

2. 掌握 USART 内部电路结构和应用步骤。

3. 独立完成两个应用实例，其中应用实例 1 所用时间不超过 10min，应用实例 2 所用时间不超过 40min。

建议读者在完成本章学习后及时更新完善思维导图，以巩固、归纳、总结本章内容。

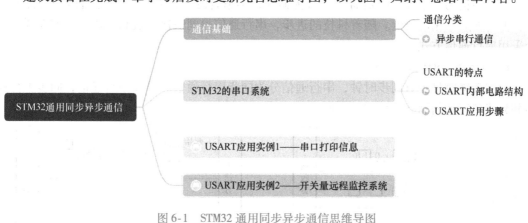

图 6-1　STM32 通用同步异步通信思维导图

6.1　通信基础

6.1.1　通信分类

嵌入式系统中的通信是指 MCU 与 MCU 或外围设备之间的信息交换，通信分类如图 6-2

所示，根据通信方式可分为并行通信和串行通信，串行通信根据是否有同步时钟分为同步串行通信和异步串行通信，异步串行通信根据传输方向可分为单工、半双工和双工通信。

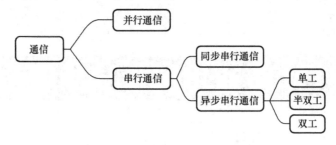

图 6-2   嵌入式系统中的通信分类

1. 并行通信和串行通信

并行通信和串行通信示意图如图 6-3 所示，并行通信是用多条数据线将数据字节中的各位同时传输，串行通信是用一条数据线将数据字节中的各位逐位传输。

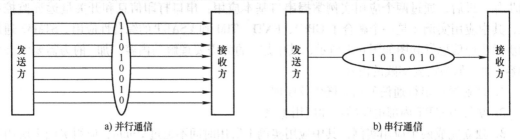

图 6-3   并行通信和串行通信示意图

并行通信的效率高，但是需要多条传输线，不适合远距离传输。串行通信所需传输线少，但传输效率相对较低。随着科技的进步，串行通信得到快速发展和应用，目前大部分场合采用串行通信方式。

2. 同步串行通信和异步串行通信

根据传输时是否有同步时钟，串行通信分为同步串行通信和异步串行通信，同步串行通信和异步串行通信示意图如图 6-4 所示。

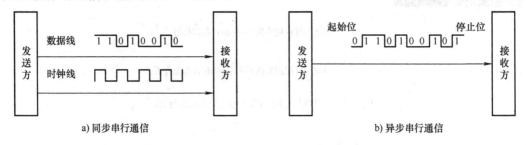

图 6-4   同步串行通信和异步串行通信示意图

同步串行通信在通信前要先建立同步关系，即使用相同频率的时钟，发送方的发送频率和接收方的接收频率一致，多用于同一 PCB 上芯片之间的通信。同步串行通信是一种连续串行传送数据的通信方式，一次通信传送一个信息帧（若干字符）。发送方在发送信息时，将多个字符加上同步字符组成一个信息帧，由一个统一的时钟控制发送，接收方识别同步字符，当检测到有一串数位和同步字符相匹配时，就认为开始一个信息帧，把此后的数位作为实际传输信息。

异步串行通信在通信前无须建立同步关系，一次通信只能传送一个字符，多用于设备与设备之间的通信。接收方做好接收准备后，发送方可以在任意时刻发送字符，为了使接收方能够正确地接收每一个字符，发送方在发送前必须在每一个字符的开始和结束的地方加起始位和停止位，同时要保证收、发速率相同。

3. 通信方向

根据传输方向，异步串行通信可分为单工通信、半双工通信和双工通信，如图 6-5 所示。单工通信只需一条数据线，数据为单向传输；半双工通信允许数据双向传输，但发送和接收不能同时进行；双工通信需要两条数据线，数据可双向同时传输。

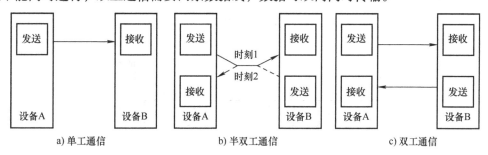

图 6-5　单工通信、半双工通信和双工通信示意图

6.1.2　异步串行通信

异步串行通信简称串口通信，为了保证通信时收发数据的一致，发送方和接收方须遵守共同的约定：字符帧格式和波特率一致。

1. 字符帧格式

异步串行通信字符帧结构如图 6-6 所示，一个字符帧通常由起始位、数据位、校验位和停止位四部分构成。

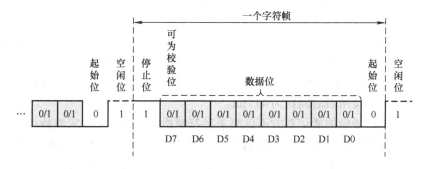

图 6-6　异步串行通信字符帧结构

起始位：1 位，其值为 0（低电平）。

数据位：可设置为 7 至 9 个数据位（包含校验位），一般无校验时设置为 8 个数据位，有校验时设置为 9 个数据位，其值为 0（低电平）或 1（高电平）。

校验位：用于校验数据传输正确与否，可设置为奇校验、偶校验或无校验。设置为奇、偶校验时，数据位的最高位为校验位；设置为无校验时，数据位最高位为数据的最高位，无校验位。若设置为奇校验，则当接收方接收到数据时，校验"1"的个数是否为奇数，从而确定数据传输是否正确；若设置为偶校验，则当接收方接收到数据时，校验"1"的个数是否为偶数，从而确定数据传输是否正确；若设置为无校验，则不对数据传输的正确性做判断。

停止位：可设置为 0.5 位、1 位、1.5 位或 2 位，其值为 1（高电平），通常设置为 1 位。

空闲位：数据线为高电平，表示无数据传输。

如果要传输数据 0x86（1000 0110），无奇、偶校验，则可设置字符帧格式如图 6-7 所示，即 1 个起始位，8 个数据位，1 个停止位，依次循环可继续传输其他数据。

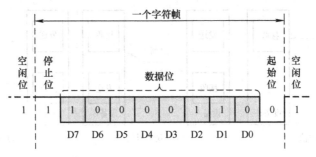

图 6-7 0x86 字符帧格式

显然，异步串行通信要求收发双方的字符帧格式一致，如果收发双方字符帧格式不一致将导致发送的字符和接收到的字符不一致，如发送方定义 8 个数据位，而接收方定义 7 个数据位，接收方将不能完整接收发送方发送的数据。

2. 波特率

异步串行通信每次传输 1 个字符帧，但传输多个字符帧的时间间隔是任意的，如传输 0x86 之后，什么时候再传输其他字符是不受约束的。一字符帧的相邻两位的时间间隔是确定的，如传输 0x86 时，D0 位与 D1 位，D1 位与 D2 位，D2 位与 D3 位等的时间间隔是确定的，即传输每一位所需时间是确定的，传输速率是确定的。

异步串行通信的通信速率用波特率表示，波特率即每秒传送的码元符号的个数，单位为位/秒（bits/s）。如每秒传输 240 符号，每个字符帧格式包含 10 位（1 个起始位、1 个停止位、8 个数据位），则此时的波特率为：$10 \times 240 = 2400\mathrm{Baud}$，即每秒钟传输 2400 个二进制位，传输每个二进制位所需时间约为 417μs。

因此，异步串行通信的通信双方不仅要求字符帧格式一致，还要求波特率一致，如果不一致将导致数据收发异常。如发送方波特率为 2400Baud，而接收方波特率为 4800Baud，则接收方接收速率是发送方的 2 倍，发送方发送 10 个二进制位，会被接收方认为是 20 个二进制位。

波特率的大小一定程度上影响传输距离，当传输线使用每 0.3m（约 1ft）有 50pF 电容的非平衡屏蔽双绞线时，传输距离随波特率的增加而减小。当波特率超过 1000Baud 时，最大传输距离迅速下降，如 115200Baud 时最大距离下降到只有 30m。

6.2 STM32 的串口系统

6.2.1 USART 的特点

STM32L 系列微控制器提供了通用同步/异步收发器（Universal Synchronous Asynchronous Receiver Transmitter，USART）和低功耗通用异步收发器（Low Power Universal Synchronous Asynchronous Receiver Transmitter，LPUART）用于同步或异步通信。STM32L431RCT6 芯片具有 1 个 LPUART 和 3 个 USART。LPUART 和 USART 的主要区别是 LPUART 可以采用低速时钟作为时钟源，在休眠模式下可以正常接收数据，唤醒系统。在使用上与 UASRT 没有本质区别，因此本章主要讲解 USART，USART 的主要特点如下：

1）具有相互独立的数据接收和数据发送引脚，支持全双工通信；

2）具有独立的高精度波特率发生器，不占用定时器/计数器；

3）支持 5、6、7、8 和 9 位数据位，1 或 2 位停止位的字符帧结构；

4）具有 3 个完全独立的中断：TX 发送完成中断、TX 发送数据寄存器空中断、RX 接收完成中断；

5）支持奇偶校验；

6）支持数据溢出检测和帧错误检测；

7）支持同步操作，可与主机时钟同步，也与可从机时钟同步；

8）支持多机通信模式。

6.2.2 USART 内部电路结构

STM32L431RCT6 芯片具有 1 个 LPUART 和 3 个 USART，USART 内部电路结构如图 6-8 所示，通过接收数据输入（RX）、发送数据输出（TX）、发送允许（CTS）、发送请求（RTS）和发送器时钟输出（CK）等引脚与外部设备相连。内部包括发送数据寄存器（TDR）、接收数据寄存器（RDR）、移位寄存器、红外编码解码模块、硬件流控制器、时钟控制、发送控制、唤醒单元、接收控制、中断控制和波特率发生器等。

USART 双向通信至少需要 RX 和 TX 2 个引脚。RX 通过采样技术来区别数据和噪声，从而恢复数据。当发送器被禁止时，TX 引脚恢复到其 IO 端口配置。当发送器被激活，并且不发送数据时，TX 引脚处于高电平。

RTS 和 CTS 为硬件数据流控制引脚，用于协调收发双方，避免数据丢失。RTS 的作用是通知对方自己是否可以接收数据，有效电平为低电平。CTS 用于判断对方是否可以接收数据，低电平有效。

CK 为发送器时钟输出，用于同步传输的时钟，数据可以在 RX 上同步被接收，这可以用来控制带有移位寄存器的外部设备（例如 LCD 驱动器）。时钟相位和极性都是软件可编程的。在智能卡模式里，CK 可以为智能卡提供时钟。

6.2.3 USART 应用步骤

本节以最常用的轮询发送和中断接收为例说明 USART 应用步骤，主要包括初始化配置、

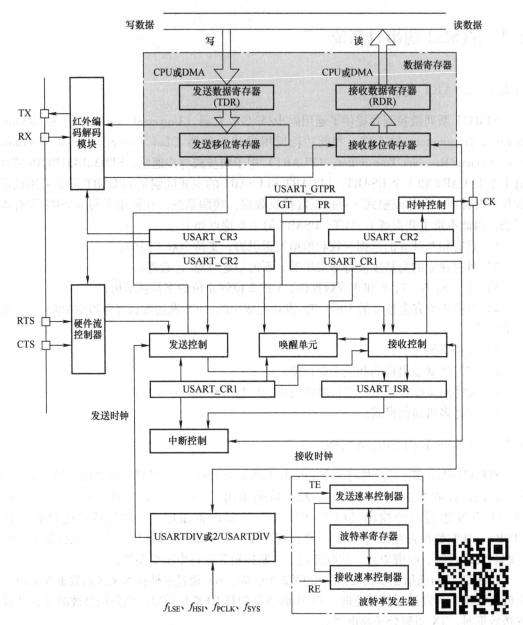

图 6-8　USART 内部电路结构　　　　　　　USART 内部电路结构

主程序发送数据和中断服务程序接收数据。

1. 初始化配置

串口初始化配置包括串口选择、模式配置、参数配置等，以 USART1 为例，配置方法如图 6-9 所示。首先，单击选中 "USART1"，并设置 "Mode" 选项为 "Asynchronous"（异步模式）。然后，检查发送和接收引脚是否和原理图一致。最后，在 "NVIC Settings" 中勾选允许中断，"Parameter Settings" 中参数可保持默认配置（115200Baud、8 个数据位、1 个停止位、无奇偶校验），如须修改则进行相应配置即可。

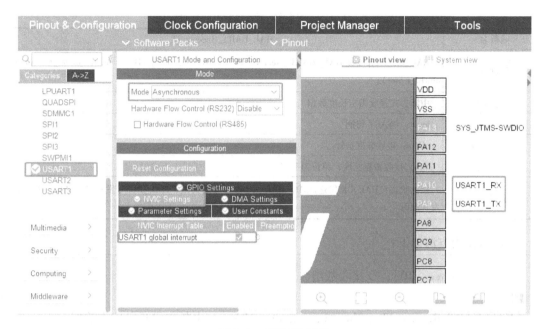

图 6-9　USART1 配置

2. 主程序发送数据

初始化完成后，可采用轮询方式发送数据，只需调用函数 HAL_UART_Transmit（）即可，HAL_UART_Transmit（）函数说明见表 6-1。

表 6-1　HAL_UART_Transmit（）函数说明

函数名	HAL_UART_Transmit
函数原形	HAL_StatusTypeDef HAL_UART_Transmit（UART_HandleTypeDef ∗ huart，const uint8_t ∗ pData，uint16_t Size，uint32_t Timeout）；
功能描述	轮询方式发送指定长度数据
输入参数 1	huart：USART 句柄
输入参数 2	pData：待发送数据指针
输入参数 3	Size：待发送数据长度，单位为字节
输入参数 4	Timeout：发送超时，单位为 ms，根据波特率和发送数据位数进行计算，留有适当余量
返回值	发送状态：HAL_OK 发送成功，HAL_ERROR 发送失败，HAL_BUSY 发送忙，HAL_TIMEOUT 发送超时

该函数使用方法如下：

```
uint8_t msg_send［10］；//待发送数组
HAL_UART_Transmit（&huart1，msg_send，10，0x1f）；//发送数据
```

3. 中断服务程序接收数据

初始化完成后，可采用中断方式接收数据，首先调用函数 HAL_UART_Receive_IT（）以中断方式开启数据接收，HAL_UART_Receive_IT（）函数说明见表 6-2。

表 6-2　HAL_UART_Receive_IT () 函数说明

函数名	HAL_UART_Receive_IT
函数原形	HAL_StatusTypeDef HAL_UART_Receive_IT (UART_HandleTypeDef ＊huart, uint8_t ＊pData, uint16_t Size);
功能描述	中断方式接收指定长度数据
输入参数 1	huart：USART 句柄
输入参数 2	pData：接收数据指针
输入参数 3	Size：接收数据长度，单位为字节
返回值	接收状态：HAL_OK 发送成功，HAL_ERROR 发送失败，HAL_BUSY 发送忙，HAL_TIMEOUT 发送超时

该函数使用方法如下：

```
uint8_t msg_rec [10]; //接收数组

HAL_UART_Receive_IT (&huart1, msg_rec, 10); //中断方式开启接收数据
```

接收数据完成后进入中断服务程序，覆写"接收完成回调函数"实现数据接收及处理功能，具体如下：

```
/＊ USART 接收完成回调函数 ＊/
void HAL_UART_RxCpltCallback (UART_HandleTypeDef ＊huart)
{
    if (huart -> Instance = = USART1) //判断中断源
    {
        flag_rec = 1; //接收完成标志置 1
        HAL_UART_Receive_IT (&huart1, msg_rec, 9); //中断方式启动接收
    }
}
```

需要注意的是每调用一次 HAL_UART_Receive_IT () 函数只能完成一次接收，欲实现多次接收，应在接收完成回调函数或主函数中再次调用该函数。

6.3　USART 应用实例1——串口打印信息

6.3.1　电路原理及需求分析

1. 电路原理

串口打印信息即利用STM32的串口，结合借助串口调试助手，输出一段有用信息。在

程序指定位置打印信息可以直观地观察程序运行状态，判断程序运行结果与预期逻辑是否一致，是一种简单易用的调试方法。因此，在硬件设计时通常预留 USART1 用于串口打印信息，以进行调试。由于 PC 串口和 STM32 串口通信电平不一致，通常采用 PL2302、PL2303、CH340 等芯片进行 USB 和串口转换，本书所用开发板采用 CH342F 芯片实现 USB 转串口。CH342F 是南京沁恒微电子股份有限公司生产的 USB 总线转换芯片，能够实现 USB 转两个异步串口，每个串口都支持高速全双工通信，波特率范围 50Baud ~ 3MBaud，内置时钟，无需外部晶振，支持 DC 3.3V 和 DC 5V 供电，具体细节可参考官方产品手册。

本实例在 5.3 节 "TIM 应用实例 1——精确定时" 基础上完善功能，利用 USART1 在特定位置打印有用信息。USB 转串口电路原理如图 6-10 所示，左侧 USB1 为 TYPEC 接口，通过 TYPEC 数据线与 PC 连接，右侧为 CH342F 芯片，将 USART1 和 USART2 转换为 USB 输出，按键和 LED 电路原理可参考前面相关章节。

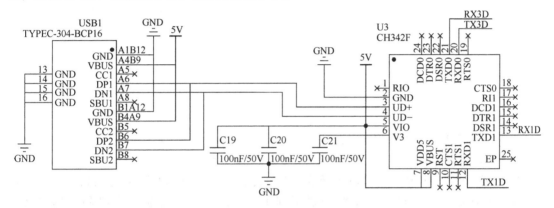

图 6-10　USB 转串口电路原理

2. 需求分析

1）LED1（PA0）用于指示系统工作状态。上电或复位后，系统进行初始化，初始化完成后，LED1 先以 0.5s 的间隔闪烁 3 次，随后打印 "System Init OK!"，然后进入正常运行状态，LED1 间隔 1s 闪烁，同时根据 LED1 状态打印 "LED1 On"（亮）或 "LED1 Off"（灭）。

2）按键 K1 和 K2 采用外部中断方式，分别控制 LED2 和 LED3，每按一次按键，LED 状态发生一次改变，同时根据 LED 状态打印 "LED On" 或 "LED Off"。

6.3.2　实现过程

本实例主要包括两部分内容：首先，实现按键 K1 和 K2 通过外部中断方式控制 LED2 和 LED3 的亮灭，实现方法可参考第 4 章相关内容，此处不再赘述。然后，上述功能验证成功后，再增加串口打印功能，具体实现方法包括串口配置、编程实现功能、编译下载程序等步骤。

1. 串口配置

采用 USART1 实现信息打印，USART1 配置方式如图 6-11 所示。首先，单击选中 "US-ART1" 选项。然后，配置模式（Mode），选择异步模式 "Asynchronous" 选项，其他参数保持默认（1 起始位，8 数据位，1 停止位，无奇偶校验，波特率 115200Baud）即可。

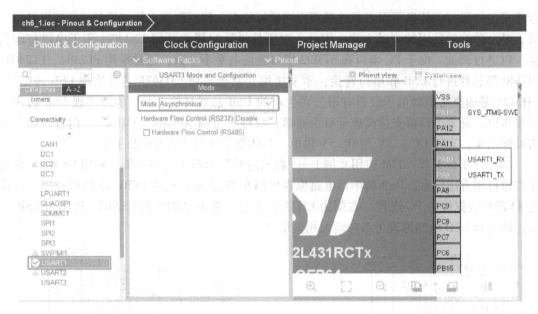

图 6-11　USART1 配置方式

2. 编程实现功能

根据需求分析，具体步骤如下：

（1）串口重定向

"printf" 函数为 C 语言标准输出函数，需包含头文件 "stdio. h"，由于标准 C 语言中的 "printf" 函数输出到屏幕上，显然需要用到串口，因此需重定向，即将利用串口实现 "printf" 输出。包含头文件程序添加在/＊ USER CODE BEGIN Includes ＊/和/＊ USER CODE END Includes ＊/之间，重定向程序添加至/＊ USER CODE BEGIN 0 ＊/和/＊ USER CODE END 0 ＊/之间，具体程序如下：

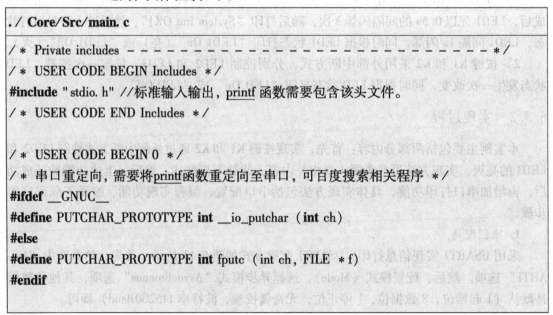

```
./ Core/Src/main. c

/ * Private includes - - - - - - - - - - - - - - - - - - - - - - - - - - - - - - - */
/ * USER CODE BEGIN Includes */
#include "stdio. h" //标准输入输出，printf 函数需要包含该头文件。
/ * USER CODE END Includes */

/ * USER CODE BEGIN 0 */
/ * 串口重定向，需要将printf函数重定向至串口，可百度搜索相关程序 */
#ifdef __GNUC__
#define PUTCHAR_PROTOTYPE int __io_putchar (int ch)
#else
#define PUTCHAR_PROTOTYPE int fputc (int ch, FILE * f)
#endif
```

```
PUTCHAR_PROTOTYPE
{
    //具体哪个串口可以更改 huart1 为其他串口
    HAL_UART_Transmit (&huart1, (uint8_t *) &ch, 1, 0xffff);
    return ch;
}
/* USER CODE END 0 */
```

（2）打印"System Init OK！"

上电或复位后，系统进行初始化，初始化完成后，LED1 先以 0.5s 的间隔闪烁 3 次，随后打印"System Init OK！"，因此在 LED1 间隔 0.5s 闪烁的程序后，仅须添加一行"printf"打印程序，具体程序如下所示：

./ Core/Src/main. c

```
/* 1. LED1 先以 0.5s 的间隔闪烁 3 次 */
for(int i = 0; i < 6; i++)
{

    HAL_GPIO_TogglePin(LED1_GPIO_Port, LED1_Pin);//电平翻转
    HAL_Delay(500);

}

printf("System Init OK! \n");//打印 System Init OK!
```

（3）打印 LED1 状态

正常运行时 LED1 间隔 1s 闪烁，同时根据 LED1 状态打印"LED1 On"（亮）或"LED1 Off"（灭），由于 LED1 的状态是在 TIM6 定时器中断中改变的，因此可在 TIM6 中断回调函数中添加程序实现 LED1 的状态判断及状态打印，具体程序如下：

./ Core/Src/main. c

```
/* 定时器回调函数 */
void HAL_TIM_PeriodElapsedCallback (TIM_HandleTypeDef * htim)
{
    if (htim -> Instance == TIM6) //判断是否为 TIM6
    {
        /* 1. 正常运行 LED1 间隔 1s 闪烁 */
        HAL_GPIO_TogglePin (LED1_GPIO_Port, LED1_Pin);
        /* 亮，打印 LED1 On；灭，打印 LED1 Off；需判断 */
        if (HAL_GPIO_ReadPin (LED1_GPIO_Port, LED1_Pin) == GPIO_PIN_RESET)
        {
```

```
            printf("LED1 On! \n");//\n 表示换行
        }
    else
        {
            printf("LED1 Off! \n");//\n 表示换行
        }
    }
}
```

（4）打印 LED2 和 LED3 状态

按键 K1 和 K2 采用外部中断方式，分别控制 LED2 和 LED3，每按一次按键，LED 状态发生一次改变，同时根据 LED 状态打印"LED On"或"LED Off"。由于 LED2 和 LED3 的状态是在 EXTI 中断中改变的，因此可在 EXTI 中断回调函数中添加程序实现 LED2 和 LED3 的状态判断及状态打印，具体程序如下：

. / Core/Src/main. c

```
/* EXTI 回调函数 */
void HAL_GPIO_EXTI_Callback(uint16_t GPIO_Pin)
{
    if(GPIO_Pin = = K1_Pin)//判断是否为 K1
    {
        HAL_GPIO_TogglePin(LED2_GPIO_Port, LED2_Pin);
    }
    if(HAL_GPIO_ReadPin(LED2_GPIO_Port,LED2_Pin) = =GPIO_PIN_RESET)//亮
    {
        printf("LED2 On! \n");//\n 表示换行
    }
    else
    {
        printf("LED2 Off! \n");//\n 表示换行
    }
    if(GPIO_Pin = = K2_Pin)//判断是否为 K1
    {
        HAL_GPIO_TogglePin(LED3_GPIO_Port, LED3_Pin);
    }
    /* 亮、打印 LED1 On;灭,打印 LED1 Off;需判断 */
    if(HAL_GPIO_ReadPin(LED3_GPIO_Port,LED3_Pin) = =GPIO_PIN_RESET)//亮
    {
```

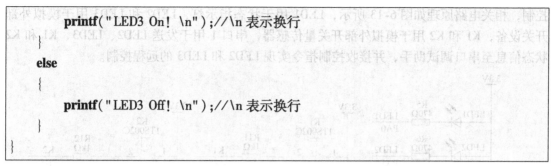

```
        printf("LED3 On! \n");//\n 表示换行
    }
    else
    {
        printf("LED3 Off! \n");//\n 表示换行
    }
}
```

3. 编译下载程序

程序编写完成后编译程序，显示 0 错误 0 警告，下载程序，观察现象。首先，观察 LED1 的状态，能否实现间隔 1s 闪烁，然后打开串口调试助手，分别按下按键 K1 和按键 K2 观察运行结果，串口调试助手运行结果示例如图 6-12 所示。

图 6-12　串口调试助手运行结果示例

6.4　USART 应用实例2——开关量远程监控系统

USART 应用实例 2

6.4.1　电路原理及需求分析

1. 电路原理

本实例综合 GPIO、EXTI、TIM 和 USART 设计开关量监控系统，实现开关量远程监测与控制，相关电路原理如图 6-13 所示，LED1 用于状态指示灯，LED2 和 LED3 用于模拟外部开关设备，K1 和 K2 用于模拟外部开关量传感器，串口 1 用于发送 LED2、LED3、K1 和 K2 状态信息至串口调试助手，并接收控制指令实现 LED2 和 LED3 的远程控制。

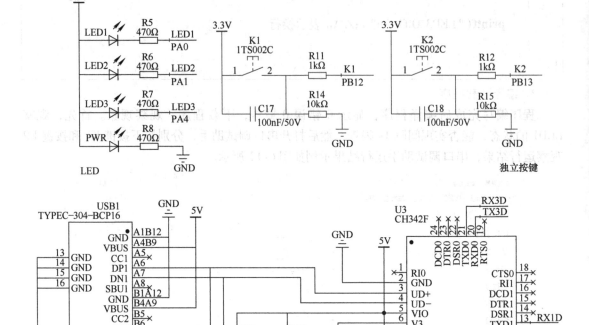

图 6-13　相关电路原理

2. 需求分析

1）LED1 用于指示系统工作状态，上电或复位后，系统进行初始化，初始化完成后，LED1 间隔 0.5s 闪烁 3 次，随后进入正常运行状态，LED1 间隔 1s 闪烁。

2）按键 K1 和 K2 通过外部中断的方式控制 LED2 和 LED3 的状态，按下 K1 时，LED2 亮，松开 K1 时，LED2 灭；按下 K2 时，LED3 亮，松开 K2 时，LED3 灭。

3）通过 USART1 将 LED2、LED3、K1 和 K2 状态信息发送至串口调试助手，发送时间间隔为 2s。

4）利用串口调试助手发送控制指令，实现 LED2 和 LED3 的开关控制。

6.4.2　实现过程

本实例综合 GPIO、EXTI、TIM 和 USART 四种基本外设，实现过程是前面各章节的综合及优化，采用基于前后台的时间片轮询架构实现，程序包括主程序和中断服务程序。

1. 主程序流程

主程序流程图如图 6-14 所示，具体流程如下：

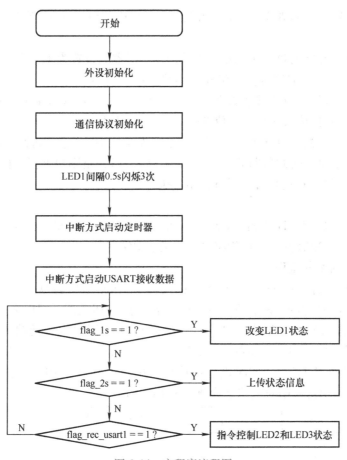

图 6-14　主程序流程图

1）外设初始化：系统上电或复位后，初始化外设，包括 GPIO、EXTI、TIM 和 USART，相应初始化程序由 STM32CubeIDE 生成。

2）通信协议初始化：MCU 发送包括 LED2、LED3、K1 和 K2 的状态信息，数据采用十六进制打包发送，MCU 发送数据协议见表 6-3，初始化协议为：484149540000000000000000。

表 6-3　MCU 发送数据协议

协议头 （4B）	设备 ID （1B）	LED2 状态 （1B）	LED3 状态 （1B）	K1 状态 （1B）	K2 状态 （1B）	保留 （2B）
48 41 49 54 （HAIT）	00	00（灭） 01（亮）	00（灭） 01（亮）	00（断开） 01（闭合）	00（断开） 01（闭合）	00 00

PC 端采用十六进制打包发送控制指令，MCU 接收数据协议见表 6-4，由 MCU 进行指令解析，无须初始化。

表 6-4　MCU 接收数据协议

协议头（4B）	设备 ID（1B）	LED2 状态（1B）	LED3 状态（1B）	保留（2B）
48 41 49 54 （HAIT）	00	00（灭） 01（亮）	00（灭） 01（亮）	00 00

3）LED1 间隔 0.5s 闪烁 3 次：初始化完成后 LED1 间隔 0.5s 闪烁 3 次，表示系统初始化完成。

4）中断方式启动定时器：采用中断方式启动定时器，设置为 1s 中断，在定时器中断服务程序中设置 1s 和 2s 的时间片标志位 flag_1s 和 flag_2s 为 1。

5）中断方式启动 USART 接收数据：采用中断方式启动 USART 数据接收，在 USART 中断服务程序中设置数据接收完成标志位 flag_rec_usart1 为 1。

6）时间片轮询：判断 flag_1s 是否为 1，是则改变 LED1 状态，否则判断 flag_2s 是否为 1，是则上传状态信息，否则判断 flag_rec_usart1 是否为 1，是则根据指令控制 LED2 和 LED3 的状态，否则返回判断 flag_1s 是否为 1，循环执行。

2. 中断服务程序流程

中断服务程序包括 EXTI 中断、TIM 中断和 USART 中断，中断标志位判断及中断标志位清零由软件生成，中断服务功能在相应的回调函数中实现。

（1）EXTI 中断服务流程

EXTI 中断服务流程图如图 6-15 所示，进入 EXTI 中断回调函数后，判断是否为 K1 产生的中断，如果是 K1 产生的中断，则判断 K1 是否闭合，如果是闭合则点亮 LED2，同时设置通信协议中对应状态为 01，退出中断；否则熄灭 LED2，同时设置通信协议中对应状态为 00，退出中断。如果不是 K1 产生的中断，则为 K2 产生的中断，此时判断 K2 是否闭合，如果 K2 为闭合，则点亮 LED3，同时设置通信协议中对应状态为 01，退出中断；否则熄灭 LED3，同时设置通信协议中对应状态为 00，退出中断。

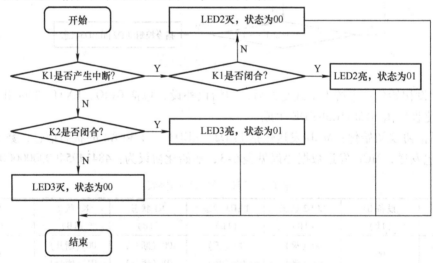

图 6-15　EXTI 中断服务流程图

（2）TIM 中断服务流程

TIM 中断服务流程图如图 6-16 所示，进入 TIM 中断回调函数后，判断是否为相应 TIM 产生的中断，进而设置 flag_1s 为 1，num_tim 加 1，随后判断 num_tim 加 1 是否等于 2。如果等于 2 则设置 flag_2s 为 1，同时清零 num_tim，退出中断；如果 num_tim 不等于 2，则直接退出中断。

（3）USART 中断服务流程

USART 中断服务流程图如图 6-17 所示，进入 USART 中断回调函数后，判断是否为相应 USART 产生的中断，进而设置 flag_rec_usart1 为 1，并再次以中断方式启动 USART 接收数据，准备下一次数据接收，最后退出中断。

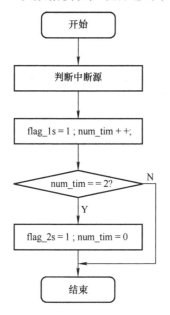

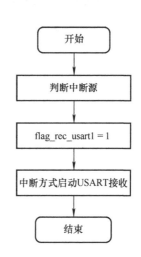

图 6-16　TIM 中断服务流程图　　　　图 6-17　USART 中断服务流程图

3. 具体实现步骤

根据上述流程，本实例具体实现过程包括外设初始化配置、主程序实现及中断服务程序实现。

（1）外设初始化配置

外设初始化配置包括 GPIO、EXTI、TIM 和 USART 配置，在 STM32CubeIDE 中进行配置，生成初始化程序。

1）GPIO 配置。根据需求分析和硬件原理图，将 LED1、LED2 和 LED3 对应引脚配置为输出模式，具体配置如图 6-18 所示，输出电平设置为高电平，用户标签分别设置为 LED1、LED2 和 LED3，其余配置选项保持默认设置。

Pin N...	Signal o...	GPIO ou...	GPIO m...	GPIO Pu...	Maximu...	Fast Mode	User Label	Modified
PA0	n/a	High	Output P...	No pull-u...	Low	n/a	LED1	☑
PA1	n/a	High	Output P...	No pull-u...	Low	n/a	LED2	☑
PA4	n/a	High	Output P...	No pull-u...	Low	n/a	LED3	☑

图 6-18　GPIO 配置

2）EXTI 配置。根据需求分析和硬件原理图，将 K1 和 K2 对应引脚配置为外部中断模式，具体配置如图 6-19 所示，触发方式设置为双边沿触发，上下拉选项设置为下拉，用户标签分别设置为 K1 和 K2。

3）TIM 配置。根据需求分析，采用基于前后台的时间片轮询架构实现 LED1 间隔 1s 闪烁和状态信息间隔 2s 发送，需利用定时器产生时间片，采用基本定时器 TIM6 实现，TIM6 配置如图 6-20 所示，Parameter Settings 中 PSC 设置为 8000 − 1，ARR 设置为 10000 − 1，允

| PB12 | n/a | n/a | External ... | Pull-down | n/a | n/a | K1 | ☑ |
| PB13 | n/a | n/a | External ... | Pull-down | n/a | n/a | K2 | ☑ |

图 6-19　EXTI 配置

许预加载，NVIC Settings 中勾选允许中断。

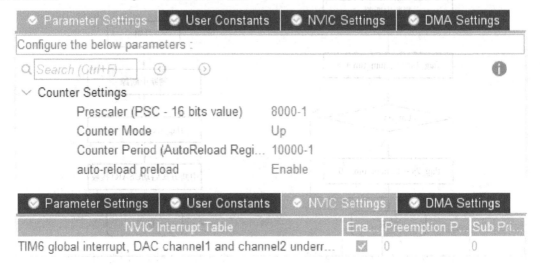

图 6-20　TIM6 配置

4）USART 配置。根据需求分析和硬件原理图，利用 USART1 实现状态发送和控制指令接收，发送采用轮询模式，接收采用中断方式，USART 配置如图 6-21 所示，Parameter Settings 中所有参数保持默认配置，在 NVIC Settings 中勾选允许中断。

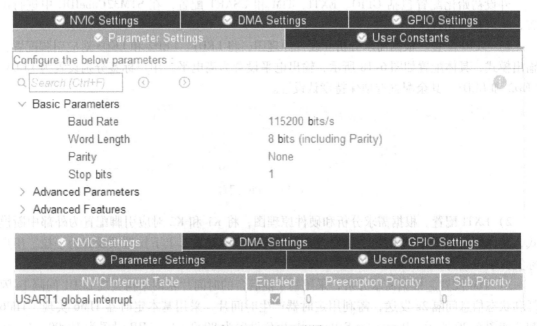

图 6-21　USART 配置

（2）主程序

根据主程序流程图，主程序如下所示：

```
main. c

/* USER CODE BEGIN PV */
/* 状态标志位 */
uint8_t flag_1s = 0;//1s 定时标志
uint8_t flag_2s = 0;//2s 定时标志
uint8_t num_tim6 = 0;//TIM6 中断次数标志
uint8_t flag_rec_usart1 = 0;//UASRT1 接收完成中断标志

/* USART 收发数组 */
uint8_t msg_rec_usart1[9];//串口 1 接收数组
uint8_t msg_send_usart1[11] = {0x48, 0x41, 0x49, 0x54};//串口 1 发送数组
/* USER CODE END PV */

int main(void)
{
  /* USER CODE BEGIN 1 */

  /* USER CODE END 1 */

  /* MCU Configuration - - - - - - - - - - - - - - - - - - - - - - - - - - - - */

  /* Reset of all peripherals, Initializes the Flash interface and the Systick. */
  HAL_Init();

  /* USER CODE BEGIN Init */

  /* USER CODE END Init */

  /* Configure the system clock */
  SystemClock_Config();

  /* USER CODE BEGIN SysInit */

  /* USER CODE END SysInit */

  /* Initialize all configured peripherals */
```

```
MX_GPIO_Init();
MX_TIM6_Init();
MX_USART1_UART_Init();
/* USER CODE BEGIN 2 */
/* LED1 间隔 0.5s 闪烁 3 次 */
for(int i = 0; i < 6; i++)
{
    HAL_GPIO_TogglePin(LED1_GPIO_Port, LED1_Pin);//LED1 状态改变
    HAL_Delay(500);//延时 0.5s
}


/* 启动定时器 */
HAL_TIM_Base_Start_IT(&htim6);
/* 中断方式启动串口接收 */
HAL_UART_Receive_IT(&huart1, msg_rec_usart1, 9);

/* USER CODE END 2 */

/* Infinite loop */
/* USER CODE BEGIN WHILE */
while (1)
{
    if(flag_1s)
    {
        flag_1s = 0;
        HAL_GPIO_TogglePin(LED1_GPIO_Port, LED1_Pin);//LED1 闪烁
    }

    if(flag_2s)
    {
        flag_2s = 0;
        /* 判断 LED2 和 LED3 状态,改变 msg_send_usart1 中对应位 */
        if(HAL_GPIO_ReadPin(LED2_GPIO_Port, LED2_Pin) == GPIO_PIN_RESET)
        {
            msg_send_usart1[5] = 0x01;
        }
        else
        {
            msg_send_usart1[5] = 0x00;
```

```
            }
        if(HAL_GPIO_ReadPin(LED3_GPIO_Port, LED3_Pin) == GPIO_PIN_RESET)
        {
            msg_send_usart1[6] = 0x01;
        }
        else
        {
            msg_send_usart1[6] = 0x00;
        }
        HAL_UART_Transmit(&huart1, msg_send_usart1, 11, 0xfff);//串口发送状态信息
    }
    if(flag_rec_usart1)
    {

        flag_rec_usart1 = 0;
        /* 判断协议头 */
        if(msg_rec_usart1[0] == 0x48 && msg_rec_usart1[1] == 0x41 &&
msg_rec_usart1[2] == 0x49 && msg_rec_usart1[3] == 0x54)
        {
                if(msg_rec_usart1[5] == 0x01)//控制 LED2 状态
                {
                    HAL_GPIO_WritePin(LED2_GPIO_Port, LED2_Pin, GPIO_PIN_RESET);//点
                    亮 LED2
                    msg_rec_usart1[5] = 0x01;//LED2 状态
                }
                else
                {
                    HAL_GPIO_WritePin(LED2_GPIO_Port, LED2_Pin, GPIO_PIN_SET);//点
                    亮 LED2
                    msg_rec_usart1[5] = 0x00;//LED2 状态
                }

                if(msg_rec_usart1[6] == 0x01)//控制 LED3 状态
                {
                    HAL_GPIO_WritePin(LED3_GPIO_Port, LED3_Pin, GPIO_PIN_RE-
                    SET);//点亮 LED2
                    msg_rec_usart1[6] = 0x01;//LED3 状态
                }
```

```
        else
        {
            HAL_GPIO_WritePin(LED3_GPIO_Port, LED3_Pin, GPIO_PIN_SET);//
            点亮 LED2
            msg_rec_usart1[6] = 0x00;//LED3 状态
        }
    }
}
/* USER CODE END WHILE */

/* USER CODE BEGIN 3 */
}
/* USER CODE END 3 */
}
```

（3）中断服务程序

根据中断服务程序流程图，中断服务程序如下所示：

. / Core/Src/main. c

```
/* USER CODE BEGIN 4 */
/* EXTI 中断回调函数 */
void HAL_GPIO_EXTI_Callback(uint16_t GPIO_Pin)
{
    if(GPIO_Pin = = K1_Pin)
    {
        /* 根据 K1 按下还是断开,控制 LED2 亮灭 */
        if(HAL_GPIO_ReadPin(K1_GPIO_Port, K1_Pin) = = GPIO_PIN_SET)//按下
        {
            HAL_GPIO_WritePin(LED2_GPIO_Port, LED2_Pin, GPIO_PIN_RESET);//LED2 亮
            msg_send_usart1[5] = 0x01;//LED2 状态
            msg_send_usart1[7] = 0x01;//K1 状态
        }
        else
        {
            HAL_GPIO_WritePin(LED2_GPIO_Port, LED2_Pin, GPIO_PIN_SET);//LED2 灭
            msg_send_usart1[5] = 0x00;//LED2 状态
            msg_send_usart1[7] = 0x00;//K1 状态
        }
    }
```

```
    else
    {
        /* 根据 K2 按下还是松开,控制 LED3 亮灭 */
        if(HAL_GPIO_ReadPin(K2_GPIO_Port, K2_Pin) == GPIO_PIN_SET)//按下
        {
            HAL_GPIO_WritePin(LED3_GPIO_Port, LED3_Pin, GPIO_PIN_RESET);//LED3 亮
            msg_send_usart1[6] = 0x01;//LED3 状态
            msg_send_usart1[8] = 0x01;//K2 状态
        }
        else
        {
            HAL_GPIO_WritePin(LED3_GPIO_Port, LED3_Pin, GPIO_PIN_SET);//LED3 灭
            msg_send_usart1[6] = 0x00;//LED3 状态
            msg_send_usart1[8] = 0x00;//K2 状态
        }
    }
}

/* TIM 中断回调函数 */
void HAL_TIM_PeriodElapsedCallback(TIM_HandleTypeDef *htim)
{
    if(htim -> Instance == TIM6)
    {
        num_tim6 ++;
        flag_1s = 1;
        if(num_tim6 == 2)
        {
            flag_2s = 1;
            num_tim6 = 0;
        }
    }
}

/* USART 中断回调函数 */
void HAL_UART_RxCpltCallback(UART_HandleTypeDef *huart)
{
    if(huart -> Instance == USART1)
    {
```

```
        flag_rec_usart1 = 1;
        HAL_UART_Receive_IT(&huart1, msg_rec_usart1, 9);//再次启动中断接收
    }
}

/* USER CODE END 4 */
```

（4）测试

编译下载程序后进行测试，测试用例见表6-5，测试结果如图6-20所示。

表6-5　测试用例

序号	测试内容	测试现象	结论	备注
1	上电LED1闪烁3次	上电LED1间隔0.5s闪烁3次	通过	
2	按键K1控制LED2	按下K1，LED2亮；松开K1，LED2灭	通过	
3	按键K2控制LED2	按下K2，LED3亮；松开K2，LED3灭	通过	
4	间隔2s上传状态	LED2和LED3全灭，K1和K2松开： 48 41 49 54 00 00 00 00 00 00 00	通过	
		K1按下： 48 41 49 54 00 01 00 01 00 00 00	通过	
		K2按下： 48 41 49 54 00 00 01 00 01 00 00	通过	
5	下发指令控制LED	发送指令：48 41 49 54 00 01 00 00 00 现象：LED2亮 返回状态：48 41 49 54 00 01 00 00 00 00 00	通过	
		发送指令：48 41 49 54 00 00 01 00 00 现象：LED3亮 返回状态：48 41 49 54 00 00 01 00 00 00 00	通过	
		发送指令：48 41 49 54 00 01 01 00 00 现象：LED2和LED3全亮 返回状态：48 41 49 54 00 01 01 00 00 00 00	通过	
		发送指令：48 41 49 54 00 00 00 00 00 现象：LED2和LED3全灭 返回状态：48 41 49 54 00 00 00 00 00 00 00	通过	

思考与练习

一、填空题

1. 串行通信根据有无同步时钟可以分为 ＿＿＿＿＿ 和 ＿＿＿＿＿ ，根据传输方向可分为 ＿＿＿＿＿ 、 ＿＿＿＿＿ 和 ＿＿＿＿＿ 。

2. 异步串行通信中一个字符帧至少包含 _____、_____和 _____。

3. 如果每个字符帧包含 1 个起始位、1 个停止位、8 个数据位，欲每秒传输 11520 个字符，则串口波特率应设置为_____Baud。

4. STM32 进行异步串行双工通信时，至少需要 _____和 _____2 个引脚。

5. 一般 STM32 的 USART1 的发送引脚为 _____，接收引脚为 _____。

6. STM32 的 USART 具有 _____、_____和 _____3 个完全独立的中断。

二、选择题

1. 异步串行通信的字符帧中（　　）不是必须的。

A. 起始位　　　　　B. 停止位　　　　　C. 校验位　　　　　D. 数据位

2. 如果设置 STM32 的 USART 为异步模式，波特率为 115200Baud，则每秒最多可以传输（　　）个字符帧。

A. 10472　　　　　B. 115200　　　　　C. 12800　　　　　D. 13552

3. STM32 中断接收函数为（　　）。

A. HAL_UART_Transmit_IT（ ）　　　　　B. HAL_UART_Transmit（ ）

C. HAL_UART_Receive_IT（ ）　　　　　D. HAL_UART_Receive（ ）

4. STM32 利用 USART 发送数据时，首先将数据存于（　　）寄存器。

A. 发送移位　　　B. 发送数据　　　C. 接收移位　　　D. 接收数据

三、判断题

1. 并行通信所需数据线多，不适合远距离传输。（　　　）

2. 同步串行通信一次通信可以传输多个字符。（　　　）

3. 异步串行通信一次通信只能传输 1 个字符。（　　　）

4. STM32 的 LPUART 在休眠模式下可以正常接收数据，唤醒系统，但其波特率不宜超过 9600Baud。（　　　）

5. CTS 的作用是通知对方，自己是否可以接收数据，有效电平为低电平。（　　　）

四、简答题

1. 画出异步串行通信发送数据 0x86 的数据帧格式，并分析发送过程。

2. 分析 USART 用于异步串行通信的应用步骤。

3. 分析 USART 异步串行通信时发送数据和接收数据的过程。

五、编程题

1. 利用 STM32 的 USART 实现不定长数据接收。

2. 利用 DMA 方式实现大量数据的收发。

3. 在应用实例 2 的基础上增加模拟量监测功能。注：模拟量可用随机数代替，也可利用 ADC 采集电位器电压（需自学 ADC）或者利用传感器获取模拟量数据。

○第7章

RT – Thread 操作系统基础

本章思维导图

RT – Thread 是目前最活跃的嵌入式实时操作系统之一。本章主要介绍 RT – Thread 操作系统基础，为以后的学习打下基础。首先，介绍 RT – Thread 操作系统架构。然后，搭建 RT – Thread 开发环境。最后，重点介绍启动流程、程序内存分布、自动初始化机制和内核对象模型等内核基础知识。RT – Thread 嵌入式操作系统基础思维导图如图 7-1 所示，其中加 ○ 的为需要理解的内容，加 ● 的为需要掌握的内容，加 ▣ 的为需要实践的内容。

1. 理解 RT – Thread 操作系统架构、程序内存分布、自动初始化机制和内核对象模型。
2. 掌握 RT – Thread 启动流程。
3. 完成开发环境搭建。

建议读者在完成本章学习后及时更新完善思维导图，以巩固、归纳、总结本章内容。

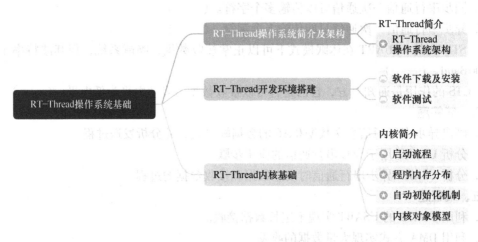

图 7-1 RT – Thread 操作系统基础思维导图

7.1 RT – Thread 操作系统简介及架构

7.1.1 RT – Thread 简介

操作系统是管理和控制计算机硬件和软件的计算机程序，是直接运行在计算机上的最基本的系统软件。嵌入式操作系统（Embedded Operating System，EOS）是用于嵌入式系统的操作系统，负责嵌入式系统的软、硬件资源分配、任务调度、同步通信等，通常包括底层驱动程序、系统内核、设备驱动接口、通信协议、图形界面等。目前使用广泛的嵌入式操作系统有 RT - Thread、FreeRTOS、μC/OS、AliOS Things、TencentOS tiny、HarmonyOS、嵌入式 Linux、Windows CE、Android、iOS 等。其中，RT - Thread 是目前开发者最多、装机量最大、社区最活跃的国产嵌入式操作系统之一。

RT - Thread 全称 Real Time - Thread，简称 RTT，是一款完全由国内团队开发维护的嵌入式实时多线程操作系统（RTOS），具有完全的自主知识产权。经过近二十年的沉淀，伴随着物联网的兴起，它正演变成一个功能强大、组件丰富的物联网操作系统。

RTT 基本属性之一是支持多任务，这并不意味着处理器在同一时刻真的执行了多个任务。事实上，一个处理器核心在某一时刻只能运行一个任务，因为任务调度器快速地切换任务，所以每个任务每次执行时间很短，给人造成多个任务同时运行的错觉。

RTT 主要采用 C 语言编写，得益于面向对象的设计方法，RTT 具有架构清晰、代码优雅、浅显易懂、方便移植、启动快速、实时性高、功耗低等优点。对于资源受限的嵌入式系统，可采用仅需 3KB Flash、1.2KB RAM 内存资源的 NANO 版本（NANO 是 RT - Thread 官方于 2017 年 7 月份发布的一个极简版内核），而对于资源丰富的物联网设备，可采用标准版本，借助系统配置工具可直观快速的进行模块裁剪，导入丰富的软件包，实现类似 Android 的图形界面及触摸滑动效果、智能语音交互效果等复杂功能。

RTT 主要运行平台是 32 位的 MCU，在特定应用场合也适用于 Cortex - A 系列级别的 MPU。RTT 系统完全开源，3.1.0 及以前的版本遵循 GPL V2 + 开源许可协议，从 3.1.0 以后的版本遵循 Apache License 2.0 开源许可协议，可以免费在商业产品中使用，并且不需要公开私有代码。

7.1.2 RT - Thread 操作系统架构

随着物联网、大数据、云计算、边缘计算等新技术的快速发展及广泛应用，嵌入式系统成为了上述技术的终端设备，而联网已成为其基本属性。联网使得嵌入式系统软件开发的复杂性大幅增加，传统的 RTOS 内核已经难以满足市场和技术的发展需求，物联网操作系统应运而生。物联网操作系统是指以操作系统内核为基础，包括如文件系统、图形库等较为完整的中间件组件，具备通信协议支持和云端连接能力的低功耗、安全的软件平台。目前众多企业均在研究部署物联网操作系统，如睿赛德的 RTT、华为的 HarmonyOS、腾讯的 TencentOS tiny、阿里的 AliOS Things 等，其中 RTT 是目前最易入手、开发者最多、装机量最大、社区最活跃的国产物联网操作系统。

RTT 不仅具有一个实时内核，还具有丰富的中间层组件，RTT 操作系统架构如图 7-2 所示，从下往上依次包括内核层、组件服务层和软件包三层。

1. 内核层

内核层包括 RT - Thread 内核和 libcpu/BSP 两部分，其中 RT - Thread 内核是 RTT 的核心部分，用于实现多线程及其调度、信号量、邮箱、消息队列、内存管理、定时器等功能，libcpu/BSP 是芯片移植相关文件和板级支持包，由外设驱动和 CPU 移植构成，与底层硬件密切相关。

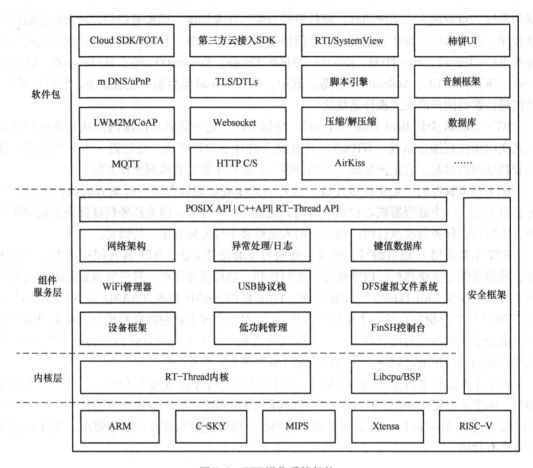

图7-2　RTT 操作系统架构

2. 组件服务层

组件服务层采用模块化设计，包括设备框架、低功耗管理、FinSH 控制台、WiFi 管理器、USB 协议栈、DFS 虚拟文件系统、网络架构、异常处理、键值数据库等组件模块，各组件模块高内聚、低耦合，是在 RT–Thread 内核之上的上层软件模块。

3. 软件包

软件包是运行于 RTT 物联网操作系统平台上，面向不同应用领域的通用软件组件，由描述信息、源代码、库文件组成。RTT 提供了开放的软件包平台，存放了大量官方提供或开发者提供的软件包，这些软件包具有很强的可重用性，极大地方便了开发者在最短时间内，完成应用开发，是 RTT 生态的重要组成部分。截至目前，平台提供的软件包已超过 400 个，软件包下载量超过 800 万，RTT 对软件包进行了分类管理，包括物联网相关软件包（Paho-Mqtt、Webclient、Tcpserver、Webnet 等）、外设相关软件包（aht10 温湿度传感器、bh1750 发光强度传感器、oled 驱动、at24 系列 eeprom 驱动等）、系统相关软件包（sqlite 数据库、USB 协议栈、CMSIS 软件包等）、编程语言相关软件包（Lua、JerryScript、MicroPython 等）、多媒体相关软件包（openmv、persimmon UI、LVGL 图形库等）、嵌入式 AI 软件包（嵌入式线性代数库、多种神经网络模型等）等。

7.2　RT – Thread 开发环境搭建

7.2.1　软件下载及安装

RTT 支持 RT – Thread Studio、ARM – MDK、IAR 等主流开发工具，其中 RT – Thread Studio 是睿赛德为 RTT 量身定做的免费集成开发环境，目前已支持 STM32 全系列芯片。本书采用 RT – Thread Studio 进行 RTT 开发。

RT – Thread Studio 可从 RTT 官网下载（https：//www. rt – thread. org/page/download. html），下载完成后双击安装程序即可开始安装，注意安装路径不能包含中文。

安装完成后可双击打开软件，首次打开需要联网注册或登录（已注册过），登录界面如图 7-3 所示。

7.2.2　软件测试

登录完成后即可打开软件，显示为欢迎界面，为了确保开发环境可用，首先要对其进行测试，测试过程包括创建工程、编译工程、下载程序和观察运行结果 4 个步骤。

1. 创建工程

依次单击"文件"→"新建"→"RT – Thread 项目"选项，打开新建项目对话框，如图 7-4 所示，根据图中所示步骤，填写工程信息，即可完成工程创建。

图 7-3　登录界面

图 7-4　创建 RT – Thread 工程步骤

2. 编译工程

工程创建完成后，打开 main. c 文件，单击编译图标完成程序编译，如图 7-5 所示。

图 7-5　编译工程

3. 下载程序

利用相应下载工具连接开发板和计算机，单击下载按钮，完成程序下载，如图 7-6 所示。

图 7-6　下载程序

4. 观察运行结果

创建的工程默认具备串口输出功能，可通过串口调试助手观察程序运行结果。RT-Thread Studio 集成了调试终端，打开终端步骤如图 7-7 所示，配置好串口信息，即可利用终端进行调试，调试结果如图 7-8 所示，如果能够下载程序并看到运行结果表明开发环境搭建成功。

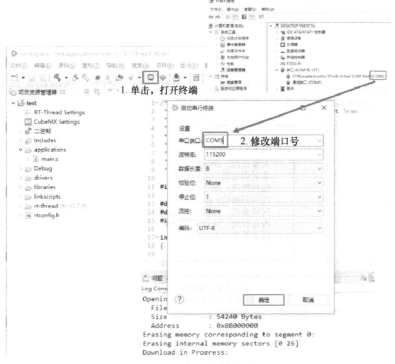

图 7-7　打开终端步骤

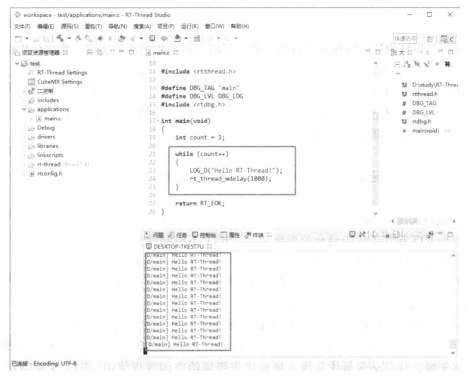

图 7-8　调试结果

7.3　RT – Thread 内核基础

7.3.1　内核简介

内核位于内核层，是操作系统最基础和最重要的部分，RTT 内核架构如图 7-9 所示，内核包括内核库和实时内核。

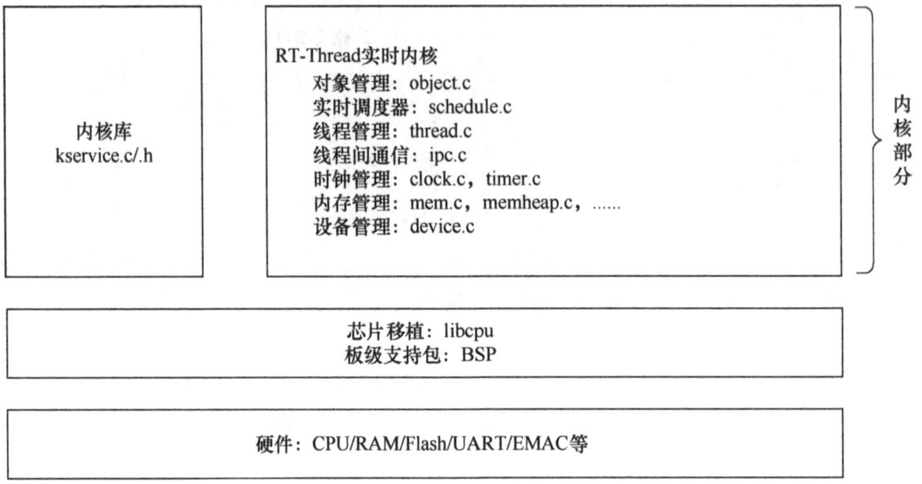

图 7-9　RTT 内核架构

1. 内核库

内核库是保证内核能够独立运行的一套小型的类似 C 库的函数实现子集。C 库也称为 C 运行库（C Runtime Library），提供了"strcpy""memcpy""printf""scanf"等函数。根据编译器的不同自带 C 库的情况也会有些不同，当使用 GNU GCC 编译器时，会携带更多的标准 C 库函数。RTT 内核库仅提供内核用到的一小部分 C 库函数，为了避免与标准 C 库函数重名，在这些函数上都会加 rt_前缀，如 rt_kprintf。

2. 实时内核

实时内核主要实现线程调度、线程间同步与线程间通信、时钟管理及内存管理、IO 设备管理等。

（1）线程调度

线程是 RTT 操作系统中最小的调度单位，RTT 不限制线程数量的多少，线程数量只和硬件平台的内存相关。RTT 线程调度算法是基于优先级的全抢占式多线程调度算法，即在系统中除了中断处理函数、调度器上锁部分的程序和禁止中断的程序是不可抢占的，其他部分都是可以抢占的，包括线程调度器自身。

与中断一样，线程也具有优先级，RTT 支持 256 个线程优先级，也可通过配置文件更改为最大支持 32 个或 8 个线程优先级。对于 STM32，RTT 默认配置是 32 个线程优先级，0 代表最高优先级，31 代表最低优先级，最低优先级留给空闲线程使用。RTT 支持创建多个具有相同优先级的线程，采用时间片轮转调度算法调度优先级相同的线程，使得优先级相同的线程运行相应的时间。

（2）线程间同步与线程间通信

线程间同步用于控制线程的执行顺序，RTT 提供了信号量、互斥量和事件集三种方式用于实现线程间同步。线程间通信用于实现不同线程间的信息传递，RTT 提供了邮箱、消息队列和事件三种方式用于实现线程间通信。

（3）时钟管理

操作系统通过时间规范任务的执行，操作系统中时间的最小单位是时钟节拍，时钟节拍是特定的周期性中断（系统心跳），中断之间的时间间隔取决于不同的应用，一般是 1～100ms，时钟节拍越快，系统的实时响应越快，系统的额外开销也越大。

时钟节拍由配置为中断触发模式的硬件定时器产生，定时器中断发生时将调用一次超时函数（定时器回调函数），通知操作系统已经过去一个系统时钟。RTT 提供两类定时器：一类是单次触发定时器，在启动后只会触发一次定时器事件，然后定时器自动停止；另一类是周期触发定时器，启动后会周期性的触发定时器事件，直到用户手动的停止定时器。另外，根据超时函数执行时所处的上下文环境，RT – Thread 的定时器可以设置为 HARD_TIMER 模式或 SOFT_TIMER 模式。RTT 默认采用 SysTick 定时器产生时钟节拍，用户也可根据实时性要求选择合适类型的定时器。

（4）内存管理

在计算系统中，存储空间一般分为内部存储空间和外部存储空间。内部存储空间即 RAM（随机存储器），访问速度较快，能够按照变量地址随机访问，可以把内部存储空间理解为计算机的内存。外部存储空间即 ROM（只读存储器），其保存的内容相对比较固定，即使掉电后数据也不会丢失，可以把它理解为计算机的硬盘。变量、中间数据一般存放在 RAM 中，只有在实际使用时才将它们从 RAM 调入到 CPU 中进行运算。有些数据需要的内存大小要在程序运行过程中根据实际情况确定，这就要求系统具有对内存空间进行动态管理的能力。在需要一段内存空间时，向系统申请，系统选择一段合适的内存空间分配给用户，用户使用完毕后，再释放回系统，以便系统将该段内存空间回收再利用。

RTT 内存管理支持静态内存池管理及动态内存堆管理。

静态内存池管理有可用空间时，系统对内存块分配的时间将是恒定的。当静态内存池无空间时，系统将申请内存块的线程挂起或阻塞掉。当其他线程释放内存块到内存池时，如果有挂起的线程等待待分配内存块，则系统将唤醒该线程进行内存分配。

动态内存堆管理在系统资源不同的情况下，分别提供了面向小内存系统的内存管理算法和面向大内存系统的内存管理算法，还提供了 memheap 动态内存堆管理方法，可以将含有多个地址且不连续的内存堆"粘贴"在一起，让用户操作起来像是在操作一个内存堆。

（5）IO 设备管理

RTT 将 PIN、I2C、SPI、USB、UART 等作为外设设备，统一通过设备注册完成。实现了按名称访问的设备管理子系统，可按照统一的 API 界面访问硬件设备。根据嵌入式系统的特点，在设备驱动接口上，不同的设备可以挂接相应的事件。当设备事件触发时，由驱动程序通知给上层的应用程序。

7.3.2　启动流程

启动流程是了解一个系统的开始，RT-Thread 支持多种平台和多种编译器，而 rtthread_startup（）函数是 RTT 规定的统一启动入口，其执行顺序是：系统先从启动文件开始运行，然后进入 RTT 启动函数 rtthread_startup（），最后进入用户入口函数 main（）。

启动流程

以 RT-Thread Studio 为例，用户程序入口为位于 main.c 文件中的 main（）函数。系统启动后先运行 startup_stm32f103xe.s 文件中的汇编程序，完成堆栈指针设置、PC 指针设置、系统时钟配置、变量存储设置等，最后运行"bl entry"指令后跳转到 components.c 文件中调用 entry（）函数，如图 7-10 和图 7-11 所示。进而调用 rtthread_startup（）函数，启动 RT-Thread 操作系统，如图 7-12 所示。在运行 rtthread_startup（）函数时调用 rt_application_init（）函数，创建并启动 main（）线程，如图 7-13 所示，等调度器工作后进入 mian.c 文件中运行 main（）函数，完成系统启动。

图 7-10　运行 bl entry（）指令

rtthread_startup（）函数主要完成硬件初始化、内核对象初始化（定时器、调度器、信号）、main（）线程创建、定时器线程初始化、空闲线程初始化和调度器启动等工作。

调度器启动之前，系统所创建的线程在执行 rt_thread_startup（）函数后并不会立刻运行，它们会处于就绪态等待系统调度，待调度器启动之后，系统才转入第一个线程开始运行，根据调度规则，选择的是就绪队列中优先级最高的线程。

rt_hw_board_init（）函数主要完成系统时钟设置，为系统提供心跳，并完成串口初始化，将系统输入输出终端绑定到指定串口，系统运行信息将从串口打印出来。

main（）函数是 RTT 的用户程序入口，用户可以在 main（）函数里添加自己的应用。

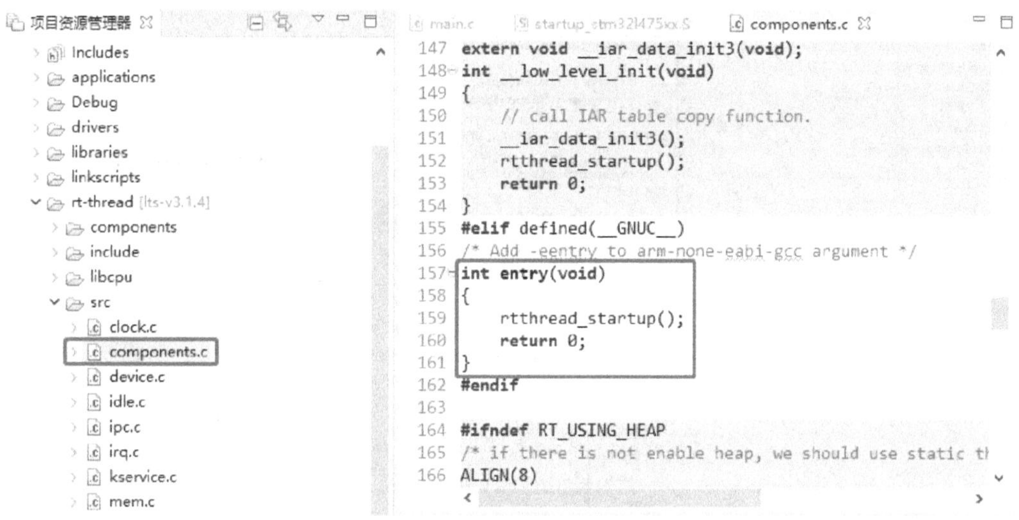

图 7-11　调用 entry（ ）函数

图 7-12　调用 rtthread_startup（ ）函数

图 7-13　创建并启动 main（）线程

7.3.3　程序内存分布

一般 MCU 包含 Flash 和 RAM 两类存储空间，Flash 相当于硬盘，RAM 相当于内存。RT-Thread Studio 将程序编译后分为 text、data 和 bss 3 个程序段，程序编译结果如图 7-14 所示，显示了各程序段大小、目标文件（rtthread. elf）、占用 Flash 及 RAM 大小等信息。ELF（Executable and Linking Format）文件是 Linux 系统下的一种常用目标文件格式，需要注意的是通过下载器下载到 MCU 中的可执行文件并不是 rtthread. elf，而是对其解析后生成对应的 rtthread. bin 文件，即图 7-14 中 Flash 大小为 rtthread. bin 文件的大小，并非 rtthread. elf 文件的大小。各程序段与存储区的映射关系见表 7-1，text 程序段的内容为存储代码、中断

```
arm-none-eabi-size --format=berkeley "rtthread.elf"
   text    data     bss     dec     hex filename
  54764    1808    3384   59956    ea34 rtthread.elf

                  Used Size(B)        Used Size(KB)
Flash:              56572 B              55.25 KB
RAM:                 5192 B               5.07 KB

23:53:08 Build Finished. 0 errors, 0 warnings. (took 592ms)
```

图 7-14　程序编译结果

向量表、初始化的局部变量和局部常量，存储于 Flash；data 程序段的内容为初始化的全局变量和全局或局部静态变量，在 Flash 和 RAM 均会存储；bss 程序段的内容为所有未初始化的数据，存储于 RAM，对比图 7-14 可以发现 Flash 大小为 text 程序段与 data 程序段大小之和，RAM 大小为 data 程序段与 bss 程序段大小之和。

表 7-1　各程序段与存储区的映射关系

程序段	存储内容	所在存储区	备注
text	程序、中断向量表、初始化的局部变量、局部常量	Flash	Flash = text + data
data	初始化的全局变量、全局或局部静态变量	RAM 和 Flash	
bss	所有未初始化的数据	RAM	RAM = data + bss

7.3.4　自动初始化机制

自动初始化机制是指初始化函数在系统启动过程中被自动调用，需要在函数定义处通过宏定义的方式进行自动初始化声明，无须显式调用。

例如在某驱动中通过宏定义告知系统启动时需要调用的函数，代码如下：

```
int xxx_init（void）
{
    …
    return 0;
}
INIT_BOARD_EXPORT（xxx_init）;
```

代码最后的 INIT_BOARD_EXPORT（xxx_init）表示使用自动初始化功能，xxx_init（）函数在系统初始化时会被自动调用。RTT 的自动初始化机制使用了自定义实时接口符号段，将需要在启动时进行初始化的函数指针放到了该段中，形成一张初始化函数表，在系统启动过程中遍历该表，并调用表中的函数，达到自动初始化的目的。用来实现自动初始化功能的宏接口的详细描述见表 7-2。

表 7-2　自动初始化功能的宏接口

初始化顺序	宏接口	描述
1	INIT_BOARD_EXPORT（fn）	非常早期的初始化，此时调度器还未启动
2	INIT_PREV_EXPORT（fn）	主要是用于纯软件的初始化、没有太多依赖的函数
3	INIT_DEVICE_EXPORT（fn）	外设驱动初始化相关，比如网卡设备
4	INIT_COMPONENT_EXPORT（fn）	组件初始化，比如文件系统或者 LWIP
5	INIT_ENV_EXPORT（fn）	系统环境初始化，比如挂载文件系统
6	INIT_APP_EXPORT（fn）	应用初始化，比如 GUI 应用

7.3.5　内核对象模型

1. 静态内核对象和动态内核对象

RTT 内核采用面向对象的设计思想进行设计，系统级的基础设施如线程、信号量、互斥量、定时器等都是一种内核对象。内核对象分为静态内核对象和动态内核对象,静态内核对象通常放在 bss 段中,须预先分配资源,会占用 RAM 空间,不依赖于内存堆管理器,内存分配时间确定;动态内核对象则是从内存堆中临时创建的,无须预先分配资源,但依赖于内存堆管理器,运行时申请 RAM 空间,当对象被删除后,占用的 RAM 空间被释放。这两种方式各有利弊,可以根据实际环境需求选择具体使用方式。

2. 内核对象管理架构

RTT 内核对象包括:线程、信号量、互斥量、事件、邮箱、消息队列和定时器、内存池、设备驱动等,RTT 采用内核对象管理系统来访问和管理所有内核对象,不依赖于具体的内存分配方式,系统的灵活性得到极大的提高。RTT 内核对象管理系统的核心是对象容器,对象容器中包含了每类内核对象的类型、大小等信息,并给每类内核对象分配一个链表,所有的内核对象都被链接到链表上,RTT 内核对象容器及链表如图 7-15 所示,对象容器定义了通用的数据结构,用来保存各种对象的共同属性,各具体对象只需要在此基础上加自己的某些特别的属性,就可以清楚的表示自己的特征,提高了系统的可重用性和扩展性,并统一了对象操作方式,简化了各种具体对象的操作流程步骤,提高了系统的可靠性。

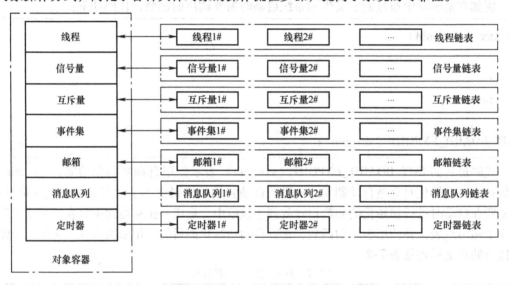

图 7-15 RTT 内核对象容器及链表

思考与练习

一、填空题

1. RTT 操作系统架构从下往上依次为 _____、_____ 和 _____。

2. 内核是 RT-Thread 操作系统最基础的组成部分,包括 _____ 和 _____。

3. RT-Thread 操作系统最小的调度单位是_____。

4. RT-Thread 操作系统中时间的最小单位是 _____,默认设置为 _____。

5. RT-Thread 内存管理支持 _____ 和 _____。

6. RT-Thread 内核对象管理系统的核心是 _____,包含了每类内核对象的类型、大小等信息，并给每类内核对象分配一个 _____ 。

二、选择题

1. 下列属于内核层的为（　　）。

A. 线程　　　　B. OLED 驱动　　　　C. FinSH 控制台　　　　D. DFS 虚拟文件系统

2. （　　）不属于实时内核的文件。

A. object. c　　B. thread. c　　　　C. kservice. c　　　　D. device. c

3. 对于 STM32，RT - Thread 默认配置是（　　）个线程优先级。

A. 0　　　　　　B. 8　　　　　　　C. 32　　　　　　　　D. 256

4. 下列不属于 RT - Thread 提供的线程间通信的为（　　）。

A. 信号量　　　B. 邮箱　　　　　　C. 消息队列　　　　　D. 信号

5. 在调度器启动之前进行初始化，应使用（　　）。

A. INIT_BOARD_EXPORT　　　　　　　B. INIT_PREV_EXPORT

C. INIT_ENV_EXPORT　　　　　　　　　D. INIT_DEVICE_EXPORT

三、判断题

1. RT - Thread 基本属性之一是支持多任务，允许多个任务同时运行，即同一时刻 MCU 执行多个任务。（　　）

2. RT - Thread 具有标准版本和 NANO 版本，NANO 版本占用资源较少。（　　）

3. rtthread_startup（ ）函数是 RT - Thread 规定的统一启动入口。（　　）

4. 通过下载器下载到 MCU 中的可执行文件是 rtthread. elf。（　　）

5. RT - Thread 内核依据面向对象的设计思想进行设计，提高了系统的可重用性、扩展性和稳定性。（　　）

四、简答题

1. 结合程序分析 RT - Thread 的启动流程。

2. 搭建 RT - Thread 开发环境，分析程序存储结构。

▶ 第 8 章

RT – Thread 线程管理

本章思维导图

线程管理是操作系统最基本的功能，RT – Thread 提供了方便快捷的线程管理方式用于实现多线程管理。本章详细介绍 RT – Thread 线程管理工作机制及应用方式。首先，介绍线程概念及管理方式。然后，介绍线程工作机制，重点讲解线程控制块、线程栈、线程入口函数、线程状态转换等。其次，介绍线程管理方式及动态线程应用步骤。最后，通过应用实例使读者掌握线程的应用。RT – Thread 线程管理思维导图如图 8-1 所示，其中加◎的为需要理解的内容，加◎的为需要掌握的内容，加◎的为需要实践的内容。

1. 理解线程概念、线程管理方式及特点。
2. 掌握线程控制块、线程栈、线程入口函数、线程状态转换等工作机制。
3. 掌握线程管理方式及动态线程应用步骤。
4. 独立完成线程应用实例，所用时间不超过 10min。

建议读者在完成本章学习后及时更新完善思维导图，以巩固、归纳、总结本章内容。

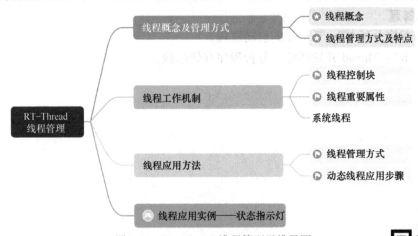

图 8-1 RT – Thread 线程管理思维导图

8.1 线程概念及管理方式

线程概念及管理方式

8.1.1 线程概念

模块化编程是嵌入式系统设计的基本思想之一，通常将一个大的任务分解为多个简单易解决的小任务。线程是任务的实现载体，是 RTT 操作系统中最基本的调度单位。

以第 6 章开关量远程监控系统为例，可将系统功能分解为 LED1 闪烁线程、按键控制 LED 线程、信息上传线程和指令接收线程 4 个线程。4 个线程执行情况示例如图 8-2 所示，各线程执行时长分别为 t1、t2、t3 和 t4，具体执行时间及顺序由线程管理决定。

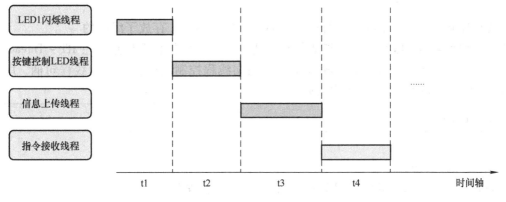

图 8-2　4 个线程执行情况示例

8.1.2　线程管理方式及特点

线程管理的主要功能是对线程进行管理和调度，以实现不同线程的快速切换，达到多线程并行运行的目的。RT – Thread 线程管理方式如图 8-3 所示，每个线程都有线程控制块、线程栈、入口函数等重要属性，由内核对象容器采用链表的方式统一管理。创建线程时，内核对象容器分配线程对象，并将其添加至线程链表；删除线程时，线程会被从链表及对象容器中删除。

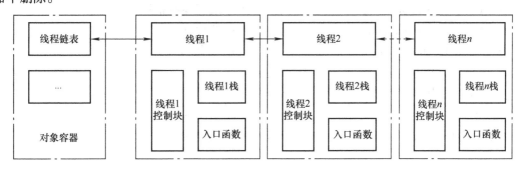

图 8-3　RT – Thread 线程管理方式

线程调度由线程调度器完成，RT – Thread 的线程调度器是抢占式的，即保证最高优先级的线程能够被优先运行，具体实现方式是线程调度器从就绪线程列表中查找最高优先级线程，最高优先级的线程一旦就绪，便获得 CPU 的使用权运行。当一个运行着的线程使一个比它优先级高的线程满足运行条件时，当前线程的 CPU 使用权就被剥夺了，高优先级的线程立刻得到了 CPU 的使用权。如果是中断服务程序使一个高优先级的线程满足运行条件，中断完成时，被中断的线程挂起，优先级高的线程开始运行。线程切换时，调度器先将当前线程的上下文信息保存，当再切回到这个线程时，调度器将该线程的上下文信息恢复。

8.2 线程工作机制

8.2.1 线程控制块

线程控制块是操作系统用于管理线程的一个数据结构，存放了线程的优先级、线程名称、线程状态、链表结构、线程等待事件集合等信息，在 RT – Thread 中，线程控制块由结构体 struct rt_thread 表示，指向线程控制块的指针称为线程句柄，用 rt_thread_t 表示，线程控制块详细定义如下：

```c
struct rt_thread
{
    /* rt object */
    char          name [RT_NAME_MAX];    /* 线程名称 */
    rt_uint8_t    type;                  /* 对象类型 */
    rt_uint8_t    flags;                 /* 标志位 */
    rt_list_t     list;                  /* 对象链表 */
    rt_list_t     tlist;                 /* 线程链表 */

    /* stack point and entry */
    void          * sp;                  /* 栈指针 */
    void          * entry;               /* 线程入口函数指针 */
    void          * parameter;           /* 线程参数指针 */
    void          * stack_addr;          /* 栈地址 */
    rt_uint32_t   stack_size;            /* 栈大小 */

    /* error code */
    rt_err_t      error;                 /* 错误代码 */
    rt_uint8_t    stat;                  /* 线程状态 */

    /* priority */
    rt_uint8_t    current_priority;      /* 线程当先优先级 */
    rt_uint8_t    init_priority;         /* 线程初始化优先级 */

    rt_ubase_t    init_tick;             /* 线程初始化计数值 */
    rt_ubase_t    remaining_tick;        /* 剩余计数值 */

    struct rt_timer thread_timer;        /* 内置定时器 */
```

```
    void ( * cleanup) ( struct rt_thread * tid);        / * 线程退出清除函数 * /
    rt_ubase_t user_data;                              / * 用户数据 * /
};
typedef struct rt_thread * rt_thread_t;
```

8.2.2 线程重要属性

根据线程控制块的定义，线程具有一些重要属性，如线程名称、线程入口函数、线程栈、线程优先级、时间片、线程状态、错误代码等。

1. 线程名称

线程名称即线程的名字，由用户命名，命名规则遵循 C 语言变量命名规则，通常以字母开头，线程名称的最大长度由 rtconfig. h 中的宏 RT_NAME_MAX 指定，默认长度为 8 位，多余部分会被自动截掉。

2. 线程入口函数

线程入口函数是线程实现预期功能的函数，线程入口函数由用户设计实现，有无限循环和顺序执行或有限次循环两种模式，在创建线程或初始化线程时可以传入参数。

（1）无限循环模式

无限循环模式代码示例如下，通常为 while（1）循环，对应线程会永久循环，其目的是让线程一直被系统循环调度运行，永不删除。需要注意的是如果一个线程中的程序陷入了死循环操作，那么比它优先级低的线程都将不能被执行，因此线程不能陷入死循环，必须要有让出 CPU 使用权的动作，如循环中调用延时函数或者主动挂起等。

```
/ * 线程入口函数 * /
void thread_entry( void * paramenter)
{
    while (1)
    {
    / * 等待事件的发生 * /

    / * 处理事件 * /

    / * 延时 * /

    }
}
```

（2）顺序执行或有限次循环模式

顺序执行或有限次循环模式代码示例如下，通常为简单的顺序语句、do while 或 for 循环等，对应线程不会永久循环，可称为"一次性"线程，该线程一定会被执行完毕，执行完毕后，线程将被系统自动删除。

```
/* 线程入口函数 */
void thread_entry( void * parameter)
{
    /* 处理事件1 */
    for( int i = 0; i < 3; i + + )
    {
        /* 处理事件2 */
    }
    ......
    /* 处理事件n */
}
```

3. 线程栈

RT－Thread 线程具有独立的栈，当进行线程切换时，会将当前线程的上下文信息保存在栈中，当线程恢复运行时，再从栈中读取上下文信息，进行恢复。

线程栈大小可根据实际情况设定，对于资源相对较大的 MCU，可以适当设计较大的线程栈，对于资源较小的 MCU 可以在初始时设置较大的栈，如 1KB 或 2KB，然后在 FinSH 中用 list_thread 命令查看线程运行过程中使用栈的大小，加上适当的余量形成最终的线程栈大小。

4. 线程优先级

线程优先级表示线程被调度的优先程度，每个线程都具有优先级，应给重要的线程赋予较高的优先级，增加其被调度的可能性。

RT－Thread 最大支持 256 个线程优先级（0～255），数值越小的优先级越高，0 为最高优先级。在一些资源比较紧张的系统中，可以根据实际情况选择只支持 8 个或 32 个优先级的系统配置。对于 ARM Cortex－M 系列，普遍采用 32 个优先级。最低优先级默认分配给空闲线程，用户一般不使用。在系统中，当有比当前线程优先级更高的线程就绪时，当前线程将立刻被换出，高优先级线程抢占处理器运行。

5. 时间片

当线程优先级相同时，时间片才起作用，系统对优先级相同的就绪态线程采用时间片轮转算法进行调度，即线程轮转执行相应的系统节拍。时间片示例如图 8-4 所示，假如有 2 个优先级相同的就绪态线程 A 与线程 B，线程 A 的时间片设置为 10，线程 B 的时间片设置为 5，那么当系统中不存在比线程 A 优先级高的就绪态线程时，系统会在线程 A 和线程 B 间来回切换执行，并且每次对线程 A 执行 10 个节拍的时长，对线程 B 执行 5 个节拍的时长（系统默认 1 个节拍为 1ms）。

6. 线程状态

对于单核 MCU，同一时刻只允许运行一个线程，操作系统会自动根据线程运行的情况动态地调整线程状态。RT－Thread 中线程共有 5 种状态，见表 8-1。

RT－Thread 提供一系列的操作系统调用接口，使得线程在 5 种状态之间来回切换，线程状态转换关系如图 8-5 所示。调用函数 rt_thread_create/init（）创建/初始化的线程处于初始态；初始态线程调用函数 rt_thread_startup（）进入就绪态；就绪态线程被调度器调度后进入运行态；处于运行状态的线程调用 rt_thread_mdelay（）、rt_sem_take（）、rt_mutex_take（）、rt_mb_recv（）等函数延时或者获取不到资源时，将进入挂起态；处于挂起态的线程等待超时依然未能获得资源或由于其他线程释放了资源，将返回就绪态。挂起态的线程调用用 rt_thread_delete/detach（）函数，将转换为关闭态；运行态的线程运行结束时，会在线程的最后部分执行函数 rt_thread_exit（），将状态改为关闭态。

图 8-4　时间片示例

表 8-1　线程状态

状态	说　明
初始态	线程刚创建尚未运行时处于初始态。此时，线程不参与调度。初始态宏定义为 RT_THREAD_INIT
就绪态	就绪态的线程按优先级排队，等待被执行。一旦当前线程运行完毕让出处理器，优先级最高的就绪态线程会立刻运行。就绪态宏定义为 RT_THREAD_READY
运行态	当前正在运行线程为运行态。对于单核系统，只有一个线程处于运行状态；多核系统中，可能有多个线程处于运行态。运行态的宏定义为 RT_THREAD_RUNNING
挂起态	因资源不可用或主动延时会使线程处于挂起态，挂起态线程不参与调度，也称阻塞态。挂起态的宏定义为 RT_THREAD_SUSPEND
关闭态	线程运行结束时将处于关闭态，关闭态的线程不参与线程调度。关闭态的宏定义为 RT_THREAD_CLOSE

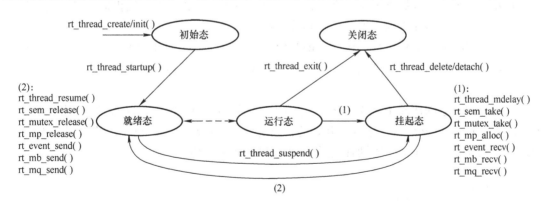

图 8-5　线程状态转换关系

7. 错误代码

错误代码用于表示线程当前的执行情况，线程错误代码定义如下。

```
/* 线程错误代码 */
#define RT_EOK          0           /* 无错误 */
#define RT_ERROR        1           /* 普通错误 */
#define RT_ETIMEOUT     2           /* 超时 */
#define RT_EFULL        3           /* 资源已满 */
#define RT_EEMPTY       4           /* 无资源 */
#define RT_ENOMEM       5           /* 无内存 */
#define RT_ENOSYS       6           /* 系统不支持 */
#define RT_EBUSY        7           /* 系统忙 */
#define RT_EIO          8           /* IO 错误 */
#define RT_EINTR        9           /* 中断系统调用 */
#define RT_EINVAL       10          /* 非法参数 */
```

8.2.3 系统线程

根据线程创建者，将线程分为系统线程和用户线程两类，系统线程是由 RT – Thread 内核创建的线程，用户线程是由用户应用程序调用线程管理接口创建的线程。RT – Thread 中的系统线程有空闲线程和主线程。

1. 空闲线程

空闲线程（idle）是系统创建的最低优先级的线程，线程状态永远处于就绪态。当系统中无其他就绪线程时，调度器将调度空闲线程，它通常是一个死循环，且永远不能被挂起。

空闲线程主要用于回收被删除线程的资源，如某线程运行完毕，系统将自动执行 rt_thread_exit（）函数，先将该线程从就绪队列中删除，再将该线程的状态更改为关闭态，然后挂入僵尸队列（资源未回收，处于关闭态的线程队列）中，最后由空闲线程回收该线程的资源。

此外，空闲线程也提供了接口来运行用户设置的钩子函数，空闲线程运行时会调用该钩子函数，适合钩入功耗管理、看门狗喂狗等工作。

空闲线程必须有得到执行的机会，即其他线程不允许一直 while（1）循环卡死，必须调用具有阻塞性质的函数，否则线程删除、回收等操作将无法得到正确执行。

2. 主线程

系统启动时会创建 main（）线程，它的入口函数为 main_thread_entry（），用户的应用入口函数 main（）就是从这里真正开始的，系统调度器启动后，main（）线程就开始运行，用户可以在 main（）函数里添加自己的应用程序初始化代码。

8.3 线程应用方法

8.3.1 线程管理方式

RT – Thread 中线程分为静态线程和动态线程，静态线程由用户定义线程控制块，并分配栈空间，所需空间在编译时已确定，不需要动态分配内存，运行效率高，实时性好，但会占用 RAM 空间。动态线程由用户定义线程句柄，并确定栈大小，所需空间在程序运行时由系统自动从动态内存堆上分配，不会占用额外的 RAM 空间，但效率较低。选择静态线程或动态线程是空间和时间的平衡，对于资源较充分的 MCU 可选择静态线程，以增强实时性；对于资源受限的 MCU 建议选择动态线程，以降低空间消耗。无论静态线程还是动态线程，都是通过线程控制块进行管理的，线程管理方式如图 8-6 所示，RT – Thread 提供了完整的 API 用于管理线程，下面仅介绍加"星标"的常用 API，其他未介绍的 API 可参考官方文档。

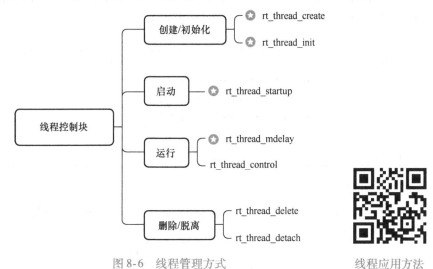

图 8-6　线程管理方式　　　　　　　　线程应用方法

1. 创建线程

调用 rt_thread_create（）可创建动态线程，rt_thread_create（）函数说明见表 8-2。

表 8-2　rt_thread_create（）函数说明

名称	
功能	创建线程
函数原型	rt_thread_t **rt_thread_create**（**const char** * name, **void**（* entry）（**void** * parameter）, **void** * parameter, rt_uint32_t stack_size, rt_uint8_t priority, rt_uint32_t tick）
参数 1	name：线程名称
参数 2	entry：线程入口函数
参数 3	parameter：入口函数参数
参数 4	stack_size：栈大小
参数 5	priority：优先级
参数 6	tick：时间片
返回值	成功返回线程句柄，失败返回 RT_NULL

2. 启动线程

调用 rt_thread_startup（）可启动线程，rt_thread_startup（）函数说明见表 8-3。

表8-3   rt_thread_startup（）函数说明

名称	启动线程
函数原型	rt_err_t **rt_thread_startup**（rt_thread_t thread）
参数1	thread：线程句柄
返回值	成功返回 RT_EOK，失败返回 -RT_ERROR

3. 线程休眠

在实际应用中，经常需要让运行的线程延时一段时间，在指定的时间到达后重新运行，称为"线程休眠"。线程休眠函数及说明见表8-4。

表8-4   线程休眠函数及说明

名称	线程休眠
函数原型	rt_err_t **rt_thread_mdelay**（rt_int32_t ms）
	rt_err_t **rt_thread_delay**（rt_tick_t tick）
	rt_err_t **rt_thread_sleep**（rt_tick_t tick）
参数1	ms：休眠 n 个毫秒；tick：休眠 n 个 tick
返回值	返回 RT_EOK

4. 初始化线程

调用 rt_thread_init（）可初始化静态线程，rt_thread_init（）函数说明见表8-5。

表8-5   rt_thread_init 函数说明

名称	初始化线程
函数原型	rt_err_t **rt_thread_init**（**struct** rt_thread * thread,
	const char * name,
	void（* entry）（**void** * parameter）,
	void * parameter,
	void * stack_start,
	rt_uint32_t stack_size,
	rt_uint8_t priority,
	rt_uint32_t tick）
参数1	thread：线程句柄
参数2	name：线程名称
参数3	entry：线程入口函数
参数4	parameter：入口函数参数
参数5	stack_start：线程栈起始地址
参数6	stack_size：栈大小
参数7	priority：优先级
参数8	tick：时间片
返回值	成功返回 RT_EOK，失败返回 -RT_ERROR

8.3.2   动态线程应用步骤

线程的应用有固定的步骤，以动态线程为例，包括定义线程句柄、创建线程、启动线程和编写线程入口函数4步，具体步骤及示例程序如下：

```
/* 1. 定义线程句柄 */
rt_thread_t tid;

/* 4. 编写线程入口函数 */
void tid_entry(void * paramenter)
{
    /* 执行任务 */
}

int main(void)
{
    /* 2. 创建线程 */
    tid = rt_thread_create("tid", tid_entry, RT_NULL, 1024, 10, 10);

    /* 3. 启动线程 */
    if(tid! = RT_NULL)
    {
        rt_thread_startup(tid);
    }
    return RT_EOK;
}
```

注：

1. 线程句柄可为全局变量，也可为局部变量；

2. 步骤 4 中线程入口函数名称与步骤 2 中线程入口函数名称一致；

3. 步骤 2 中函数参数通常为 RT_NULL，既不传参数，也可传相应参数，但应强制转换为 void * 类型；

4. 栈大小、优先级及时间片可根据实际情况设置。

8.4 线程应用实例——状态指示灯

利用线程实现状态指示灯，要求系统启动后，LED1 先以 0.5s 的间隔闪烁 3 次，然后进入正常运行状态，LED1 以 1s 的间隔闪烁，电路原理见第 3 章。

线程应用实例

本实例的实现包括创建工程、修改时钟和编程实现三大步骤。

1. 创建工程

打开软件后依次单击"文件"→"新建"→"RT – Thread 项目"选项，打开新建项目对话框，如图 8-7 所示，输入工程名字，选择芯片和调试器后单击"完成"按键即可创建工程。注意下方提示，新建工程默认采用的芯片内部时钟，因此须修改时钟。

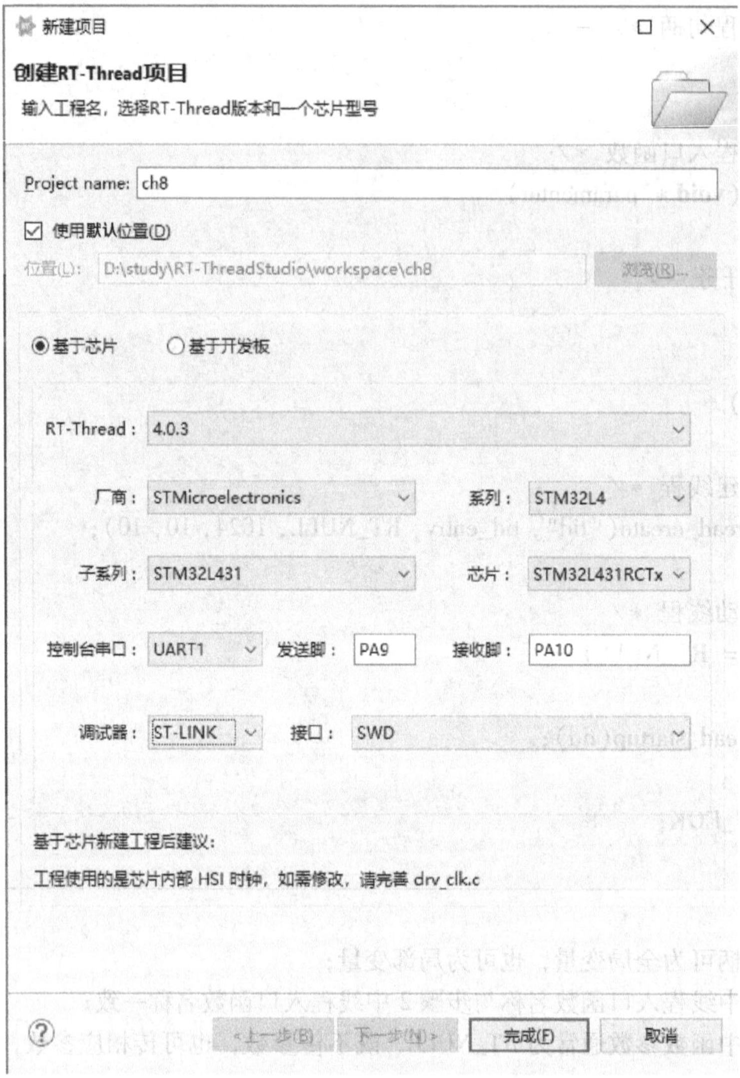

图 8-7　创建工程对话框

2. 修改时钟

修改时钟需用到 STM32CubeMX 软件，应提前从官网下载并安装。安装完成后双击工程目录下的"CubeMX Settings"命令即可打开 STM32CubeMX，界面与 STM32CubeIDE 类似，时钟配置方法可参考第 3 章相关内容，配置完成后，单击右上角"GENERATE CODE"命令即可生成配置程序，随后手动关闭 STM32CubeMX 软件，此时弹出配置文件备份提示，如图 8-8所示，STM32CubeMX 重新生成了 stm32l4xx_hal_conf.h 文件，原文件备份在了"../drivers/stm32l4xx_hal_conf_bak.h"，单击"确定"按键即可关闭提示。此时，在工程目录中多出了 ./cubemx 目录，该目录下存放了 STM32CubeMX 生成的配置程序。

在工程目录中双击"./applications/main.c"，打开"main.c"文件，直接编译，编译结果如图 8-9 所示，提示有 42 个错误和 11 个警告，根据错误提示可知，是由于没有包含 UART 相关文件。

图 8-8　配置文件备份提示

```
问题 任务 控制台 属性 进度 终端 1 搜索 类型层次结构
CDT Build Console [ch8]
        if (__HAL_UART_GET_FLAG(&(uart->handle), UART_FLAG_FE) != RESET)
                                                                    ^
../drivers/drv_usart.c:640:13: warning: implicit declaration of function '__HAL_UART_CLEAR_FEFLAG' [-Wimplicit-function-declaration]
            __HAL_UART_CLEAR_FEFLAG(&uart->handle);
            ^
../drivers/drv_usart.c:642:50: error: 'UART_FLAG_PE' undeclared (first use in this function)
        if (__HAL_UART_GET_FLAG(&(uart->handle), UART_FLAG_PE) != RESET)
                                                 ^
../drivers/drv_usart.c:644:13: warning: implicit declaration of function '__HAL_UART_CLEAR_PEFLAG' [-Wimplicit-function-declaration]
            __HAL_UART_CLEAR_PEFLAG(&uart->handle);
            ^
../drivers/drv_usart.c:654:50: error: 'UART_FLAG_CTS' undeclared (first use in this function)
        if (__HAL_UART_GET_FLAG(&(uart->handle), UART_FLAG_CTS) != RESET)
                                                 ^
../drivers/drv_usart.c:658:50: error: 'UART_FLAG_TXE' undeclared (first use in this function)
        if (__HAL_UART_GET_FLAG(&(uart->handle), UART_FLAG_TXE) != RESET)
                                                 ^
../drivers/drv_usart.c:662:50: error: 'UART_FLAG_TC' undeclared (first use in this function)
        if (__HAL_UART_GET_FLAG(&(uart->handle), UART_FLAG_TC) != RESET)
                                                 ^
make: *** [drivers/subdir.mk:69: drivers/drv_usart.o] Error 1
make: *** Waiting for unfinished jobs....
"make -j16 all" terminated with exit code 2. Build might be incomplete.

22:01:13 Build Failed. 42 errors, 11 warnings. (took 2s.357ms)
```

图 8-9　编译结果

双击 "./cubemx/inc/stm32l4xx_hal_conf. h" 打开配置文件, 在第 80 行上下找到 "/ * # define HAL_UART_MODULE_ENABLED * /", 将注释取消, 再重新编译即可消除错误和警告, 完成时钟修改。注意: 这种错误并非每种型号的芯片都会出现, 出现错误后修改配置文件即可。

读者可打开 "./drivers/drv_clk. c" 文件, 在文件末尾可看到时钟配置程序, 如下所示:

./drivers/drv_clk. c

void clk_init (**char** * clk_source, **int** source_freq, **int** target_freq)
{
　　/ *
　　* Use SystemClock_Config generated from STM32CubeMX for clock init
　　* system_clock_config (target_freq);
　　* /
　　extern void SystemClock_Config (**void**);
　　SystemClock_Config ();
}

系统时钟已采用外部时钟, 修改前程序如下, 建议在修改前后观察程序变化。

```
./drivers/drv_clk. c
```

```c
void clk_init（char * clk_source，int source_freq，int target_freq）
{

    system_clock_config（target_freq）;

}
```

3. 编程实现

在 main. c 中编程实现功能，具体程序如下所示：

```
./applications/main. c
```

```c
#include  < rtthread. h >

/* 新增头文件包含 */
#include  < rtdevice. h >
#include  < board. h >

/* 获取 LED1 引脚编号 */
#define LED1 GET_PIN（A，0）

#define DBG_TAG "main"
#define DBG_LVL DBG_LOG
#include  < rtdbg. h >

/* 1.4 编写线程入口函数 */
void t_led1_entry（void * parameter）
{
    /* 设置引脚工作模式为推挽输出 */
    rt_pin_mode（LED1，PIN_MODE_OUTPUT）;

    /* 间隔0.5s 闪烁3 次 */
    for（int i = 0；i < 6；i + +）
     {
        /* 引脚电平翻转 */
        rt_pin_write（LED1，1 – rt_pin_read（LED1））;
        /* 延时0.5s */
        rt_thread_mdelay（500）;
     }

    /* 正常运行间隔1s 闪烁 */
```

```
    while (1)
    {
        rt_pin_write (LED1, 1 - rt_pin_read (LED1));
        rt_thread_mdelay (1000);
    }
}

int main (void)
{
    /* 1.1 定义线程句柄 */
    rt_thread_t t_led1;

    /* 1.2 创建线程 */
    t_led1 = rt_thread_create ("tled1", t_led1_entry, RT_NULL, 1024, 10, 10);

    /* 1.3 启动线程 */
    if (t_led1 ! = RT_NULL)
    {
        rt_thread_startup (t_led1);
    }

    return RT_EOK;
}
```

上述程序用到了 PIN 设备驱动，该内容将在第 11 章设备驱动中进行详细讲解，读者也可不利用 PIN 设备驱动，而采用 HAL 库自行实现。

思考与练习

一、填空题

1. 每个线程都有 _____、_____ 和 _____ 等重要属性。

2. RT – Thread 的线程调度器是 _____，保证最高优先级的线程能够被优先运行。

3. 线程入口函数是线程实现预期功能的函数，有 _____ 和 _____ 两种模式。

4. 线程根据创建者可分为 _____ 和 _____。

5. 空闲线程的优先级为 _____，主要作用是 _____。

二、选择题

1. 一般用户创建的线程，优先级不可设置为（   ）。

A. 0   B. 10   C. 20   D. 31

2. 调用函数（   ）不能使当前线程休眠 100ms。

A. rt_thread_mdelay（100）　　　　B. rt_thread_delay（100）

C. rt_thread_sleep（100）　　　　　D. rt_thread_sleep（100000）

3. 下列线程句柄定义正确的是（　　　）。

A. rt_thread_t tid1；　　　　　　B. rt_thread_t 1tid；

C. rt_thread_t ＊tid1；　　　　　　D. rt_thread_t ＊1tid；

三、判断题

1. 只要 MCU 资源允许，RT-Thread 可以创建无数个线程。（　　　）

2. 线程的优先级表示线程被调度的优先程度，每个线程都具有优先级。（　　　）

3. 当多个线程的优先级相同时，时间片才起作用。（　　　）

4. 对于单核 MCU，同一时刻只允许运行一个线程，操作系统会自动根据线程运行的情况动态地调整线程状态。（　　　）

5. 创建线程后，该线程处于就绪状态。（　　　）

四、简答题

1. 简要分析 RT-Thread 的线程状态转换过程。

2. 画图分析相同优先级的线程执行情况。

3. 简述动态线程的应用步骤。

五、编程题

1. 创建 2 个线程，在线程切换时打印线程信息。

2. 创建 3 个线程，其中 2 个线程优先级相同，另 1 个线程优先级较高，编程分析 3 个线程的运行情况。

3. 创建 2 个线程，2 个线程共用 1 个线程入口函数，通过参数控制 LED1 和 LED2 分别间隔 1s 和 0.5s 闪烁。

4. 利用 HAL 库实现应用实例的功能。

第 9 章

RT – Thread 线程间同步

本章思维导图

　　线程间同步是指通过特定机制控制多个线程的执行顺序，以保证线程有序运行。RT – Thread 提供了信号量、互斥量和事件集三种线程间同步方式，其核心思想是在访问临界区的时候只允许一个（一类）线程运行。本章首先介绍三种线程间同步方式的工作机制、管理方式及应用步骤，然后通过应用实例详细讲解线程间同步的应用。RT – Thread 线程间同步思维导图如图 9-1 所示，其中加 ❂ 的为需要理解的内容，加 ◔ 的为需要掌握的内容，加 ▣ 的为需要实践的内容。

　　1. 理解信号量、互斥量和事件集的工作机制。

　　2. 掌握信号量、互斥量和事件集的管理方式及应用步骤。

　　3. 独立完成线程间同步应用实例，所用时间不超过 20min。

　　建议读者在完成本章学习后及时更新完善思维导图，以巩固、归纳、总结本章内容。

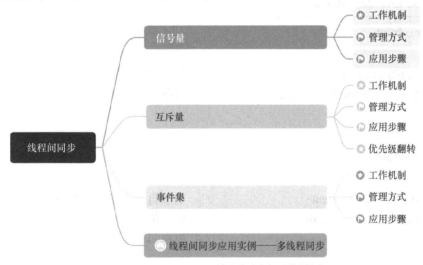

图 9-1　RT – Thread 线程间同步思维导图

9.1　信号量

9.1.1　信号量工作机制

信号量

　　信号量是一种轻型的用于线程间同步的内核对象。信号量工作机制示意图如图 9-2 所示，信号量控制块是操作系统用于管理信号量的一个数据结构，用结构体 struct rt_semaphore 表示，指向信号量控制块的指针称为信号量句柄，用 rt_sem_t 表示。

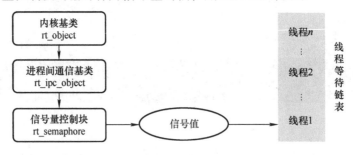

图 9-2　信号量工作机制示意图

rt_semaphore 结构体继承自 rt_ipc_object，由 IPC 容器管理，每个信号量都有一个信号值和一个线程等待链表，信号值最大为 65535。信号量由线程获取或释放，线程每成功获取一次信号量，信号值减 1；每成功释放一次信号量，信号值加 1。线程在获取信号量时，首先被添加至线程等待链表，当轮到其获取信号量时，如果信号值大于 0，线程可以直接获取信号量；如果信号值为 0，则该线程无法获取信号量，该线程的状态由运行状态转换为挂起状态，直到有其他线程释放信号量，信号值大于 0 时，该线程才能获取信号量，由挂起状态转换为就绪状态。rt_ipc_object 和 rt_semaphore 均在 "./rt – thread/include/rtdef. h" 文件中定义，具体定义如下：

```
./rt – thread/include/rtdef. h

struct rt_ipc_object
{
    struct rt_object parent;            / * 继承自 rt_object * /
    rt_list_t        suspend_thread;    / * 等待线程队列 * /
};

struct rt_semaphore
{
    struct rt_ipc_object parent;        / * 继承自 ipc_object 类 * /
    rt_uint16_t          value;         / * 信号值 * /
    rt_uint16_t          reserved;      / * 保留 * /
};
typedef struct rt_semaphore * rt_sem_t;
```

下面以生活中的停车场为例来解释信号量的工作机制，假设停车场有 10 个停车位，但有 3 个停车位都是空的，其余 7 个车位均被占用。如果此时驶来 5 辆车，则 5 辆车需排队进入停车场，其中前 3 辆车可以依次驶入停车场，占用 3 个停车位，这时 10 个停车位均被占用，因此后面的 2 辆车需继续排队等待，后续再驶来的车也需跟着排队等待，不允许驶入停车场。直到停车场内有车驶出，空出停车位，等待的车才允许驶入停车场，并占用该空车位。

上述例子中，空车位表示信号值，驶来的车表示线程，车驶入停车场并占用空停车位表示线程获取信号量，空位减 1，信号值减 1，当空位为 0 时，后续的车要在停车场外等待，表示线程挂起；当有车辆驶出停车场，表示线程释放信号量，空车位加 1，信号值加 1，此时存在空车位，等待的车可以驶入停车场，挂起线程转换为就绪状态；在获得 CPU 使用权后进入运行状态，获取信号量，即占用该空车位，信号值再减 1，如此循环。

9.1.2 信号量管理方式

根据内存管理方式不同，信号量分为静态信号量和动态信号量，无论静态信号量还是动态信号量，都是通过信号量控制块进行管理的，信号量管理方式如图 9-3 所示，相关函数在 "./rt – thread/src/ipc.c" 文件中实现，下面仅介绍加 "星标" 的常用函数，其他未介绍的函数可参考官方文档。

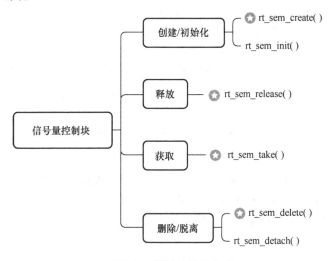

图 9-3 信号量管理方式

1. 创建信号量

调用 rt_sem_create（）可创建动态信号量。rt_sem_create（）函数说明见表 9-1。

表 9-1 rt_sem_create（）函数说明

名称	创建信号量
函数原型	rt_sem_t **rt_sem_create**（const char * name，rt_uint32_t value，rt_uint8_t flag）
参数 1	name：信号量名称
参数 2	value：信号量初始值
参数 3	flag：信号量标志，可取 RT_IPC_FLAG_FIFO 或 RT_IPC_FLAG_PRIO
返回值	成功返回信号量句柄，失败返回 RT_NULL

2. 释放信号量

调用 rt_sem_release（）可释放信号量，信号值加 1。rt_sem_release（）函数说明见表 9-2。

表 9-2   rt_sem_release（）函数说明

名称	释放信号量
函数原型	rt_err_t **rt_sem_release**（rt_sem_t sem）
参数	sem：信号量句柄
返回值	成功返回 RT_EOK

3. 获取信号量

线程调用 rt_sem_take（）可获取信号量。当信号值大于 0 时，线程可直接获得信号量，信号值减 1；当信号值等于 0 时，线程无法获取信号量；当等待时间不为 0 时，线程由运行态转换为挂起态。rt_sem_take（）函数说明见表 9-3。

表 9-3   rt_sem_take（）函数说明

名称	获取信号量
函数原型	rt_err_t **rt_sem_take**（rt_sem_t sem, rt_int32_t time）
参数 1	sem：信号量句柄
参数 2	time：线程等待时间，单位为系统节拍，可填具体数值或 RT_WAITING_FOREVER（永久等待）
返回值	成功获取信号量返回 RT_EOK，超时未获得信号量返回 – RT_ETIMEOUT，其他错误返回 – RT_ERROR

4. 删除信号量

系统不再使用信号量时，可以调用 rt_sem_delete（）删除动态创建的信号量，以释放内存资源。如果删除信号量时，有线程正在等待该信号量，删除操作会先唤醒等待该信号量的线程（等待线程的返回值是 – RT_ERROR），然后再释放信号量的内存资源。rt_sem_delete（）函数说明见表 9-4。

表 9-4   rt_sem_delete（）函数说明

名称	删除信号量
函数原型	rt_err_t **rt_sem_delete**（rt_sem_t sem）
参数	sem：信号量句柄
返回值	成功返回 RT_EOK

9.1.3   信号量应用步骤

信号量的应用有固定的步骤，以动态信号量为例，包括如下 4 个步骤：

1）定义信号量句柄：rt_sem_t dsem = RT_NULL；

2）主线程创建信号量：dsem = rt_sem_create（"dsem"，0，RT_IPC_FLAG_FIFO）；

3）线程 1#X 释放信号量：rt_sem_release（dsem）；

4）线程 2#Y 获取信号量：rt_sem_take（dsem，RT_WAITING_FOREVER）；

信号量的具体步骤及示例程序如下：

```
/* 1. 定义信号量句柄 */
rt_sem_t dsem;

void tid1_entry (void * paramenter)
{
    /* 其他操作 */
    /* 3. 释放信号量 */
    rt_sem_release (dsem);
    /* 其他操作 */
}

void tid2_entry (void * paramenter)
{
    /* 其他操作 */
    /* 4. 获取信号量 */
    rt_sem_take (dsem, RT_WAITING_FOREVER);
    /* 其他操作 */
}

int main (void)
{
    rt_thread_t tid1, tid2;

    /* 2. 创建信号量 */
    dsem = rt_sem_create ("dsem", 0, RT_IPC_FLAG_FIFO);

    tid1 = rt_thread_create ("tid1", tid1_entry, RT_NULL, 1024, 10, 10);

    tid2 = rt_thread_create ("tid2", tid2_entry, RT_NULL, 1024, 10, 10);

    rt_thread_startup (tid1);
    rt_thread_startup (tid2);

    return RT_EOK;
}
```

注：1. 信号量句柄应定义为全局变量；

2. 信号量要在线程启动前创建；

3. 实现两线程同步时，信号量初始值应为 0。

9.2 互斥量

9.2.1 互斥量工作机制

互斥量又称为相互排斥的信号量，是一种特殊的二值信号量。互斥量
工作机制示意图如图9-4所示，互斥量控制块是操作系统用于管理互斥量的一个数据结构，
用结构体 struct rt_mutex 表示，指向互斥量控制块的指针称为互斥量句柄，用 rt_mutex_t
表示。

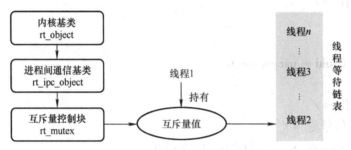

图9-4 互斥量工作机制示意图

rt_mutex 结构体继承自 rt_ipc_object，由 IPC 容器管理，每个互斥量都有一个互斥量值
和一个线程等待链表，互斥量值只有 0 和 1 两种状态。线程可以获取和释放互斥量，线程成
功获取互斥量后，该线程拥有互斥量的所有权，称为持有线程，某一个时刻一个互斥量只能
被一个线程持有。互斥量只能由持有线程释放，其他线程无权释放互斥量。当互斥量被某线
程持有后，其他线程在获取互斥量时会因获取不到而被挂起，直到持有线程释放了互斥量。
持有线程一旦释放互斥量，便失去互斥量的所有权，其他线程获取互斥量，成为新的持有线
程，其状态由挂起状态转换为就绪状态。持有线程可以多次获取互斥量，而不会被挂起，持
有线程获取互斥量后要及时释放互斥量，以便其他线程能够获取互斥量，需要注意的是持有
线程获取几次，便应该释放几次。rt_mutex 在 ./rt-thread/include/rtdef.h 文件中定义，具体
定义如下：

```
./rt-thread/include/rtdef.h

struct rt_mutex
{
    struct rt_ipc_object parent;          /* 继承自 ipc_object */
    rt_uint16_t          value;           /* 互斥量的值 */
    rt_uint8_t           original_priority; /* 持有线程的原始优先级 */
    rt_uint8_t           hold;            /* 持有线程的持有次数 */
    struct rt_thread     * owner;         /* 当前持有互斥量的线程 */
};
```

9.2.2　互斥量管理方式

根据内存管理方式不同，互斥量分为静态互斥量和动态互斥量。无论静态互斥量还是动态互斥量，都是通过互斥量控制块进行管理的，互斥量管理方式如图 9-5 所示，相关函数在 ./rt‑thread/src/ipc.c 文件中实现，下面仅介绍加"星标"的常用函数，其他未介绍的函数可参考官方文档。

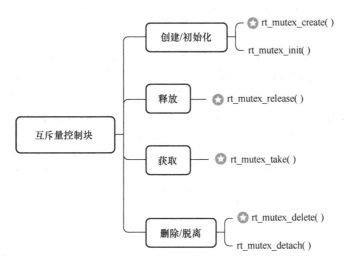

图 9-5　互斥量管理方式

1. 创建互斥量

调用 rt_mutex_create（） 可创建动态互斥量，创建后互斥量值为 1，rt_mutex_create（） 函数说明见表 9-5。

表 9-5　rt_mutex_create（） 函数说明

名称	创建互斥量
函数原型	rt_mutex_t **rt_mutex_create**（const char ＊ name, rt_uint8_t flag）
参数 1	name：互斥量名称
参数 2	flag：互斥量标志，可取 RT_IPC_FLAG_FIFO 或 RT_IPC_FLAG_PRIO
返回值	成功返回互斥量句柄，失败返回 RT_NULL

2. 获取互斥量

当互斥量不被其他线程持有时，当前线程调用 rt_mutex_take（） 可成功获取互斥量，成为持有线程，此时其他线程无法再获取互斥量，直到持有线程释放互斥量。持有线程可多次调用 rt_mutex_take（），每调用一次，互斥量持有次数加 1。如果互斥量已经被其他线程持有，则当前线程调用 rt_mutex_take（） 无法获取互斥量，在该互斥量上挂起等待，直到其他线程释放它或者等待时间超过指定的超时时间。rt_mutex_take（） 函数说明见表 9-6。

表 9-6　rt_mutex_take（）函数说明

名称	获取互斥量
函数原型	rt_err_t **rt_mutex_take**（rt_mutex_t mutex, rt_int32_t time）
参数 1	mutex：互斥量句柄
参数 2	time：线程等待时间，单位为系统节拍，可填具体数值或 RT_WAITING_FOREVER（永久等待）
返回值	成功获取互斥量返回 RT_EOK，超时未获得互斥量返回 – RT_ETIMEOUT，其他错误返回 – RT_ERROR

3. 释放互斥量

当线程完成互斥资源的访问后，应尽快释放互斥量，使其他线程能及时获取该互斥量。持有线程调用 rt_mutex_release（）可释放互斥量，每释放一次该互斥量，互斥量持有次数就减 1，当互斥量持有次数为零时（即持有线程已经释放所有的持有操作），等待在该互斥量上的线程才被唤醒而获得互斥量。如果线程的运行优先级被互斥量提升，那么当互斥量被释放后，线程恢复为持有互斥量前的优先级。rt_mutex_release（）函数说明见表 9-7。

表 9-7　rt_mutex_release（）函数说明

名称	释放互斥量
函数原型	rt_err_t **rt_mutex_release**（rt_mutex_t mutex）
参数	mutex：互斥量句柄
返回值	成功返回 RT_EOK

4. 删除互斥量

系统不再使用互斥量时，可以调用 rt_mutex_delete（）删除动态创建的互斥量，以释放内存资源。当删除一个互斥量时，所有等待此互斥量的线程都将被唤醒，等待线程获得的返回值是 – RT_ERROR。然后系统将该互斥量从内核对象管理器链表中删除并释放互斥量占用的内存空间。rt_mutex_delete（）函数说明见表 9-8。

表 9-8　rt_mutex_delete（）函数说明

名称	删除互斥量
函数原型	rt_err_t **rt_mutex_delete**（rt_mutex_t mutex）
参数	mutex：互斥量句柄
返回值	成功返回 RT_EOK

9.2.3　互斥量应用步骤

互斥量的应用有固定的步骤，以动态互斥量为例，包括如下 4 个步骤：

1）定义互斥量句柄："rt_mutex_t dmutex = RT_NULL;"；

2）主线程创建互斥量："dmutex = rt_mutex_create（"dmutex", RT_IPC_FLAG_FIFO);"；

3）线程获取互斥量："rt_mutex_take（dmutex, RT_WAITING_FOREVER);"；

4）持有线程释放互斥量："rt_mutex_release（dmutex);"。

互斥量的具体步骤及示例程序如下：

```
/* 1. 定义互斥量句柄 */
rt_mutex_t dmutex;


void tid1_entry(void * paramenter)
{
    /* 其他操作 */

    /* 3. 获取互斥量 */
    rt_mutex_take(dmutex, RT_WAITING_FOREVER);

    /* 其他操作 */

    /* 4. 释放互斥量 */
    rt_mutex_release(dmutex);
    /* 其他操作 */
}


void tid2_entry(void * paramenter)
{
    /* 其他操作 */

    /* 3. 获取互斥量 */
    rt_mutex_take(dmutex, RT_WAITING_FOREVER);

    /* 其他操作 */

    /* 4. 释放互斥量 */
    rt_mutex_release(dmutex);
    /* 其他操作 */
}

int main(void)
{
    rt_thread_t tid1, tid2;

    /* 2. 创建互斥量 */
    dmutex = rt_mutex_create("dmutex", RT_IPC_FLAG_FIFO);
```

```
tid1 = rt_thread_create("tid1", tid1_entry, RT_NULL, 1024, 10, 10);
tid2 = rt_thread_create("tid2", tid2_entry, RT_NULL, 1024, 10, 10);

rt_thread_startup(tid1);
rt_thread_startup(tid2);

return RT_EOK;
}
```

注：1. 互斥量句柄应定义为全局变量；

2. 互斥量要在线程启动前创建；

3. 维持有互斥量维释放，持有几次，释放几次，并尽快释放。

9.2.4 优先级翻转

使用信号量可能导致线程优先级翻转，即当一个高优先级线程试图通过信号量访问共享资源时，如果该信号量已被一低优先级线程持有，那么这个低优先级线程在运行过程中可能被其他一些中等优先级的线程抢占，造成高优先级线程被许多具有较低优先级的线程阻塞，实时性难以得到保证。优先级翻转示例如图 9-6 所示，有优先级为 A、B 和 C 的 3 个线程，优先级排序为 A > B > C，各线程运行时序如下：

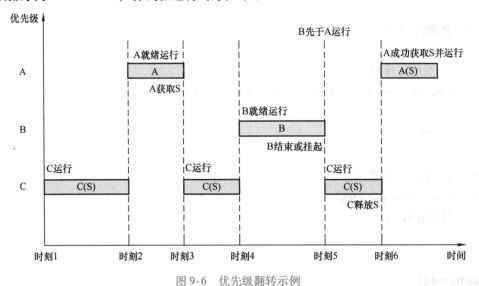

图 9-6　优先级翻转示例

时刻 1：线程 C 获取唯一的信号量 S，处于运行状态，线程 A 和线程 B 处于挂起状态，等待某一事件触发。

时刻 2：线程 A 等待的事件到来，满足了运行要求，转为就绪态。因为线程 A 比线程 C 优先级高，所以立即被 CPU 调度运行，线程 A 转换为运行状态。

时刻 3：线程 A 在运行到某个步骤时，试图获取信号量 S，由于唯一的信号量 S 已被线程 C 获取，且未被释放，因此线程 A 不能获取信号量 S，线程 A 转换为挂起状态，线程 C

由挂起状态转换为运行状态继续运行。

时刻 4：线程 B 等待的事件到来，满足了运行要求，转为就绪态。由于线程 B 的优先级比线程 C 高，线程 B 立即被 CPU 调度运行，线程 B 转换为运行状态。

时刻 5：线程 B 运行结束或由于阻塞转换为挂起状态，此时线程 C 由挂起状态转换为运行状态继续运行。

时刻 6：线程 C 释放信号量 S 后，线程 A 得以获取信号量 S，线程 A 由挂起状态转换为就绪状态，并被 CPU 调度运行，线程 A 转换为运行状态。

分析上述运行时序，在整个运行过程中，高优先级线程 A 由于获取信号量被阻塞挂起，导致较低优先级的线程 B 先于线程 A 运行，引起了优先级翻转，这样便不能保证高优先级线程的响应时间。

互斥量可以通过优先级继承算法解决优先级翻转问题。优先级继承是指暂时提高低优先级线程 C 的优先级至高优先级线程 A 的优先级，避免线程 C 被中等优先级线程 B 抢占，当线程 C 释放资源后，再将线程 C 的优先级复原。优先级继承示例如图 9-7 所示，各线程运行时序如下。

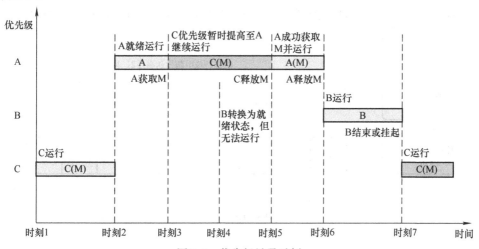

图 9-7 优先级继承示例

时刻 1：线程 C 持有互斥量 M，处于运行状态，线程 A 和线程 B 处于挂起状态，等待某一事件触发。

时刻 2：线程 A 等待的事件到来，满足了运行要求，转为就绪态。因为线程 A 比线程 C 优先级高，所以立即被 CPU 调度运行，线程 A 转换为运行状态。

时刻 3：线程 A 在运行到某个步骤时，试图获取互斥量 M，由于互斥 M 已被线程 C 持有，且未被释放，因此线程 A 不能获取互斥量 M，线程 A 转换为挂起状态。此时，线程 C 的优先级被暂时提高至线程 A 的优先级，并由挂起状态转换为运行状态继续运行。

时刻 4：线程 B 等待的事件到来，满足了运行要求，转为就绪态。但由于线程 B 的优先级比线程 C 低，线程 B 无法获得 CPU 的使用权，线程 C 继续运行。

时刻 5：线程 C 释放互斥量 M，其优先级被复原，线程 A 得以获取互斥量 M。由于线程 A 的优先级最高，线程 A 由挂起状态转换为就绪状态，并被 CPU 调度运行，线程 A 转换为运行状态，线程 C 由运行状态转换为挂起状态。

时刻6：线程 A 运行结束或由于阻塞转换为挂起状态。此时，由于线程 B 的优先级高于线程 C，线程 B 得到 CPU 调度，由挂起状态转换为运行状态。

时刻7：线程 B 运行结束或由于阻塞转换为挂起状态。此时，线程 C 得到 CPU 调度，由挂起状态转换为运行状态。

分析上述运行时序，在整个运行过程中，由于暂时提高了低优先级线程 C 的优先级，高优先级线程 A 不会被较低优先级的线程 B 抢占，避免了优先级翻转，能够保证高优先级线程的响应时间。

9.3 事件集

9.3.1 事件集工作机制

事件集是多个事件的集合，用于实现一对一、一对多、多对多的同步。事件集工作机制示意图如图 9-8 所示，事件集控制块是操作系统用于管理事件集的一个数据结构，用结构体 struct rt_event 表示，指向事件集控制块的指针称为事件集句柄，用 rt_event_t 表示。

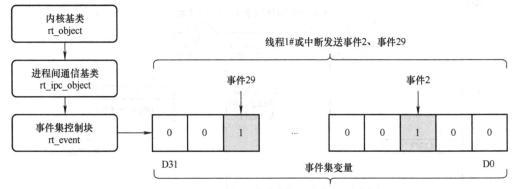

图 9-8　事件集工作机制示意图

rt_event 结构体继承自 rt_ipc_object，由 IPC 容器管理，每个事件集都有一个 32 位的事件集变量和一个线程等待链表，事件集变量的每一位可表示一个事件，D0 位表示事件 0，D31 位表示事件 31，当 Dx 位被设置为 1 时，表示事件 x 发生。rt_event 在 ./rt-thread/include/rtdef.h 文件中定义，具体定义如下：

```
./rt-thread/include/rtdef.h
struct rt_event
{
    struct rt_ipc_object parent;        /* 继承自 rt_ipc_object */
    rt_uint32_t          set;           /* 事件集 */
};
typedef struct rt_event * rt_event_t;
```

每个线程都拥有一个事件信息标记，它有 3 个属性，分别是 RT_EVENT_FLAG_AND（逻辑与）、RT_EVENT_FLAG_OR（逻辑或）以及 RT_EVENT_FLAG_CLEAR（清除标记）。线程 2#通过接收一个事件实现单线程同步，也可以接收多个事件组合实现多线程同步，多个事件的组合方式由信息标记确定，信息标记可以为 OR（逻辑或）/AND（逻辑与），即多个事件通过 OR/AND 形成事件组合。线程 2#启用接收后，挂起等待线程 1#或中断发送的事件，当信息标记为 OR 时，多个事件任意一个发生，均可唤醒线程 2#，当信息标记为 AND 时，多个事件都发生，才可以唤醒线程 2#。

例如图 9-8 中，线程 2# 事件标志的第 2 位和第 29 位被置位，如果事件信息标记设为 AND，则线程 2#只有在事件 2 和事件 29 都发生以后才会被触发唤醒；如果事件信息标记设为 OR，则事件 2 或事件 29 中的任意一个发生都会触发唤醒线程 2#；如果信息标记同时设置了清除标记位，则线程 2#被唤醒后将主动把事件 2 和事件 29 清零，否则事件标志将依然为 1。

9.3.2 事件集管理方式

根据内存管理方式不同，事件集分为静态事件集和动态事件集。无论静态事件集还是动态事件集，都是通过事件集控制块进行管理的，事件集管理方式如图 9-9 所示，相关函数在 ./rt – thread/src/ipc. c 文件中实现，下面仅介绍加"星标"的常用函数，其他未介绍的函数可参考官方文档。

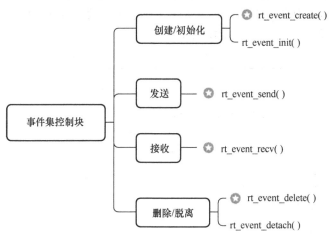

图 9-9　事件集管理方式

1. 创建事件集

调用 rt_event_create（）可创建动态事件集，创建后事件集值为 1。rt_event_create（）函数说明见表 9-9。

表 9-9　rt_event_create（）函数说明

名称	创建事件集
函数原型	rt_event_t **rt_event_create**（**const char** * name，rt_uint8_t flag）
参数 1	name：事件集名称
参数 2	flag：事件集标志，可取 RT_IPC_FLAG_FIFO 或 RT_IPC_FLAG_PRIO
返回值	成功返回事件集句柄，失败返回 RT_NULL

2. 发送事件

调用 rt_event_send（）可发送事件，通过参数 set 指定的事件标志来设定 event 事件集的事件标志值，然后遍历等待 event 事件集的等待线程链表，判断是否有线程的事件激活要求与当前 event 事件标志值匹配，如果有，则唤醒该线程。rt_event_send（）函数说明见表 9-10。

表 9-10　rt_event_send（）函数说明

名称	发送事件
函数原型	rt_err_t **rt_event_send**（rt_event_t event, rt_uint32_t set）
参数 1	event：事件集句柄
参数 2	set：发送一个或多个事件的标志值
返回值	成功返回 RT_EOK

3. 接收事件

调用 rt_event_recv（）可接收事件。rt_event_recv（）函数说明见表 9-11。系统首先根据 set 参数和接收选项 option 来判断它要接收的事件是否发生，如果已经发生，则根据参数 option 上是否设置有 RT_EVENT_FLAG_CLEAR 来决定是否重置事件的相应标志位，然后返回（其中 recved 参数返回接收到的事件）；如果没有发生，则把等待的 set 和 option 参数填入线程本身的结构中，然后把线程挂起在此事件上，直到其等待的事件满足条件或等待时间超过指定的超时时间。如果超时时间设置为零，则表示当线程要接受的事件没有满足其要求时就不等待，而直接返回 – RT_ETIMEOUT。

表 9-11　rt_event_recv（）函数说明

名称	接收事件
函数原型	rt_err_t **rt_event_recv**（rt_event_t event, rt_uint32_t set, 　　　　　　　　　　rt_uint8_t option, rt_int32_t timeout, 　　　　　　　　　　rt_uint32_t ＊recved）
参数 1	event：事件集句柄
参数 2	set：接收线程感兴趣的事件
参数 3	option：接收选项 RT_EVENT_FLAG_OR／RT_EVENT_FLAG_AND ｜ RT_EVENT_FLAG_CLEAR
参数 4	timeout：超时时间
参数 5	recved：指向接收的事件
返回值	成功返回 RT_EOK，超时返回 – RT_ETIMEOUT，其他错误返回 – RT_ERROR

4. 删除事件集

系统不再使用事件集时，可以调用 rt_event_delete（）删除动态创建的事件集，以释放内存资源。当删除一个事件集时，所有等待此事件集的线程都将被唤醒，等待线程获得的返回值是 – RT_ERROR。然后系统将该事件集从内核对象管理器链表中删除并释放事件集占用的内存空间。rt_event_delete（）函数说明见表 9-12。

表 9-12　rt_event_delete（）函数说明

名称	删除事件集
函数原型	rt_err_t **rt_event_delete**（rt_event_t event）
参数	event：事件集句柄
返回值	成功返回 RT_EOK

9.3.3　事件集应用步骤

事件集的应用有固定的步骤，以动态事件集为例，包括如下 5 个步骤：

1）宏定义事件：#define E1（1 << 1）

　　　　　　　　#define E2（1 << 2）

2）定义事件集句柄：rt_event_t devent = RT_NULL；

3）主线程创建事件集：devent = rt_event_create（"devent"，RT_IPC_FLAG_FIFO）；

4）线程 1#发送事件：rt_event_send（devent，E1）；

　　　　　　　　　　rt_event_ send（devent，E2）；

5）线程 2#接收事件：rt_ uint32_ t e；

　　　　　　　　　　rt_ event_recv(devent,(E1|E2),RT_EVENT_FLAG_AND |

　　　　　　　　　　RT_ EVENT_FLAG_CLEAR,RT_WAITING_FOREVER,&e)；

事件集的具体步骤及示例程序如下：

```
/* 1. 宏定义事件 */
#define E2 (1 << 2)   //事件 2
#define E29 (1 << 29) //事件 29

/* 2. 定义事件集句柄 */
rt_event_t e_t12;
rt_thread_t tid1, tid2;

void tid1_entry(void * parameter)
{
    /* 4. 发送事件 */
    rt_event_send(e_t12, E2);
    rt_kprintf("tid1: send E2\n");
    rt_thread_mdelay(1000);

    /* 4. 发送事件 */
    rt_event_send(e_t12, E29);
    rt_kprintf("tid1: send E29\n");
    rt_thread_mdelay(1000);
}

void tid2_entry(void * parameter)
```

```
{
    rt_uint32_t e;

    /* 5. 接收事件,事件 2 或事件 29 任意一个可以触发线程 1,接收完后清除事件标志 */
    rt_event_recv(e_t12, (E2 | E29), RT_EVENT_FLAG_AND | RT_EVENT_FLAG_
    CLEAR, RT_WAITING_FOREVER, &e);
    rt_kprintf("tid2：OR recv event 0x%x\n", e);
    rt_kprintf("%s enevt info is %d, event is 0x%x\n", tid2 -> name, tid2 -> event_info,
    tid2 -> event_set);
}

int main(void)
{
    /* 3. 创建事件集 */
    e_t12 = rt_event_create("et12", RT_IPC_FLAG_FIFO);

    tid1 = rt_thread_create("tid1", tid1_entry, RT_NULL, 1024, 10, 10);
    tid2 = rt_thread_create("tid2", tid2_entry, RT_NULL, 1024, 10, 10);
    rt_thread_startup(tid1);
    rt_thread_startup(tid2);

    return RT_EOK;
}
```

注：1. 通过宏定义定义事件;
2. 事件集句柄应定义为全局变量;
3. 事件集应在线程启动前创建;
4. 接收事件前应先定义事件变量，用于存放接收到的事件;
5. 接收事件时接收选项只能是 RT_EVENT_FLAG_AND|RT_EVENT_FLAG_CLEAR 或 RT_EVENT_FLAG_OR|RT_EVENT_FLAG_CLEAR，即无论接收几个事件都需要设置逻辑关系和清除。

线程间同步应用实例

9.4 线程间同步应用实例——多线程同步

9.4.1 电路原理及需求分析

1. 电路原理

LED 相关电路原理图如图 9-10 所示，LED1～LED3 的阳极接高电平，阴极经限流电阻后接 GPIO 引脚。引脚输出

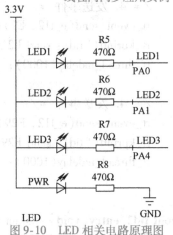
图 9-10 LED 相关电路原理图

高电平相应 LED 熄灭；引脚输出低电平，相应 LED 点亮。

2. 需求分析

1）创建 3 个线程，分别用于控制 LED1、LED2 和 LED3。

2）LED1 间隔 0.5s 闪烁。

3）LED2 在 LED1 闪烁 3 次后，开始间隔 1s 闪烁。

4）LED3 在 LED1 和 LED2 都闪烁 5 次后，开始间隔 2s 闪烁。

9.4.2 实现过程

根据需求分析，可创建 3 个线程 tled1、tled2 和 tled3 分别实现 LED1、LED2 和 LED3 的闪烁控制，在此基础上创建信号量 sled12 实现 LED2 和 LED1 的同步，创建事件集 eled123 实现 LED3 与 LED1 及 LED2 的同步，各线程运行时序图如图 9-11 所示。

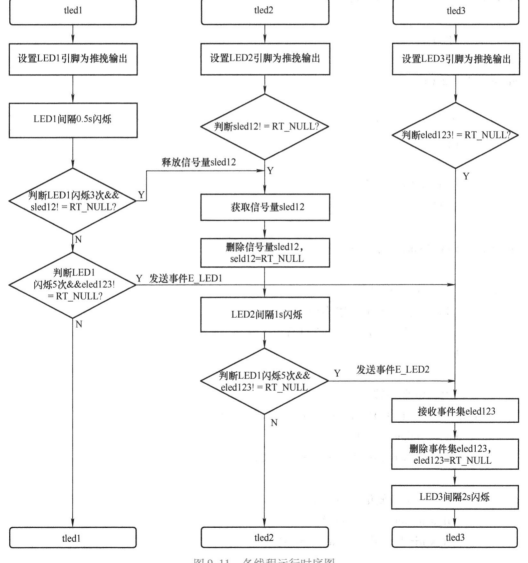

图 9-11　各线程运行时序图

具体实现过程及程序如下：

```
./applications/main.c

#include <rtthread.h>
/* 包含 PIN 设备相关头文件 */
#include <rtdevice.h>
#include <board.h>


/* 获取 LED1~3 引脚编号 */
#define LED1 GET_PIN (A, 0)
#define LED2 GET_PIN (A, 1)
#define LED3 GET_PIN (A, 4)


/* 3.1 定义事件 */
#define E_LED1 (1 < <3)
#define E_LED2 (1 < <5)


/* 2.1 定义信号量句柄 */
rt_sem_t sled12;


/* 3.2 定义事件集句柄 */
rt_event_t eled123;


void tled1_entry (void * parameter)
{
    int i = 0; //LED 闪烁计数
    /* 设置 LED1 引脚为推挽输出模式 */
    rt_pin_mode (LED1, PIN_MODE_OUTPUT);
    while (1)
      {
        /* 引脚电平翻转 */
        rt_pin_write (LED1, 1 - rt_pin_read (LED1));
        rt_thread_mdelay (500);
        if ( + +i = = 6 && sled12 ! = RT_NULL)
          {
            /* 2.3 释放信号量 */
            rt_sem_release (sled12);
            rt_kprintf ( "tled1 release sem! \ n" );
          }
```

```
        if( + +i = = 10 && eled123! = RT_NULL)
        {
            /* 3.4 发送事件 E_LED1 */
            rt_event_send (eled123, E_LED1);
            rt_kprintf ("tled1 send event \ n");
        }
    }
}

void tled2_entry (void * parameter)
{
    int i = 0; //LED 闪烁计数
    /* 设置 LED1 引脚为推挽输出模式 */
    rt_pin_mode (LED2, PIN_MODE_OUTPUT);
    while (1)
    {
        if (sled12! = RT_NULL)
        {
            /* 2.4 获取信号量 */
            rt_sem_take (sled12, RT_WAITING_FOREVER);
            rt_sem_delete (sled12); //只获取一次，获取到后删除
            sled12 = RT_NULL;
        }
        /* 引脚电平翻转 */
        rt_pin_write (LED2, 1 – rt_pin_read (LED2));
        rt_thread_mdelay (1000);
        if ( + +i = = 10 && eled123! = RT_NULL)
        {
            /* 3.4 发送事件 E_LED2 */
            rt_event_send (eled123, E_LED2);
            rt_kprintf ("tled2 send event \ n");
        }
    }
}

void tled3_entry (void * parameter)
{
    rt_uint32_t e;
```

```
    /* 设置 LED1 引脚为推挽输出模式 */
    rt_pin_mode (LED3, PIN_MODE_OUTPUT);
    if (eled123! = RT_NULL)
    {
        rt_event_recv (eled123, E_LED1 | E_LED2, RT_EVENT_FLAG_AND | RT_E-
VENT_FLAG_CLEAR, RT_WAITING_FOREVER, &e);
        rt_kprintf ("tled3 received event \ n");
        rt_event_delete (eled123);
        eled123 = RT_NULL;
    }
    /* 3.5 接收事件 */
    while (1)
    {
        /* 引脚电平翻转 */
        rt_pin_write (LED3, 1 - rt_pin_read (LED3));
        rt_thread_mdelay (2000);
    }
}
/* 编译, 下载观察现象 */

int main (void)
{
    /* 利用信号量实现 tled1 和 tled2 同步 */
    /* 2.2 创建信号量 */
    sled12 = rt_sem_create ("sled12", 0, RT_IPC_FLAG_PRIO);

    /* 利用事件集实现 tled1、tled2 和 tled3 同步 */
    /* 3.3 创建事件集 */
    eled123 = rt_event_create ("eled123", RT_IPC_FLAG_PRIO);

    /* 1. 创建 3 个线程, 实现 LED1 ~ 3 闪烁 */
    rt_thread_t tled1, tled2, tled3;
    tled1 = rt_thread_create ("tled1", tled1_entry, RT_NULL, 1024, 10, 10);
    tled2 = rt_thread_create ("tled2", tled2_entry, RT_NULL, 1024, 11, 10);
    tled3 = rt_thread_create ("tled3", tled3_entry, RT_NULL, 1024, 12, 10);
```

```
    rt_thread_startup (tled1);
    rt_thread_startup (tled2);
    rt_thread_startup (tled3);
    return RT_EOK;
}
```

注：上述程序中注释"1. x"表示线程应用步骤；"2. x"表示信号量应用步骤；"3. x"表示事件集应用步骤。编译并下载程序，观察运行结果。

思考与练习

一、填空题

1. RT – Thread 提供了 _____、_____和 _____三种线程间同步方式。

2. 线程可以获取和释放信号量，每成功获取一次信号量，信号值 _____ ，每成功释放一次信号量，信号值 _____ 。

3. 互斥量是一种特殊的二值信号量，只能由 _____ 线程获取和释放。

4. 互斥量采用 _____算法解决了优先级翻转问题。

5. 每个事件集最多可以表示_____个事件。

二、选择题

1. 当前信号值为 4，则此刻最多有（　　）个线程可以成功获得信号量。

A. 0　　　　　　　B. 2　　　　　　　C. 4　　　　　　　D. 6

2. 函数（　　）属于事件集的管理方式。

A. rt_sem_take　　　　　　　　B. rt_mutex_release

C. rt_event_send　　　　　　　D. rt_event_take

三、判断题

1. 线程获取信号量时，如果当前信号值为 0，则获取线程一定会挂起。（　　）

2. 当信号量、互斥量和信号量不再使用时，才可以删除。（　　）

3. 事件集可以实现一对一、一对多和多对多的同步。（　　）

4. 在使用信号量实现多线程同步时，一定会导致优先级翻转。（　　）

5. 互斥量只能由持有线程释放，多次持有，只需释放一次即可。（　　）

四、简答题

1. 简要分析信号量的工作机制，并说明信号量的应用步骤。

2. 简要分析互斥量的工作机制，并说明互斥量的应用步骤。

3. 简要分析事件集的工作机制，并说明事件集的应用步骤。

4. 概括信号量和互斥量的不同点。

五、编程题

1. 编程验证互斥量支持递归访问,打印当前持有线程的持有次数和互斥量值。

2. 编程验证信号量不支持递归访问,打印当前持有线程的持有次数和互斥量值。

3. 编程验证互斥量能够防止优先级翻转,打印运行线程的优先级。

4. 编程验证信号量不能防止优先级翻转,打印运行线程的优先级。

5. 采用互斥量实现应用实例 1 中 LED1 和 LED2 线程的同步。

第 10 章

RT – Thread 线程间通信

本章思维导图

　　线程间同步用于解决多线程执行顺序问题，线程间通信则用于实现多线程间的信息交互，RT – Thread 提供了邮箱、消息队列和信号三种线程通信方式。本章首先介绍三种线程间通信方式的工作机制、管理方式及应用步骤，然后通过应用实例详细讲解线程间通信的应用。思维导图如图 10-1 所示，其中加🟊的为需要理解的内容，加▶的为需要掌握的内容，加▶的为需要实践的内容。

　　1. 理解邮箱、消息队列和信号的工作机制。

　　2. 掌握邮箱、消息队列和信号的管理方式及应用步骤。

　　3. 独立完成线程间通信应用实例，所用时间不超过 20min。

　　建议读者在完成本章学习后及时更新完善思维导图，以巩固、归纳、总结本章内容。

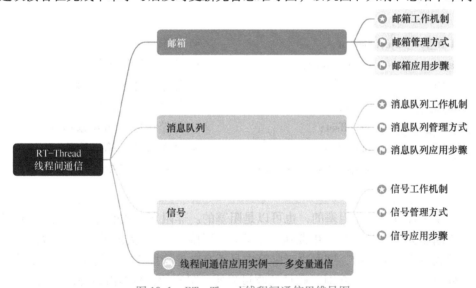

图 10-1　RT – Thread 线程间通信思维导图

10.1　邮箱

10.1.1　邮箱工作机制

邮箱

　　邮箱是一种开销低、效率高的用于解决线程通信问题的内核对象。邮箱工作示意图如

图 10-2 所示，邮箱控制块是操作系统用于管理邮箱的一个数据结构，用结构体 struct rt_mailbox 表示，指向邮箱控制块的指针称为邮箱句柄，用 rt_mailbox_t 表示。

图 10-2 邮箱工作示意图

rt_mailbox 结构体继承自 rt_ipc_object，由 IPC 容器管理，每个邮箱都有一个邮箱缓冲区、一个发送线程等待链表和一个接收线程等待链表。线程和中断可以向邮箱中发送邮件，其他线程可以从邮箱中接收邮件并进行处理，每一封邮件只能容纳固定的 4B 内容（针对 32 位处理系统，指针的大小即为 4B，所以一封邮件恰好能够容纳一个指针）。rt_mailbox 均在 ./rt – thread/include/rtdef. h 文件中定义，具体定义如下：

./rt – thread/include/rtdef. h

```
struct rt_mailbox
{
    struct rt_ipc_object parent;              /* 继承自 rt_ ipc_object */
    rt_ubase_t          * msg_pool;           /* 邮箱缓冲区起始地址 */
    rt_uint16_t         size;                 /* 邮箱缓冲区大小 */
    rt_uint16_t         entry;                /* 邮件中邮件数目 */
    rt_uint16_t         in_offset;            /* 邮箱缓冲区输入偏移 */
    rt_uint16_t         out_offset;           /* 邮箱缓冲区输出偏移 */
    rt_list_t           suspend_sender_thread; /* 发送线程等待链表 */
};
```

邮件收发过程可以是非阻塞的，也可以是阻塞的。非阻塞方式的邮件发送过程能够安全的应用于中断服务中，是线程、中断服务、定时器向线程发送消息的有效手段。一般情况下，邮件接收过程是阻塞的，这取决于邮箱中是否有邮件和接收邮件的超时时间，当邮箱中不存在邮件且超时时间不为 0 时，邮件接收过程便是阻塞的，只能由线程进行邮件的收取。

当一个线程向邮箱发送邮件时，如果邮箱未满，则把邮件复制到邮箱中；如果邮箱已满，发送线程则根据设置的超时时间，选择等待挂起或直接返回 – RT_EFULL。如果发送线程选择挂起等待，那么当邮箱中的邮件被接收而空出空间时，等待挂起的发送线程将被唤醒继续发送。

当一个线程从邮箱中接收邮件时，邮箱中如果存在邮件，则复制邮箱中的邮件到接收缓存中。如果邮箱是空的，接收线程则根据设置的超时时间，选择挂起等待或直接返回。如果在超时时间内接收到邮件，则接收线程被唤醒，否则返回 – RT_ETIMEOUT。

10. 1. 2　邮箱管理方式

根据内存管理方式不同，邮箱分为静态邮箱和动态邮箱，无论静态邮箱还是动态邮箱，都是通过邮箱控制块进行管理的，邮箱管理方式如图 10-3 所示，相关函数在 ./rt – thread/src/ipc. c 文件中实现，下面仅介绍加"星标"的常用函数，其他未介绍的函数可参考官方文档。

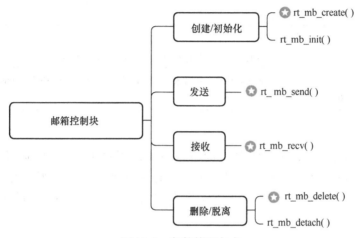

图 10-3　邮箱管理方式

1. 创建邮箱

线程调用 rt_mb_create（）可创建动态邮箱。rt_mb_create（）函数说明见表 10-1。

表 10-1　rt_mb_create（）函数说明

名称	创建邮箱
函数原型	rt_mailbox_t **rt_mb_create**（**const char** * name, rt_size_t size, rt_uint8_t flag）
参数 1	name：邮箱名称
参数 2	size：邮箱容量
参数 3	flag：邮箱标志，可取 RT_IPC_FLAG_FIFO 或 RT_IPC_FLAG_PRIO
返回值	成功返回邮箱句柄，失败返回 RT_NULL

2. 发送邮件

线程或者中断服务程序可调用 rt_mb_send（）发送邮件（非阻塞方式）。rt_mb_send（）函数说明见表 10-2。

表 10-2　rt_mb_send（）函数说明

名称	发送邮件
函数原型	rt_err_t **rt_mb_send**（rt_mailbox_t mb, rt_ubase_t value）
参数 1	mb：邮箱句柄
参数 2	value：邮件内容，可以是一个整型值或一个指向缓冲区的指针
返回值	成功返回 RT_EOK，失败返回 – RT_EFULL（邮箱已满）

3. 接收邮件

线程调用 rt_mb_recv () 可接收邮件，邮箱中有邮件时，接收线程立即取到邮件并返回 RT_EOK，否则接收线程会根据超时时间挂起在等待线程链表上或直接返回 – RT_ERROR，rt_mb_recv () 函数说明见表 10-3。

表 10-3   rt_mb_recv () 函数说明

名称	接收邮件
函数原型	rt_err_t **rt_mb_recv** (rt_mailbox_t mb, rt_ubase_t * value, rt_int32_t timeout)
参数 1	mb：邮箱句柄
参数 2	value：接收缓冲
参数 3	timeout：线程等待时间，可填具体数值或 RT_WAITING_FOREVER（永久等待）
返回值	成功获取邮箱返回 RT_EOK，超时未获得邮件返回 – RT_ETIMEOUT，其他错误返回 – RT_ER-ROR

4. 删除邮箱

系统不再使用邮箱时，可以调用 rt_mb_delete () 删除动态创建的邮箱，以释放内存资源。如果删除邮箱时，有线程挂起等待，删除操作会先唤醒等待该邮箱的线程（等待线程的返回值是 – RT_ERROR），然后再释放邮箱的内存资源。rt_mb_delete () 函数说明见表 10-4。

表 10-4   rt_mb_delete () 函数说明

名称	删除邮箱
函数原型	rt_err_t **rt_mb_delete** (rt_mailbox_t mb)
参数	mb：邮箱句柄
返回值	成功返回 RT_EOK

10.1.3   邮箱应用步骤

邮箱的应用有固定的步骤，以动态邮箱为例，包括如下 4 个步骤：

1）定义邮箱句柄："rt_mb_t dmb = RT_NULL;"；

2）主线程创建邮箱："dmb = rt_mb_create ("dmb", 10, RT_IPC_FLAG_FIFO);"；

3）线程 1#X 发送邮件："rt_mb_send (dmb, (rt_ubase_t) value);"；

4）线程 2#Y 接收邮件："rt_mb_recv (dmb, (rt_ubase_t *) &value, RT_WAITING_FOREVER);"。

邮箱的具体步骤及示例程序如下：

```
/* 1. 定义邮箱句柄 */
rt_mailbox_t dmb;

void tid1_entry (void * paramenter)
{
```

```
    int a = 100;
    char b[ ] = "hello RTT!";

    /* 其他操作 */
    /* 3. 发送邮件 */
    rt_mb_send (dmb, (rt_ubase_t) a); //发送整型数
    rt_mb_send (dmb, (rt_ubase_t) b); //发送指针
    /* 其他操作 */
}

void tid2_entry (void * paramenter)
{
    int a;
    char b [15];
    /* 其他操作 */
    /* 4. 接收邮件 */
    rt_mb_recv (dmb, (rt_ubase_t *) &a, RT_WAITING_FOREVER); //接收整型数
    rt_mb_recv (dmb, (rt_ubase_t *) b, RT_WAITING_FOREVER); //接收指针数据存
于 b
    /* 其他操作 */
}
int main (void)
{
    rt_thread_t tid1, tid2;

    /* 2. 创建邮箱 */
    dmb = rt_mb_create ("dmb", 10, RT_IPC_FLAG_FIFO);

    tid1 = rt_thread_create ("tid1", tid1_entry, RT_NULL, 1024, 10, 10);
    tid2 = rt_thread_create ("tid2", tid2_entry, RT_NULL, 1024, 10, 10);

    rt_thread_startup (tid1);
    rt_thread_startup (tid2);

    return RT_EOK;
}
```

注：1. 邮箱句柄应定义为全局变量；

2. 邮箱应在线程启动前创建；

3. 发送和接收邮件时应对邮件内容进行强制类型转换。

10.2 消息队列

10.2.1 消息队列工作机制

消息队列是邮箱的扩展，可以收发不固定长度的消息。消息队列工作机制示意图如图 10-4 所示，消息队列控制块是操作系统用于管理消息队列的一个数据结构，用结构体 struct rt_messagequeue 表示，指向消息队列控制块的指针称为消息队列句柄，用 rt_mq_t 表示。

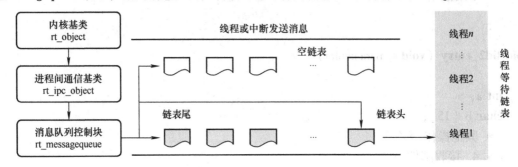

消息队列

图 10-4　消息队列工作机制示意图

rt_messagequeue 结构体继承自 rt_ipc_object，由 IPC 容器管理，消息队列由多个元素组成，包括消息队列名称、内存缓冲区、消息大小以及队列长度等。每个消息队列中包含着多个消息框，每个消息框可以存放一条消息。消息队列中的第一个和最后一个消息框分别称为消息链表头和消息链表尾，对应于消息队列控制块中的 msg_queue_head 和 msg_queue_tail。有些消息框可能是空的，它们通过 msg_queue_free 形成一个空闲消息框链表。所有消息队列中的消息框总数即是消息队列的长度，可在创建消息队列时指定。

线程或中断服务例程可以将一条或多条不固定长度的消息发送至消息队列中，一个或多个线程可以从消息队列中接收消息。当消息队列中消息不为空时，按先进先出原则接收消息，即接收线程先接收发送线程先发送的消息；当消息队列为空时，可以挂起读取线程，当有新的消息到达时，挂起的线程将被唤醒以接收并处理消息。rt_messagequeue 在 ./rt-thread/include/rtdef.h 文件中定义，具体定义如下：

./rt-thread/include/rtdef.h
struct rt_messagequeue { 　　**struct** rt_ipc_object parent;　　　　　　　　/* 继承自 rt_ipc_object */ 　　**void**　　　　　　　　* msg_pool;　　　　　/* 消息存放缓冲区指针 */ 　　rt_uint16_t　　　　　msg_size;　　　　　　/* 每条消息的大小 */ 　　rt_uint16_t　　　　　max_msgs;　　　　　　/* 最大消息数量 */ 　　rt_uint16_t　　　　　entry;　　　　　　　　/* 队列中已有消息数 */ 　　**void**　　　　　　　　* msg_queue_head;　　/* 消息链表头指针 */

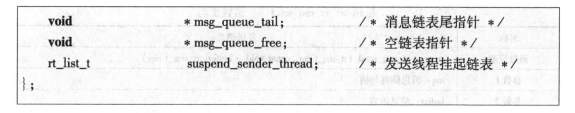

void	* msg_queue_tail;	/* 消息链表尾指针 */
void	* msg_queue_free;	/* 空链表指针 */
rt_list_t	suspend_sender_thread;	/* 发送线程挂起链表 */

};

10.2.2　消息队列管理方式

根据内存管理方式不同，消息队列分为静态消息队列和动态消息队列，无论是静态消息队列还是动态消息队列，都是通过消息队列控制块进行管理的，消息队列管理方式如图 10-5 所示，相关函数在 . /rt – thread/src/ipc. c 文件中实现，下面仅介绍加"星标"的常用函数，其他未介绍的函数可参考官方文档。

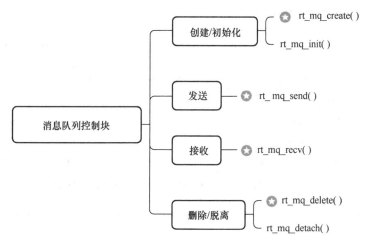

图 10-5　消息队列管理方式

1. 创建消息队列

调用 rt_mq_create（）可创建动态消息队列，rt_mq_create（）函数说明见表 10-5。

表 10-5　rt_mq_create（）函数说明

名称	创建消息队列
函数原型	rt_mq_t **rt_mq_create**（**const char** * name, rt_size_t msg_size, rt_size_t max_msgs, rt_uint8_t flag）
参数 1	name：消息队列名称
参数 2	msg_size：消息队列中一条消息的最大长度，单位为字节
参数 3	max_msgs：消息队列中最大消息个数
参数 4	flag：消息队列标志，可取 RT_IPC_FLAG_FIFO 或 RT_IPC_FLAG_PRIO
返回值	成功返回消息队列句柄，失败返回 RT_NULL

2. 发送消息

线程或者中断服务程序调用 rt_mq_send（）发送消息（非阻塞方式）。rt_mq_send（）函数说明见表 10-6。

表 10-6　rt_mq_send（）函数说明

名称	发送消息
函数原型	rt_err_t **rt_mq_send**（rt_mq_t mq, **const void** * buffer, rt_size_t size）
参数 1	mq：消息队列句柄
参数 2	buffer：消息内容
参数 3	size：消息大小，单位为字节
返回值	成功返回 RT_EOK，失败返回 - RT_EFULL（消息队列已满）

3. 接收消息

线程调用 rt_mq_recv（）可以接收消息。消息队列中有消息时，接收线程立即取到消息并返回 RT_EOK，否则接收线程会根据超时时间挂起在等待线程链表上或直接返回 - RT_ERROR。rt_mq_recv（）函数说明见表 10-7。

表 10-7　rt_mq_recv（）函数说明

名称	接收消息
函数原型	rt_err_t **rt_mq_recv**（rt_mq_t mq, **void** * buffer, rt_size_t size, rt_int32_t timeout）
参数 1	mq：消息队列句柄
参数 2	buffer：接收缓冲
参数 3	size：消息大小
参数 4	timeout：线程等待时间，可填具体数值或 RT_WAITING_FOREVER（永久等待）
返回值	成功获取消息队列返回 RT_EOK，超时未获得消息返回 - RT_ETIMEOUT，其他错误返回 - RT_ERROR

4. 删除消息队列

系统不再使用消息队列时，可以调用 rt_mq_delete（）删除动态创建的消息队列，以释放内存资源。如果删除消息队列时，有线程挂起等待，删除操作会先唤醒等待该消息队列的线程（等待线程的返回值是 - RT_ERROR），然后再释放消息队列的内存资源。rt_mq_delete（）函数说明见表 10-8。

表 10-8　rt_mq_delete（）函数说明

名称	删除消息队列
函数原型	rt_err_t **rt_mq_delete**（rt_mq_t mq）
参数	mq：消息队列句柄
返回值	成功返回 RT_EOK

10.2.3　消息队列应用步骤

消息队列的应用有固定的步骤，以动态消息队列为例，包括如下 4 个步骤：

1）定义消息队列句柄："rt_mq_t dmq = RT_NULL;"；

2）主线程创建消息队列："dmq = rt_mq_create（"dmq", 100, 10, RT_IPC_FLAG_FIFO）;"；

3）线程 1#发送消息："rt_mq_send（dmq, &b, sizeof（b））;";

4）线程 2#接收消息： "rt_mq_recv（dmq, &b, sizeof（b）, RT_WAITING_FOREV-
ER）;"。

消息队列的具体步骤及示例程序如下：

```
/* 1. 定义消息队列句柄 */
rt_mq_t dmq;

void tid1_entry（void * paramenter）
{
    int a = 100;
    char b[] = "hello RTT!";

    /* 其他操作 */
    /* 3. 发送消息 */
    rt_mq_send（dmq, &a, 4）; //发送整型数
    rt_mq_send（dmq, &b, sizeof（b））; //发送其他类型数据
    /* 其他操作 */
}

void tid2_entry（void * paramenter）
{
    int a;
    char b [15];
    /* 其他操作 */
    /* 4. 接收消息 */
    rt_mq_recv（dmq, &a, 4, RT_WAITING_FOREVER）; //接收整型数
    rt_mq_recv（dmq, &b, sizeof（b）, RT_WAITING_FOREVER）; //接收整型数
    /* 其他操作 */
}

int main（void）
{
    rt_thread_t tid1, tid2;

    /* 2. 创建消息队列 */
    dmq = rt_mq_create（"dmq", 100, 10, RT_IPC_FLAG_FIFO）;

    tid1 = rt_thread_create（"tid1", tid1_entry, RT_NULL, 1024, 10, 10）;
    tid2 = rt_thread_create（"tid2", tid2_entry, RT_NULL, 1024, 10, 10）;
```

```
        rt_thread_startup（tid1）；
        rt_thread_startup（tid2）；

        return RT_EOK；
}
```

注：1. 消息队列句柄应定义为全局变量；

2. 消息队列应在线程启动前创建；

3. 发送和接收消息的类型和大小应保持一致，并且以地址形式发送和接收。

10.3　信号

10.3.1　信号工作机制

信号又称为软中断信号，是在软件层次上对中断的一种模拟，用于线程之间的异常通知、应急处理。一个线程收到一个信号与处理器收到一个中断请求是类似的，线程之间可以通过发送信号来通知对方发生了异常事件。POSIX 标准定义了 sigset_t 类型来表示一个信号集，sigset_t 类型在不同的系统可能有不同的定义方式，在 RT-Thread 中，sigset_t 被定义为 unsigned long 型，并命名为 rt_sigset_t，应用程序能够使用的信号为 SIGUSR1 和 SIGUSR2。

信号工作机制示意图如图 10-6 所示，假设线程 1#需要对信号进行处理。首先，线程 1#要执行三个操作：安装信号（类似硬件中工作方式设置为中断模式）、解除阻塞（类似开中断）和设置异常处理方式（类似中断服务）。然后，线程 2#可以给线程 1# 发送信号（类似产生中断），触发线程 1# 对该信号的处理。

图 10-6　信号工作机制示意图

信号的异常处理方式有三种，见表 10-9。

表 10-9　信号的异常处理方式

处理方式	处理方法	说明
方式一	指定处理函数	类似中断服务程序
方式二	忽略信号（SIG_IGN）	对该信号不做任何处理，就像未发生过一样
方式三	系统默认值（SIG_DFL）	直接返回，什么都不做，与方式二相同

10.3.2　信号管理方式

信号管理方式如图 10-7 所示，所有函数均在 ./rt-thread/src/signal.c 文件中实现，下面仅介绍加"星标"的常用函数，其他未介绍的函数可参考官方文档。

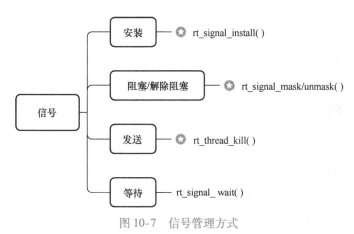

图 10-7　信号管理方式

1. 安装信号

线程要处理某一信号，首先要在线程中安装该信号，用来确定信号值及线程针对该信号值的动作。线程调用 rt_signal_install （） 可为该线程安装信号。rt_signal_install （） 函数说明见表 10-10。

表 10-10　rt_signal_install （） 函数说明

名称	创建事件集
函数原型	rt_sighandler_t **rt_signal_install** （**int** signo, rt_sighandler_t handler）
参数 1	signo：信号值，只可选 SIGUSR1 或 SIGUSR2
参数 2	handler：设置对信号值的处理方式，可为自定义函数、SIG_IGN 或 SIG_DFL
返回值	成功返回 handler，失败返回 SIG_ERR

2. 解除阻塞

线程中可以安装若干个信号，欲使线程对某个信号进行处理，应调用 rt_signal_unmask （） 解除信号阻塞。rt_signal_unmask （） 函数说明见表 10-11。

表 10-11　rt_signal_unmask （） 函数说明

名称	解除阻塞
函数原型	**void rt_signal_unmask** （**int** signo）
参数	signo：信号值，只可选 SIGUSR1 或 SIGUSR2
返回值	无

3. 发送信号

线程调用 rt_thread_kill （） 可以给安装了信号的线程发送信号，安装了信号的线程收到信号后可按设定方式处理该信号。rt_thread_kill （） 函数说明见表 10-12。

表 10-12　rt_thread_kill （） 函数说明

名称	发送信号
函数原型	**int rt_thread_kill** （rt_thread_t tid, **int** sig）
参数 1	tid：接收信号的线程句柄
参数 2	sig：信号值，只可选 SIGUSR1 或 SIGUSR2，需与接收信号线程安装的信号值一致
返回值	成功返回 RT_EOK，错误返回 – RT_EINVAL

10.3.3 信号应用步骤

信号应用包括如下5个步骤：

1) 在 RT-Thread Settings 中使能信号（默认不使能）；

2) 线程 1#安装信号："rt_signal_install（SIGUSR1，tid1_signal_handler）;"；

3) 线程 1#解除信号阻塞："rt_signal_unmask（SIGUSR1）;"；

4) 编写信号处理函数："void tid1_signal_handler（int sig）;"；

5) 线程 2#发送信号："rt_thread_kill（tid1，SIGUSR1）;"。

信号的具体步骤及示例程序如下（省略使能信号）：

```
/* 3. 编写信号处理函数 */
void tid1_signal_handler(int sig)
{
    /* 信号处理 */
    rt_kprintf("tid1 received signal %d\n", sig);
}



void tid1_entry(void * paramenter)
{
    /* 其他操作 */
    /* 1. 安装信号 */
    rt_signal_install(SIGUSR1, tid1_signal_handler);
    /* 2. 解除阻塞 */
    rt_signal_unmask(SIGUSR1);
    /* 其他操作 */
}



void tid2_entry(void * paramenter)
{
    /* 其他操作 */
    /* 4. 发送信号 */
    rt_thread_kill(SIGUSR1);
    /* 其他操作 */
}
int main(void)
{
    rt_thread_t tid1, tid2;
```

```
tid1 = rt_thread_create("tid1", tid1_entry, RT_NULL, 1024, 10, 10);
tid2 = rt_thread_create("tid2", tid2_entry, RT_NULL, 1024, 10, 10);

rt_thread_startup(tid1);
rt_thread_startup(tid2);

return RT_EOK;
}
```

10.4　线程间通信应用实例——多变量通信

实际应用中多变量通信更为常见，如温湿度读取线程要获取温度和湿度信息，并将温度和湿度信息发送至显示线程、上传线程、控制线程等，消息队列是解决多变量通信的一种简单可靠的方法。基于上述分析，本实例实现如下功能：

1）创建线程 t_data_get1 和 t_data_get2 用于获取温湿度信息，温湿度信息可以用随机数模拟；

2）创建线程 t_data_print 用于接收并打印温湿度信息；

3）创建消息队列 q_get_print，线程 t_data_get1 和线程 t_data_get2 发送消息至消息队列，线程 t_data_print 从消息队列中获取消息。

该实例功能相对简单，因此不再绘制线程运行时序图，具体实现过程及程序如下：

```
./applications/main.c

#include <rtthread.h>
#include <stdlib.h>


/* 数据类型结构体 */
struct data_ht {
    int id;
    int humi;
    int temp;
};

/* 2.1 定义消息队列句柄 */
rt_mq_t q_get_print;

/* 1.4 线程 t_data_get1 入口函数 */
void t_data_get1_entry (void *parameter)
{
```

线程间通信应用实例

```
    struct data_ht data; //定义数据
    while (1)
    {
        data. id = 1;
        data. humi = rand () % 100;
        data. temp = rand () % 100; //产生 0 ~ 99 的随机数
        /* 2.3 发送消息 */
        rt_mq_send (q_get_print, &data, sizeof (data));
        rt_thread_mdelay (1000);
    }
}


/* 1.4 线程 t_data_get2 入口函数   */
void t_data_get2_entry (void * parameter)
{
    struct data_ht data; //定义数据
    while (1)
    {
        data. id = 2;
        data. humi = rand () % 100;
        data. temp = rand () % 100; //产生 0 ~ 99 的随机数
        /* 2.3 发送消息 */
        rt_mq_send (q_get_print, &data, sizeof (data));
        rt_thread_mdelay (1000);
    }
}


void t_data_print_entry (void * parameter)
{
    struct data_ht data;
    while (1)
    {
        /* 2.4 接收消息 */
        rt_mq_recv (q_get_print, &data, sizeof (data), RT_WAITING_FOREVER);
        rt_kprintf ("id:%d, humi:%d, temp:%d \ n", data. id, data. humi, data. temp);
    }
}
int main (void)
{
```

```
/ * 1.1 定义线程句柄 */
rt_thread_t t_data_get1, t_data_get2, t_data_print;

/ * 2.2 创建消息队列 */
q_get_print = rt_mq_create ("qgetprint", sizeof (struct data_ht), 10, RT_IPC_FLAG_
FIFO);

/ * 1.2 创建线程 */
t_data_get1 = rt_thread_create ("tdataget1", t_data_get1_entry, RT_NULL, 1024, 10,
10);
t_data_get2 = rt_thread_create ("tdataget2", t_data_get2_entry, RT_NULL, 1024, 10,
10);
t_data_print = rt_thread_create ("tdataprint", t_data_print_entry, RT_NULL, 1024, 11,
10);

/ * 1.3 启动线程 */
rt_thread_startup (t_data_get1);
rt_thread_startup (t_data_get2);
rt_thread_startup (t_data_print);

return RT_EOK;
}
```

注：上述程序中注释"1. x"表示线程应用步骤；"2. x"表示消息队列应用步骤。编译并下载程序，通过终端查看测试结果，如图 10-8 所示。

图 10-8   测试结果

思考与练习

一、填空题

1. RT – Thread 提供了 _____ 、_____ 和 _____ 三种线程间通信方式。

2. 邮箱控制块是操作系统用于管理邮箱的一个数据结构，指向邮箱控制块的指针称为邮箱句柄，用 _____ 表示。

3. 每个消息队列中包含着多个消息框，每个消息框可以存放 _____ 条消息，消息队列中的第一个和最后一个消息框分别称为 _____ 和 _____ 。

4. 消息队列允许发送紧急消息，其管理函数为 _____ 。

5. 应用程序能够使用的信号为 _____ 和 _____ 。

二、选择题

下列邮箱相关操作正确的是（   ）。

A. rt_mb_t   B. rt_mailbox_t

C. rt_mb_receive   D. rt_mailbox_recv

三、判断题

1. 采用邮箱进行线程间通信时，一封邮件只能收发4B的变量。（   ）

2. 只有线程可以将一条或多条不固定长度的消息发送至消息队列中。（   ）

3. 消息队列可以实现任意类型变量的传输。（   ）

4. 信号采用处理方式二时对系统或线程没有任何影响。（   ）

四、简答题

1. 简要分析邮箱的工作机制，并说明信号量的应用步骤。

2. 简要分析消息队列的工作机制，并说明互斥量的应用步骤。

3. 简要分析信号的工作机制，并说明事件集的应用步骤。

五、编程题

1. 采用邮箱的方式实现 10.4 线程间通信应用实例功能。

2. 完善应用实例，设定温湿度阈值，当其超标时通过信号触发报警，报警方式自由选择。

第 11 章

RT – Thread 设备驱动

本章思维导图

RT – Thread 的设备包括 PIN 设备、UART 设备、TIM 设备、ADC 设备、DAC 设备、I2C 设备等，这些设备统称为 IO 设备。RT – Thread 提供了一套简单的 IO 设备模型框架方便了 IO 设备的统一管理，极大地降低了开发难度。本章以 PIN 设备、UART 设备、TIM 设备和 ADC 设备为例讲解设备驱动的应用。首先，介绍 IO 设备模型及模型框架。然后，介绍常用设备驱动的管理方式，并通过对应实例讲解其应用步骤。最后，通过远程监控系统应用实例讲解各设备的综合应用。RT – Thread 设备驱动思维导图如图 11-1 所示，其中加 ☉ 的为需要理解的内容，加 ☉ 的为需要掌握的内容，加 ☐ 的为需要实践的内容。

1. 理解 IO 设备模型、IO 设备模型框架及 IO 设备访问。

2. 掌握 PIN 设备、UART 设备、TIM 设备及 ADC 设备的管理方式。

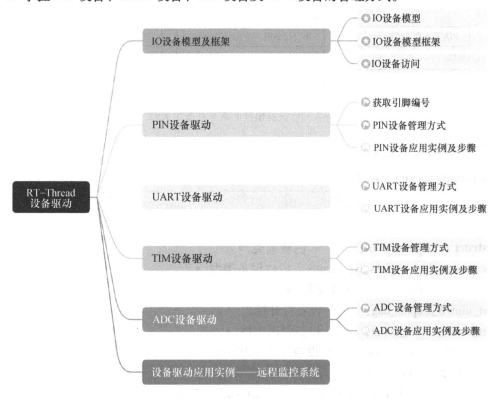

图 11-1　RT – Thread 设备驱动思维导图

3. 独立完成 PIN 设备、UART 设备、TIM 设备、ADC 设备及远程监控系统应用实例，其中各设备所用时间不超过 20min，远程监控系统应用实例所用时间不超过 90min。

建议读者在完成本章学习后及时更新完善思维导图，以巩固、归纳、总结本章内容。

11.1　IO 设备模型及框架

11.1.1　IO 设备模型

IO 设备模型

IO 设备模型是建立在内核对象模型基础之上的一类对象，被纳入对象管理器的范畴。IO 设备模型的继承和派生关系如图 11-2 所示，设备基类继承了内核基类，并派生出 PIN 设备、串口设备、ADC 设备等，每个具体设备都继承了父类的属性，并派生出私有属性。

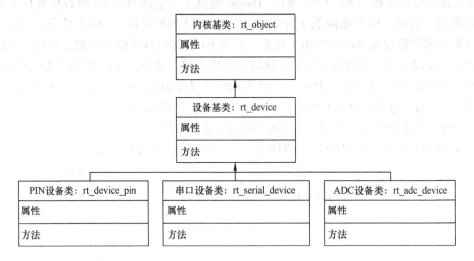

图 11-2　IO 设备模型的继承和派生关系

设备基类的具体定义如下：

```
./rt-thread/include/rtdef.h

struct rt_device
{
    struct rt_object parent;        /* 内核基类 */
    enum rt_device_class_type type;   /* 设备类型 */
    rt_uint16_t flag;        /* 设备参数 */
    rt_uint16_t open_flag;     /* 设备打开标志 */
    rt_uint8_t  ref_count;     /* 设备引用次数 */
    rt_uint8_t  device_id;     /* 设备 ID 0~255 */
    /* 设备回调函数 */
    rt_err_t ( *rx_indicate)(rt_device_t dev, rt_size_t size);
```

```
    rt_err_t ( * tx_complete ) ( rt_device_t dev, void * buffer ) ;
    const struct rt_device_ops * ops ;    /* 设备操作方法 */
    /* 通用设备接口 */
    rt_err_t ( * init ) ( rt_device_t dev ) ;
    rt_err_t ( * open ) ( rt_device_t dev, rt_uint16_t oflag ) ;
    rt_err_t ( * close ) ( rt_device_t dev ) ;
    rt_size_t ( * read ) ( rt_device_t dev, rt_off_t pos, void * buffer, rt_size_t size ) ;
    rt_size_t ( * write ) ( rt_device_t dev, rt_off_t pos, const void * buffer, rt_size_t size ) ;
    rt_err_t ( * control ) ( rt_device_t dev, int cmd, void * args ) ;
    void * user_data;    /* 用户私有数据 */
};
```

11.1.2　IO 设备模型框架

　　IO 设备模型框架位于硬件和应用程序之间，如图 11-3 所示。从横向看，IO 设备模型框

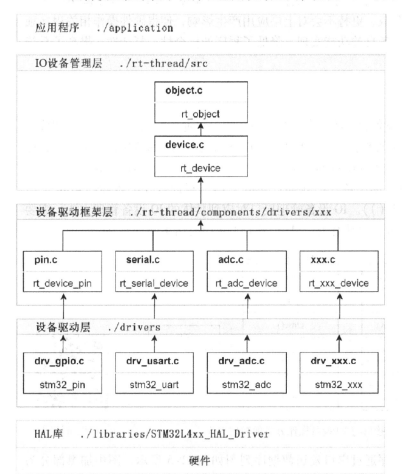

IO 设备模型框架

图 11-3　IO 设备模型框架

架从下往上共分为设备驱动层、设备驱动框架层和 IO 设备管理层三层。应用程序通过 IO 设备管理层的接口函数获得正确的设备驱动，然后通过该设备驱动与底层硬件进行交互。从纵向看，IO 设备模型框架体现了各类派生继承关系，图中展示了各类管理接口所在文件及该文件所在目录，如设备基类 rt_device 的管理接口在 ./rt-thread/src 目录下的 device.c 文件中，其中 "./" 表示当前工程。

1. 设备驱动层

设备驱动层是一组驱使硬件设备工作的程序，其作用是创建 IO 设备并将其注册到设备驱动框架层或 IO 设备管理层（简单设备），设备驱动层实现了硬件设备功能的首次抽象。

2. 设备驱动框架层

设备驱动框架层是对同类硬件设备驱动的再次抽象，提取了不同厂家同类硬件设备驱动中的相同部分，不同部分留出接口，由设备驱动层实现。设备驱动框架层的源码位于 rt-thread/components/drivers 目录中，图中只列出了 PIN 设备、串口设备和 ADC 设备，其他省略的设备用 "xxx" 表示。

3. IO 设备管理层

IO 设备管理层对设备驱动程序进行第三次抽象，提供标准接口供应用程序调用以访问底层设备。设备驱动程序的升级、更替不会对上层应用产生影响，使得硬件操作相关程序独立于应用程序，双方只需关注各自的功能实现，降低了程序的耦合性、复杂性，提高了系统的可靠性。

11.1.3　IO 设备访问

经过 IO 设备模型框架对设备驱动的三次封装，应用程序可通过标准的 IO 设备管理接口实现硬件设备的访问。IO 设备管理接口与 IO 设备操作方法的映射关系如图 11-4 所示，标准 IO 设备管理接口有初始化设备（rt_device_init()）、打开设备（rt_device_open()）、关闭设备（rt_device_close()）、读设备（rt_device_read()）、写设备（rt_device_write()）和控制设备（rt_device_control()）。IO 设备管理接口对应到具体的 IO 设备管理方法，需要注意的是 IO 设备管理方法与设备驱动有关，可能与图 11-4 中有所不同。

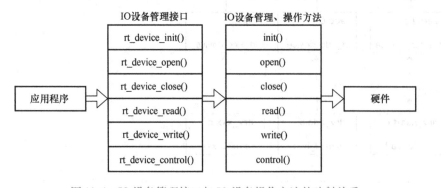

图 11-4　IO 设备管理接口与 IO 设备操作方法的映射关系　　　　　　IO 设备访问

以串口设备为例，应用程序通过串口发送数据序列图如图 11-5 所示，图中加黑部分为具体函数，未加黑部分为函数所在文件及目录。发送数据具体流程如下。

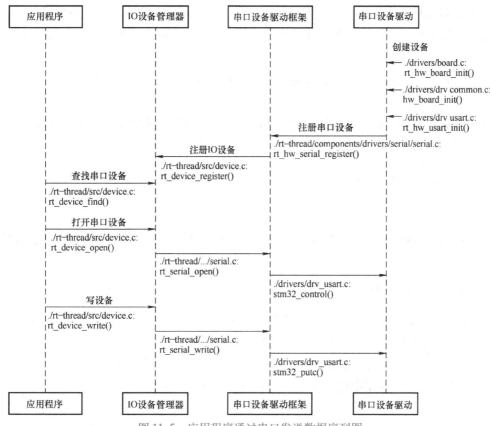

图 11-5　应用程序通过串口发送数据序列图

1）系统启动时创建串口设备，并进行初始化，然后调用函数 rt_hw_serial_register（）将串口设备注册到串口设备驱动框架，进而调用函数 rt_device_register（）将设备注册到 IO 设备管理器。

2）应用程序调用函数 rt_device_find（）查找注册到 IO 设备管理器的串口设备。

3）应用程序调用函数 rt_device_open（）可打开串口设备以便后续发送数据。具体过程为函数 rt_device_open（）调用函数 rt_serial_open（），进而调用函数 stm32_control（）以一定的方式打开串口设备。

4）应用程序调用函数 rt_device_write（）完成数据发送，具体过程为 rt_device_write（）调用函数 rt_serial_write（），函数 rt_serial_write（）根据打开方式，选择中断发送或轮询发送，并根据发送数据大小循环调用函数 stm32_putc（），最终将要发送的数据通过串口发出。

11.2　PIN 设备驱动

11.2.1　获取引脚编号

PIN 设备即 GPIO，为了方便管理 PIN 设备，RT – Thread 在 PIN 设备驱动（drv_gpio.c）中定义了引脚索引，又称为引脚编号。如 STM32L4 系列芯片最多有 80 个引脚可以用作

获取引脚编号

GPIO，则引脚编号范围为 0~79，与 GPIO 一一对应，0 对应 PA0，1 对应 PA1，2 对应 PA2，……根据芯片不同，具体值需查看 drv_gpio. c 中的引脚索引定义"static const struct pin_index pins [ ]"。

在使用 PIN 设备时首先要获取引脚编号，获取引脚编号的方法有 3 种。

1. 使用 API

可使用函数 rt_pin_get ( ) 获取引脚编号，如获取 PA0 引脚编号，示例程序如下：

```
rt_base_t pin_num;
pin_num = rt_pin_get("PA.0");
```

2. 使用宏

使用 drv_common. h 中的宏 GET_PIN ( ) 也可以获取引脚编号，如获取 PA0 引脚编号，示例程序如下：

```
#define PIN_NUM GET_PIN(A,0)
```

注意：使用宏获取引脚编号时，需要直接或间接包含头文件 drv_common. h。在 RT-ThreadStudio 通过芯片创建的工程中，一般 board. h 中包含了 drv_common. h。因此，在应用程序中只需包含 board. h 即可使用 GET_PIN ( )。有些情况下，board. h 中没有包含 drv_common. h，此时须在应用程序中包含 drv_common. h 才可使用 GET_PIN ( )。

3. 查看驱动文件

最后，可以通过查看 drv_gpio. c 中的引脚索引定义获取引脚编号，引脚索引定义如下所示。限于篇幅，这里只显示了 PA0~PA4 的引脚编号，分别为 0~4。

```
static const struct pin_index pins[ ] =
{
#if defined(GPIOA)
    __STM32_PIN(0,   A,0),
    __STM32_PIN(1,   A,1),
    __STM32_PIN(2,   A,2),
    __STM32_PIN(3,   A,3),
    __STM32_PIN(4,   A,4),
    ……
}
```

11.2.2　PIN 设备管理方式

PIN 设备管理方式

获取引脚编号后，可采用 RT – Thread 提供的 PIN 设备管理接口实现 GPIO 的访问控制。PIN 设备管理接口见表 11-1。

表 11-1　PIN 设备管理接口

序号	函数名	功　　能
1	rt_pin_mode	设置引脚工作模式
2	rt_pin_write	设置引脚输出电平
3	rt_pin_read	读取引脚电平
4	rt_pin_attach_irq	绑定引脚中断回调函数
5	rt_pin_irq_enable	使能引脚中断
6	rt_pin_detach_irq	脱离引脚中断回调函数

1. 设置引脚工作模式

在使用 PIN 设备时，首先要调用 rt_pin_mode（）设置引脚工作模式，rt_pin_mode（）函数说明见表 11-2。

表 11-2　rt_pin_mode（）函数说明

名称	设置引脚工作模式
函数原型	**void rt_pin_mode**（rt_base_t pin，rt_base_t mode）
参数 1	pin：引脚编号
参数 2	mode：工作模式
返回值	无

工作模式可取如下宏定义中的一种。

```
#define PIN_MODE_OUTPUT          0x00       //推挽输出
#define PIN_MODE_INPUT           0x01       //浮空输入
#define PIN_MODE_INPUT_PULLUP    0x02       //上拉输入
#define PIN_MODE_INPUT_PULLDOWN  0x03       //下拉输入
#define PIN_MODE_OUTPUT_OD       0x04       //开漏输出
```

2. 设置引脚输出电平

设置引脚为输出模式时，可调用 rt_pin_write（）设置引脚输出电平，rt_pin_write（）函数说明见表 11-3。

表 11-3　rt_pin_write（）函数说明

名称	设置引脚输出电平
函数原型	**void rt_pin_write**（rt_base_t pin，rt_base_t value）
参数 1	pin：引脚编号
参数 2	value：电平逻辑值，0（PIN_LOW）低电平，1（PIN_HIGH）高电平
返回值	无

3. 读取引脚电平

无论设置引脚为输出模式还是输入模式，都可调用 rt_pin_read（）读取引脚当前电平，rt_pin_read（）函数说明见表 11-4。

表 11-4 rt_pin_read（）函数说明

名称	读取引脚电平
函数原型	**int rt_pin_read**（rt_base_t pin）
参数	pin：引脚编号
返回值	电平逻辑值，0（PIN_LOW）低电平，1（PIN_HIGH）高电平

4. 绑定引脚中断回调函数

如果设置引脚为外部中断模式，则应先设置引脚为输入模式，然后调用函数 rt_pin_attach_irq（）绑定引脚中断回调函数，该回调函数为中断服务函数。rt_pin_attach_irq（）函数说明见表 11-5。

表 11-5 rt_pin_attach_irq（）函数说明

名称	绑定引脚中断回调函数
函数原型	rt_err_t **rt_pin_attach_irq**（rt_int32_t pin, rt_uint32_t mode, **void**（∗ hdr）（**void** ∗ args），**void** ∗ args）
参数 1	pin：引脚编号
参数 2	mode：中断触发方式
参数 3	hdr：中断回调函数
参数 4	args：中断回调函数参数
返回值	错误标志：成功返回 RT_EOK，失败返回 RT_ENOSYS

中断触发方式可取如下宏定义中的一种：

#define PIN_IRQ_MODE_RISING	0x00	//上升沿触发
#define PIN_IRQ_MODE_FALLING	0x01	//下降沿触发
#define PIN_IRQ_MODE_RISING_FALLING	0x02	//双边沿触发
#define PIN_IRQ_MODE_HIGH_LEVEL	0x03	//高电平触发（STM32 不可用）
#define PIN_IRQ_MODE_LOW_LEVEL	0x04	//低电平触发（STM32 不可用）

中断回调函数编写示例如下，无返回值，函数名根据需求命名，可传入参数。

```
void irq_pin( void ∗ args)
{

    /* 执行具体服务 */

}
```

5. 使能引脚中断

绑定中断回调函数后，还需调用函数 rt_pin_irq_enable（）使能引脚中断，才能根据具体设置触发中断。rt_pin_irq_enable（）函数说明见表 11-6。

表 11-6   rt_pin_irq_enable ( ) 函数说明

名称	使能引脚中断
函数原型	rt_err_t **rt_pin_irq_enable** (rt_base_t pin, rt_uint32_t enabled)
参数 1	pin：引脚编号
参数 2	enabled：PIN_IRQ_ENABLE（开启中断），PIN_IRQ_DISABLE（关闭中断）
返回值	错误标志：成功返回 RT_EOK，失败返回 RT_ENOSYS

6. 脱离引脚中断回调函数

调用函数 rt_pin_detach_irq ( ) 可脱离引脚中断函数。引脚脱离中断回调函数以后，中断并没有关闭，还可以调用绑定中断回调函数再次绑定其他回调函数。rt_pin_detach_irq ( ) 函数说明见表 11-7。

表 11-7   rt_pin_detach_irq ( ) 函数说明

名称	脱离引脚中断回调函数
函数原型	rt_err_t **rt_pin_detach_irq** (rt_int32_t pin)
参数	pin：引脚编号
返回值	错误标志：成功返回 RT_EOK，失败返回 RT_ENOSYS

11.2.3　PIN 设备应用实例及步骤

PIN 设备是 RT – Thread 操作系统中最简单的设备，其应用包括输出、输入和外部中断，下面以按键控制 LED 为例说明其应用步骤，要求按键 K1 通过中断方式改变 LED1 状态，每按一次 K1，LED1 状态发生一次改变。

本例为 PIN 设备的应用，PIN 设备在使用时有固定的步骤，包括获取引脚编号、设置引脚模式、读写引脚、绑定中断回调函数、使能引脚中断和编写中断回调函数等步骤，具体实现步骤及示例程序如下所示：

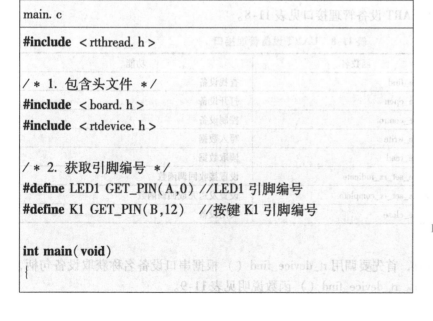

```
main. c

#include  < rtthread. h >


/ *  1. 包含头文件 * /
#include  < board. h >
#include  < rtdevice. h >


/ *  2. 获取引脚编号 * /
#define  LED1 GET_PIN( A,0) //LED1 引脚编号
#define  K1 GET_PIN( B,12)   //按键 K1 引脚编号


int main( void )
{
```

PIN 设备应用实例及步骤

```
/* 3. 设置引脚模式 */
rt_pin_mode(LED1,PIN_MODE_OUTPUT);//LED1 推挽输出
rt_pin_mode(K1,PIN_MODE_INPUT_PULLDOWN)//K1 下拉输入


/* 4. 绑定 K1 中断回调函数,上升沿触发中断 */
rt_pin_attach_irq(K1,PIN_IRQ_MODE_RISING,irq_k1,RT_NULL);


/* 5. 使能引脚中断 */
rt_pin_irq_enable(K1,PIN_IRQ_ENABLE);


return RT_EOK;
}

/* 6. 编写中断回调函数 */
void irq_k1(void * args)
{
    /* 改变 LED1 状态 */
    rt_pin_write(LED1,1 - rt_pin_read(LED1));
}
```

11.3   UART 设备驱动

11.3.1   UART 设备管理方式

RT – Thread 提供的 UART 设备管理接口见表 11-8。

表 11-8   UART 设备管理接口

序号	函数名	功能
1	rt_device_find	查找设备
2	rt_device_open	打开设备
3	rt_device_control	控制设备
4	rt_device_write	写入数据
5	rt_device_read	读取数据
6	rt_device_set_rx_indicate	设置接收回调函数
7	rt_device_set_tx_complete	设置发送完成回调函数
8	rt_device_close	关闭设备

1. 查找设备

在使用 UART 设备时,首先要调用 rt_device_find () 根据串口设备名称获取设备句柄,然后才可以操作串口设备。rt_device_find () 函数说明见表 11-9。

表 11-9 rt_device_find () 函数说明

名称	查找设备
函数原型	rt_device_t **rt_device_find**（const char * name)
参数	name：设备名称
返回值	查找到将返回对应设备句柄，否则返回 RT_NULL

2. 打开设备

获取设备句柄后，可调用 rt_device_open () 打开设备，rt_device_open () 函数说明见表 11-10。

表 11-10 rt_device_open () 函数说明

名称	打开设备
函数原型	rt_err_t **rt_device_open**（rt_device_t dev, rt_uint16_t oflag)
参数 1	dev：设备句柄
参数 2	oflag：设备模式标志
返回值	成功返回 RT_EOK，重复打开返回 – RT_EBUSY，打开失败返回其他错误代码

oflag 可取如下宏定义中的一种，也可采用或的方式取多值。

```
#define RT_DEVICE_FLAG_STREAM      0x040      /* 流模式 */
#define RT_DEVICE_FLAG_INT_RX      0x100      /* 中断接收模式 */
#define RT_DEVICE_FLAG_DMA_RX      0x200      /* DMA 接收模式 */
#define RT_DEVICE_FLAG_INT_TX      0x400      /* 中断发送模式 */
#define RT_DEVICE_FLAG_DMA_TX      0x800      /* DMA 发送模式 */
```

串口接收和发送数据的模式分为中断模式、轮询模式和 DMA 模式，应用时只能三选一，若串口的打开参数 oflag 没有指定使用中断模式或 DMA 模式，则默认使用轮询模式。

直接存储器访问（Direct Memory Access，DMA）传输利用 DMA 通道直接实现 RAM 与 IO 的数据传输，不占用 CPU 资源。使用 DMA 传输可以连续获取或发送一段信息而不占用中断或延时，常用于通信频繁或大量信息传输。

流模式用于向串口终端输出字符串，当输出的字符是" \ n"（0x0A）时，自动在前面输出一个" \ r"（0x0D）作分行。

3. 控制设备

调用 rt_device_control () 可配置串口波特率、数据位、校验位、停止位，接收缓冲区大小等参数。rt_device_control () 函数说明见表 11-11。

表 11-11 rt_device_control () 函数说明

名称	控制设备
函数原型	rt_err_t **rt_device_control**（rt_device_t dev, **int** cmd, **void** * arg)
参数 1	dev：设备句柄
参数 2	cmd：命令控制字，可取 RT_DEVICE_CTRL_CONFIG
参数 3	arg：控制参数，可取 struct serial_configure
返回值	成功返回 RT_EOK，失败返回 – RT_ENOSYS

参数结构体 struct serial_configure 原型如下：

```
struct serial_configure
{
    rt_uint32_t baud_rate;                          /* 波特率 */
    rt_uint32_t data_bits:4;                        /* 数据位 */
    rt_uint32_t stop_bits:2;                        /* 停止位 */
    rt_uint32_t parity:2;                           /* 校验位 */
    rt_uint32_t bit_order:1;                        /* 高位在前或低位在前 */
    rt_uint32_t invert:1;                           /* 模式 */
    rt_uint32_t bufsz:16;                           /* 接收数据缓冲区大小 */
    rt_uint32_t reserved:6;                         /* 保留位 */
};
```

RT-Thread 提供的默认串口配置如下：

```
#define RT_SERIAL_CONFIG_DEFAULT
{
    BAUD_RATE_115200,              /* 波特率 115200bit/s */
    DATA_BITS_8,                   /* 8 数据位 */
    STOP_BITS_1,                   /* 1 停止位 */
    PARITY_NONE,                   /* 无奇偶校验 */
    BIT_ORDER_LSB,                 /* 低位在前 */
    NRZ_NORMAL,                    /* 正常模式 */
    RT_SERIAL_RB_BUFSZ,            /* 64B */
    0
}
```

默认串口配置接收数据缓冲区大小为 RT_SERIAL_RB_BUFSZ，即 64B。若一次性接收数据字节数很多，而没有及时读取数据，则缓冲区的数据将被新数据覆盖，造成数据丢失。建议根据实际情况，在打开设备之前，调用 rt_device_control() 调大缓冲区。

若实际使用串口的配置参数与默认配置参数不符，则用户可以通过应用程序进行修改。

4. 写入数据

调用函数 rt_device_write() 可向串口中写入数据，rt_device_write() 函数说明见表 11-12。

表 11-12　rt_device_write() 函数说明

名称	写入数据
函数原型	rt_size_t **rt_device_write**(rt_device_t dev, rt_off_t pos, **const void** * buffer, rt_size_t size)
参数 1	dev：设备句柄
参数 2	pos：写入数据偏移量，此参数串口设备未使用
参数 3	buffer：内存缓冲区指针，读取的数据将会被保存在缓冲区中
参数 4	size：读取数据的大小
返回值	成功返回写入数据的实际大小，失败返回 0

5. 读取数据

调用函数 rt_device_read（）可读取串口接收到的数据，rt_device_read（）函数说明见表 11-13。

表 11-13 rt_device_read（）函数说明

名称	读取数据
函数原型	rt_size_t **rt_device_read**（rt_device_t dev，rt_off_t pos，**void** * buffer，rt_size_t size）
参数 1	dev：设备句柄
参数 2	pos：写入数据偏移量，此参数串口设备未使用
参数 3	buffer：内存缓冲区指针，放置要写入的数据
参数 4	size：写入数据的大小
返回值	错误标志：成功返回 RT_EOK，失败返回 RT_ENOSYS

6. 设置接收回调函数

调用函数 rt_device_set_rx_indicate（）可设置数据接收指示函数，当串口收到数据时，通知上层应用线程有数据到达。rt_device_set_rx_indicate（）函数说明见表 11-14。

表 11-14 rt_device_set_rx_indicate（）函数说明

名称	设置接收回调函数
函数原型	rt_err_t **rt_device_set_rx_indicate**（rt_device_t dev，rt_err_t（ * rx_ind）（rt_device_t dev，rt_size_t size））
参数 1	dev：设备句柄
参数 2	rx_ind：回调函数指针
函数参数 1	dev：设备句柄
函数参数 2	size：缓冲区数据大小
返回值	错误标志：成功返回 RT_EOK

该函数的回调函数由调用者提供，当串口以中断接收模式打开，串口接收到一个数据产生中断时，就会调用回调函数，并把此时缓冲区的数据大小放在 size 参数里，把串口设备句柄放在 dev 参数里供调用者获取。当串口以 DMA 接收模式打开，DMA 完成一批数据的接收后，会调用此回调函数。通常接收回调函数可发送一个信号量或者事件通知串口数据处理线程有数据到达。

7. 设置发送完成回调函数

调用函数 rt_device_set_tx_compelete（）可设置数据发送指示函数。当串口数据发送完成时，通知上层应用线程数据发送完成。rt_device_set_tx_compelete（）函数说明见表 11-15。

表 11-15 rt_device_set_tx_compelete（）函数说明

名称	设置发送完成回调函数
函数原型	rt_err_t **rt_device_set_tx_complete**（rt_device_t dev，rt_err_t（ * tx_done）（rt_device_t dev，**void** * buffer））
参数 1	dev：设备句柄
参数 2	tx_done：回调函数指针
函数参数 1	dev：设备句柄
函数参数 2	buffer：发送数据缓冲
返回值	错误标志：成功返回 RT_EOK

该函数的回调函数由调用者提供，当硬件设备发送完数据时，由设备驱动程序回调该函数并把发送完成的数据块地址 buffer 作为参数传递给上层应用。上层应用（线程）在收到指示时会根据发送 buffer 的情况，释放 buffer 内存块或将其作为下一个写数据的缓存。

8. 关闭设备

调用函数 rt_device_close（）可关闭设备，rt_device_close（）函数说明见表11-16。

表 11-16　rt_device_close（）函数说明

名称	关闭设备
函数原型	rt_err_t **rt_device_close**（rt_device_t dev）
参数	dev：设备句柄
返回值	错误标志：成功返回 RT_EOK，重复关闭返回 –RT_ERROR

关闭设备和打开设备应配对使用，打开一次设备要对应关闭一次设备，这样设备才会被完全关闭，否则设备仍处于未关闭状态。

11.3.2　UART 设备应用实例及步骤

UART 设备应用有固定的步骤，包括查找设备句柄、打开设备、写数据、读数据等。以串口 2 轮询发送 DMA 接收为例，该例将接收到的数据原封不动地发送出去，具体实现步骤及示例代码如下所示。

首先，在 "RT – Thread Settings" 中单击勾选 "使能串口 DMA 模式" 选项，如图 11-6 所示。

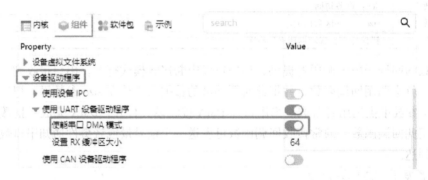

图 11-6　使能串口 DMA 模式

然后，在 board.h 中串口部分添加代码如下：

./drivers/board.h
#define BSP_USING_UART3
#define BSP_UART3_TX_PIN　　　　"PA2"
#define BSP_UART3_RX_PIN　　　　"PA3"
#define BSP_UART3_RX_USING_DMA

最后，编程实现串口发送和 DMA 接收功能，具体步骤和程序源码如下：

```
. / application / main. c
```

```
#include  < rtthread. h >
#include  < rtdevice. h >

/ *  5. 串口接收回调函数  * /
rt_err_t  uart_recv_callback ( rt_device_t dev , rt_size_t size )
{
    char  msg [ 10 ] ;
    / *  6. 从串口设备读取数据  * /
    rt_device_read ( dev , 0 , &msg , size ) ;

    / *  7. 往串口设备写数据  * /
    rt_device_write ( dev , 0 , &mag , size ) ;

    return  RT_EOK ;
}

int main ( void )
{
    / *  1. 定义串口设备句柄  * /
    rt_device_t uart2 ;

    / *  2. 查找串口设备  * /
    uart3 = rt_device_find ( "uart2" ) ;

    / *  3. 打开串口设备, 轮询发送, DMA 接收  * /
    rt_device_open ( uart2 , RT_DEVICE_FLAG_DMA_RX ) ;

    / *  4. 设置接收回调函数  * /
    rt_device_set_rx_indicate ( uart2 , uart_recv_callback ) ;

    return  RT_EOK ;
}
```

11.4 TIM 设备驱动

11.4.1 TIM 设备管理方式

RT – Thread 提供的 TIM 设备管理接口见表 11-17。

表 11-17　TIM 设备管理接口

序号	函数名	功能
1	rt_device_find	查找设备
2	rt_device_open	打开设备
3	rt_device_control	控制设备
4	rt_device_write	写入数据
5	rt_device_read	读取数据
6	rt_device_set_rx_indicate	设置回调函数
7	rt_device_close	关闭设备

1. 查找设备

在使用 TIM 设备时，首先要调用 rt_device_find（）根据 TIM 设备名称获取设备句柄，然后才可以操作 TIM 设备。rt_device_find（）函数说明见表 11-18。

表 11-18　rt_device_find（）函数说明

名称	查找设备
函数原型	rt_device_t **rt_device_find**（**const char** ＊ name）
参数	name：设备名称
返回值	查找到将返回对应设备句柄，否则返回 RT_NULL

2. 打开设备

获取设备句柄后，可调用 rt_device_open（）打开设备，rt_device_open（）函数说明见表 11-19。

表 11-19　rt_device_open（）函数说明

名称	打开设备
函数原型	rt_err_t **rt_device_open**（rt_device_t dev, rt_uint16_t oflag）
参数 1	dev：设备句柄
参数 2	oflag：设备模式标志，一般以读写方式打开 RT_DEVICE_OFLAG_RDWR
返回值	成功返回 RT_EOK，重复打开返回 - RT_EBUSY，打开失败返回其他错误代码

3. 控制设备

调用 rt_device_control（）可配置定时器计数频率、停止定时器、获取定时器特征、设置定时器模式等。rt_device_control（）函数说明见表 11-20。

表 11-20　rt_device_control（）函数说明

名称	控制设备
函数原型	rt_err_t **rt_device_control**（rt_device_t dev, **int** cmd, **void** ＊ arg）
参数 1	dev：设备句柄
参数 2	cmd：命令控制字，可取 RT_DEVICE_CTRL_CONFIG
参数 3	arg：控制参数，可取 struct serial_configure
返回值	成功返回 RT_EOK，失败返回 - RT_ENOSYS

定时器支持的命令控制字由 rt_hwtimer_ctrl_t 定义，具体如下：

```
typedef enum
{
    HWTIMER_CTRL_FREQ_SET = 0x01,      /* 设置计数频率 */
    HWTIMER_CTRL_STOP,                 /* 停止定时器 */
    HWTIMER_CTRL_INFO_GET,             /* 获取定时器特征 */
    HWTIMER_CTRL_MODE_SET              /* 设置定时器模式 */
} rt_hwtimer_ctrl_t;
```

在定时器硬件及驱动支持设置计数频率的情况下设置计数频率才有效，一般使用驱动设置的默认计数频率，即 1μs。

设置定时器模式时，参数 arg 可取值：HWTIMER_MODE_ONESHOT（单次定时）或 HWTIMER_MODE_PERIOD（周期定时）。

4. 写入数据

调用函数 rt_device_write（）可以设置定时器超时值并启动定时器，rt_device_write（）函数说明见表 11-21。

表 11-21　rt_device_write（）函数说明

名称	写入数据
函数原型	rt_size_t **rt_device_write**（rt_device_t dev，rt_off_t pos，**const void** * buffer，rt_size_t size）
参数 1	dev：设备句柄
参数 2	pos：写入数据偏移量，未使用，可取 0
参数 3	buffer：指向定时器超时时间结构体的指针
参数 4	size：超时时间结构体的大小
返回值	成功返回写入数据的实际大小，失败返回 0

超时时间结构体原型如下：

```
typedef struct rt_hwtimerval
{
    rt_int32_t sec;      /* 秒 */
    rt_int32_t usec;     /* 微妙 */
} rt_hwtimerval_t;
```

5. 读取数据

调用函数 rt_device_read（）可读取定时器当前值，rt_device_read（）函数说明见表 11-22。

表 11-22　rt_device_read（）函数说明

名称	读取数据
函数原型	rt_size_t **rt_device_read**(rt_device_t dev, rt_off_t pos, **void** * buffer, rt_size_t size)
参数 1	dev：设备句柄
参数 2	pos：读取数据偏移量，未使用，可取 0
参数 3	buffer：指向定时器超时时间结构体的指针
参数 4	size：超时时间结构体的大小
返回值	错误标志：成功返回超时时间结构体的大小，失败返回 0

6. 设置回调函数

调用函数 rt_device_set_rx_indicate（）可设置定时器超时回调函数，当定时器超时时会调用该函数。rt_device_set_rx_indicate（）函数说明见表 11-23。

表 11-23　rt_device_set_rx_indicate（）函数说明

名称	设置回调函数
函数原型	rt_err_t **rt_device_set_rx_indicate**(rt_device_t dev, rt_err_t (* rx_ind)(rt_device_t dev, rt_size_t size))
参数 1	dev：设备句柄
参数 2	rx_ind：回调函数指针
函数参数 1	dev：设备句柄，可不传参数
函数参数 2	size：缓冲区数据大小，可不传参数
返回值	错误标志：成功 RT_EOK

7. 关闭设备

调用函数 rt_device_close（）可关闭定时器，rt_device_close（）函数说明见表 11-24。

表 11-24　rt_device_close（）函数说明

名称	关闭设备
函数原型	rt_err_t **rt_device_close**(rt_device_t dev)
参数	dev：设备句柄
返回值	错误标志：成功返回 RT_EOK，重复关闭返回 -RT_ERROR

关闭设备和打开设备应配对使用，打开一次设备要对应关闭一次设备，这样设备才会被完全关闭，否则设备仍处于未关闭状态。

11.4.2　TIM 设备应用实例及步骤

TIM 设备应用主要包括驱动配置和应用程序编程两大步骤，下面以 TIM2 定时 1s 为例说明其应用步骤。

1. 驱动配置

因为 RT-Thread Studio 创建工程时默认不使能 TIM 驱动，所以在使用 TIM 时应先配置驱动。具体步骤如下：

1）RT – Thread Settings 使能 TIM 驱动，在 "RT – Thread Settings" 中单击勾选 "使用 HWTIMER 设备驱动程序" 选项，如图 11-7 所示。

图 11-7　RT – Thread Settings 使能 TIM 驱动

2）board. h 宏定义 BSP_USING_TIM，修改 board. h 中 TIM 配置部分，如图 11-8 所示。

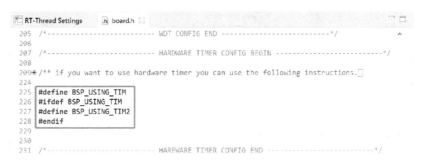

图 11-8　board. h 宏定义 BSP_USING_TIM

3）CubeMX Settings 配置 TIM2，仅在 CubeMX Settings 中配置 TIM2 时钟源为内部时钟，无须设置具体参数（后续由定时器驱动配置），如图 11-9 所示。

4）驱动修改，上述配置完成后，编译工程会报错，报错信息如图 11-10 所示，根据报错信息进行驱动修改。

报错 1：TIM2_CONFIG 未定义。

报错原因：TIMx_CONFIG 是在 . /drivers/include/fonfig/tim_config. h 中定义的，系统默认只定义了 TIM15_CONFIG、TIM16_CONFIG、TIM17_CONFIG，没有定义 TIM2_CONFIG。

解决方法：在 tim_config. h 中添加 TIM2_CONFIG 定义，可参考 TIM15_CONFIG。TIM2_CONFIG 定义如图 11-11 所示。

报错 2：timer_init（）函数中 TIM17 未定义。

报错原因：STM32L431 系列微控制器没有 TIM17，stm32l431xx. h 中也没有定义 TIM17，但在 . /drivers/drv_hwtimer. c 中使用了 TIM17。

图 11-9　CubeMX Settings 配置 TIM2

```
00:08:39 **** Incremental Build of configuration Debug for project testtim ****
make -j16 all
arm-none-eabi-gcc "../drivers/drv_hwtimer.c"
../drivers/drv_hwtimer.c:93:5: error: 'TIM2_CONFIG' undeclared here (not in a function)
    TIM2_CONFIG,
    ^

../drivers/drv_hwtimer.c: In function 'timer_init':
../drivers/drv_hwtimer.c:173:82: error: 'TIM17' undeclared (first use in this function)
    if (tim->Instance == TIM15 || tim->Instance == TIM16 || tim->Instance == TIM17)
                                                                              ^
../drivers/drv_hwtimer.c:173:82: note: each undeclared identifier is reported only once for
../drivers/drv_hwtimer.c:173:79: warning: comparison of distinct pointer types lacks a cast
    if (tim->Instance == TIM15 || tim->Instance == TIM16 || tim->Instance == TIM17)
                                                                            ^

../drivers/drv_hwtimer.c: In function 'timer_ctrl':
../drivers/drv_hwtimer.c:296:82: error: 'TIM17' undeclared (first use in this function)
    if (tim->Instance == TIM15 || tim->Instance == TIM16 || tim->Instance == TIM17)
                                                                              ^
../drivers/drv_hwtimer.c:296:79: warning: comparison of distinct pointer types lacks a cast
    if (tim->Instance == TIM15 || tim->Instance == TIM16 || tim->Instance == TIM17)
                                                                            ^

make: *** [drivers/subdir.mk:69: drivers/drv_hwtimer.o] Error 1
"make -j16 all" terminated with exit code 2. Build might be incomplete.

00:08:40 Build Failed. 4 errors, 2 warnings. (took 793ms)
```

图 11-10　报错信息

图 11-11　TIM2_CONFIG 定义

解决方法：修改 drv_hwtimer. c 中 timer_init （）函数，根据参考手册（RM0394 Reference manual）中时钟树图，TIM2、TIM3、TIM6 和 TIM7 挂在 APB1 总线上，TIM1、TIM15 和 TIM16 挂在 APB2 总线上，因此可将 TIM17 改为 TIM1。此外，CubeMX 配置时钟时，APB1 总线时钟未分频，因此，预分频器值无须倍频（ *2），timer_init （）函数修改部分如图 11-12 所示。

图 11-12　timer_init （）函数修改部分

报错 3：timer_ctrl （）函数中 TIM17 未定义。

报错原因：同报错 2。

解决方法：修改 timer_ctrl （）函数，timer_ctrl （）函数修改部分如图 11-13 所示。

修改完成后编译，无错误无警告，即完成了 TIM2 的驱动配置，可根据需要进行应用程序编程。

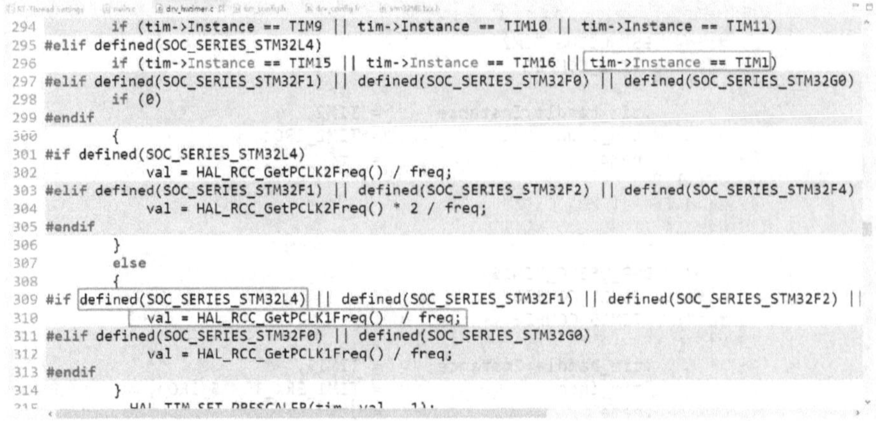

```
294        if (tim->Instance == TIM9 || tim->Instance == TIM10 || tim->Instance == TIM11)
295 #elif defined(SOC_SERIES_STM32L4)
296        if (tim->Instance == TIM15 || tim->Instance == TIM16 || tim->Instance == TIM1)
297 #elif defined(SOC_SERIES_STM32F1) || defined(SOC_SERIES_STM32F0) || defined(SOC_SERIES_STM32G0)
298        if (0)
299 #endif
300        {
301 #if defined(SOC_SERIES_STM32L4)
302            val = HAL_RCC_GetPCLK2Freq() / freq;
303 #elif defined(SOC_SERIES_STM32F1) || defined(SOC_SERIES_STM32F2) || defined(SOC_SERIES_STM32F4)
304            val = HAL_RCC_GetPCLK2Freq() * 2 / freq;
305 #endif
306        }
307        else
308        {
309 #if defined(SOC_SERIES_STM32L4) || defined(SOC_SERIES_STM32F1) || defined(SOC_SERIES_STM32F2) ||
310            val = HAL_RCC_GetPCLK1Freq()   / freq;
311 #elif defined(SOC_SERIES_STM32F0) || defined(SOC_SERIES_STM32G0)
312            val = HAL_RCC_GetPCLK1Freq() / freq;
313 #endif
314        }
315        HAL_TIM_SET_PRESCALER(tim, val - 1);
```

图 11-13   timer_ctrl（）函数修改部分

2. 应用程序编程

本节应用程序实现 1s 的定时，输出当前系统滴答值，具体实现过程及程序如下：

```
main. c

#include < rtthread. h >

#define DBG_TAG "main"
#define DBG_LVL DBG_LOG
#include  < rtdbg. h >

/ * 1. 包含头文件 */
#include < board. h >
#include < rtdevice. h >

/ * 10. 定时器超时回调函数 */
rt_err_t timeout_cb( rt_device_t dev,rt_size_t size)
{
    rt_kprintf("tick is:%d ! \n",rt_tick_get());
    return 0;
}

int main( void)
{
    / * 2. 定义超时值 */
    rt_hwtimerval_t timeout_s;
    timeout_s. sec = 1;        // 秒
```

```
timeout_s. usec = 0;        // 微秒
/ * 3. 定义定时器模式 */
rt_hwtimer_mode_t mode = HWTIMER_MODE_PERIOD;   // 周期模式


/ * 4. 定义定时器设备句柄 */
rt_device_t dev_tim2;


/ * 5. 查找定时器设备 */
dev_tim2 = rt_device_find("timer2");

/ * 6. 以读写方式打开定时器设备 */
rt_device_open(dev_tim2, RT_DEVICE_OFLAG_RDWR);


/ * 7. 设置超时回调函数 */
rt_device_set_rx_indicate(dev_tim2, timeout_cb);


/ * 8. 设置定时器模式 */
rt_device_control(dev_tim2, HWTIMER_CTRL_MODE_SET, &mode);


/ * 9. 设置定时器超时值时间,并启动定时器 */
rt_device_write(dev_tim2, 0, &timeout_s, sizeof(timeout_s));


return RT_EOK;
}
```

11.5 ADC 设备驱动

11.5.1 ADC 设备管理方式

RT – Thread 提供的 ADC 设备管理接口见表 11-25。

表 11-25 ADC 设备管理接口

序号	函数名	功能
1	rt_device_find	查找设备
2	rt_adc_enable	使能 ADC 设备
3	rt_adc_read	读取 ADC 设备数据
4	rt_adc_disable	关闭 ADC 设备

1. 查找设备

在使用 ADC 设备时，首先要调用 rt_device_find（）根据 ADC 设备名称获取设备句柄，然后才可以操作 ADC 设备。rt_device_find（）函数说明见表 11-26。

表 11-26　rt_device_find（）函数说明

名称	查找设备
函数原型	rt_device_t **rt_device_find**(**const char** * name)
参数	name：设备名称
返回值	查找到将返回对应设备句柄，否则返回 RT_NULL

2. 使能 ADC 设备

获取设备句柄后，可调用 rt_adc_enable（）使能设备，rt_adc_enable（）函数说明见表 11-27。

表 11-27　rt_adc_enable（）函数说明

名称	使能 ADC 设备
函数原型	rt_err_t **rt_adc_enable**(rt_adc_device_t dev, rt_uint32_t channel)
参数 1	dev：设备句柄
参数 2	channel：ADC 通道
返回值	成功返回 RT_EOK，设备操作方法为空返回 –RT_ENOSYS，打开失败返回其他错误代码

3. 读取 ADC 设备数据

调用 rt_adc_read（）可读取 ADC 通道采样值。rt_adc_read（）函数说明见表 11-28。

表 11-28　rt_adc_read（）函数说明

名称	读取 ADC 设备数据
函数原型	rt_uint32_t **rt_adc_read**(rt_adc_device_t dev, rt_uint32_t channel)
参数 1	dev：设备句柄
参数 2	channel：ADC 通道
返回值	读取的值

4. 关闭 ADC 设备

调用函数 rt_adc_disable（）可关闭 ADC 设备，rt_adc_disable（）函数说明见表 11-29。

表 11-29　rt_adc_disable（）函数说明

名称	关闭 ADC 设备
函数原型	rt_err_t **rt_adc_disable**(rt_adc_device_t dev, rt_uint32_t channel)
参数 1	dev：设备句柄
参数 2	channel：ADC 通道
返回值	成功返回 RT_EOK，设备操作方法为空返回 –RT_ENOSYS，打开失败返回其他错误代码

11.5.2　ADC 设备应用实例及步骤

ADC 设备应用主要包括驱动配置和应用程序编程两大步骤，下面以 ADC1 通道 4 单端采集为例加以说明。

1. 驱动配置

因为 RTThreadStudio 创建工程时默认不使能 ADC 驱动，所以在使用 ADC 时应先配置驱动。具体步骤如下：

1）RT – Thread Settings 使能 ADC 驱动，在"RT – Thread Settings"中单击勾选"使用 ADC 设备驱动程序"选项，如图 11-14 所示。

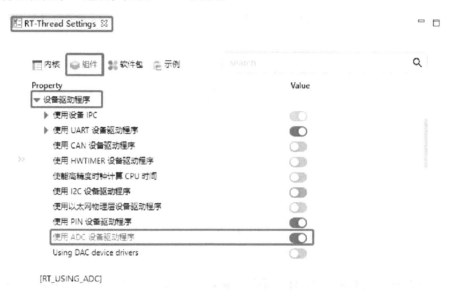

图 11-14　RT – Thread Settings 使能 ADC 驱动

2）board. h 宏定义 BSP_USING_ADC，修改 board. h 中 ADC 配置部分，如图 11-15 所示。

```
RT Thread Settings  *board ×
166 /*#define BSP_USING_PWM3*/
167
168 /*--------------------- PWM CONFIG END --------------------*/
169
170 /*--------------------- ADC CONFIG BEGIN --------------------*/
171
172*/** if you want to use adc you can use the following instructions.
186
187 #define BSP_USING_ADC1
188 /*#define BSP_USING_ADC2*/
189 /*#define BSP_USING_ADC3*/
190
191 /*--------------------- ADC CONFIG END --------------------*/
```

图 11-15　board. h 宏定义 BSP_USING_ADC

3）CubeMX Settings 配置 ADC1，仅在 CubeMX Settings 中配置 ADC1 的通道即可，无须设置具体参数（后续由 ADC 驱动配置），如图 11-16 所示。

完成上述步骤后编译，无错误无警告，即完成了 ADC 的驱动配置，可根据需要进行应用程序编程。

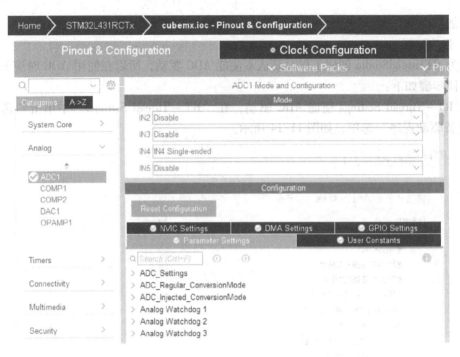

图 11-16　CubeMX Settings 配置 ADC1

2. 应用程序编程

本节应用程序实现间隔 1s 的 ADC 采集，输出当前采集值及电压值，具体实现过程及程序如下：

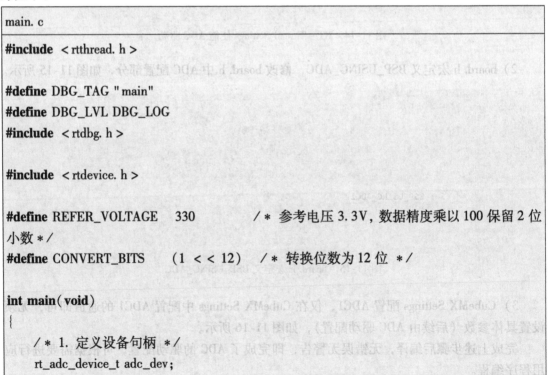

```
main. c

#include  < rtthread. h >

#define DBG_TAG "main"
#define DBG_LVL DBG_LOG
#include  < rtdbg. h >

#include  < rtdevice. h >

#define REFER_VOLTAGE    330        /* 参考电压 3.3V，数据精度乘以 100 保留 2 位
小数 */
#define CONVERT_BITS    (1 < < 12)  /* 转换位数为 12 位 */

int main( void)
{
    /* 1. 定义设备句柄 */
    rt_adc_device_t adc_dev;
```

```
    rt_uint32_t adval,volt;

    /* 2. 查找设备 */
    adc_dev = (rt_adc_device_t)rt_device_find("adc1");

    /* 3. 使能设备 */
    rt_adc_enable(adc_dev,4);

    while(1)
    {
        /* 4. 读取采样值 */
        adval = rt_adc_read(adc_dev,4);
        rt_kprintf("the adval is :%d \n",adval);

        /* 5. 转换为对应电压值 */
        volt = adval * REFER_VOLTAGE / CONVERT_BITS;
        rt_kprintf("the voltage is :%d.%02d \n",volt / 100,volt % 100);
        rt_thread_mdelay(1000);
    }
    return RT_EOK;
}
```

11.6　设备驱动应用实例——远程监控系统

11.6.1　电路原理及需求分析

1. 电路原理

本实例综合 PIN 设备、UART 设备、TIM 设备和 ADC 设备设计远程监控系统,实现 2 路开关量监测、1 路模拟量监测、1 路脉冲监测和 2 路开关量控制,相关电路原理如图 11-17 所示,LED1 作为状态指示灯,LED2 和 LED3 用于模拟外部开关设备,K1 和 K2 用于模拟外部开关量传感器输入,电位器用于模拟外部模拟量传感器输入,串口 1 用于发送 LED2、LED3、K1、K2 和电位器状态信息至串口调试助手,并接收控制指令实现 LED2 和 LED3 的远程控制。

2. 需求分析

1)LED1 指示系统工作状态,上电或复位后,系统进行初始化,初始化完成后 LED1 间隔 0.5s 闪烁 3 次,随后进入正常运行状态,LED1 间隔 1s 闪烁。

2)按键 K1 和 K2 通过外部中断的方式控制 LED2 和 LED3 的状态,按下 K1 时 LED2 亮,松开 K1 时 LED2 灭,按下 K2 时 LED3 亮,松开 K2 时 LED3 灭。

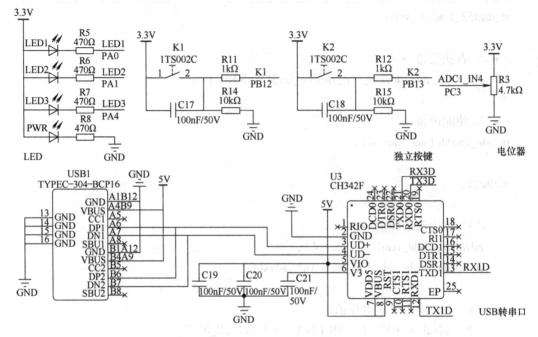

图 11-17 相关电路原理

3）电位器用于采集模拟电压。

4）通过 USART3 将 LED2、LED3、K1 和 K2 的状态及电压信息发送至串口调试助手，发送时间间隔为 1s。

5）利用串口调试助手发送控制指令，实现 LED2 和 LED3 的开关控制。

11.6.2 实现过程

1. 整体思路

本实例综合应用 PIN 设备、UART 设备和 ADC 设备，采用 RT-Thread 操作系统实现。根据需求分析可将功能划分为开关量监测模块、模拟量监测模块和串口通信模块，其中开关量控制由开关量检测模块和串口通信模块完成。因此可创建开关量监测线程、模拟量监测线程和串口通信线程来实现上述功能要求。

2. 通信协议

MCU 发送状态信息包括 LED2、LED3、K1、K2 的状态以及模拟电压，数据采用十六进制打包发送，MCU 发送数据协议见表 11-30。

表 11-30 MCU 发送数据协议

设备 ID （1 字节）	LED2 状态 （1B）	K1 状态 （1B）	LED3 状态 （1B）	K2 状态 （1B）	电压整数 （1B）	电压小数 （1B）
01	00（灭） 01（亮）	00（断开） 01（闭合）	00（灭） 01（亮）	00（断开） 01（闭合）	00~03	00~63

PC 端采用十六进制打包发送控制指令，MCU 接收数据协议见表 11-31。

表 11-31　MCU 接收数据协议

设备 ID (1B)	LED2 状态 (1B)	LED3 状态 (1B)
01	00（灭）	00（灭）
	01（亮）	01（亮）

3. 各线程程序流程

（1）主线程流程

主线程的功能是创建并启动开关量监测线程、模拟量监测线程和串口通信线程。

（2）开关量监测线程

开关量监测线程流程图如图 11-18 所示，主要完成引脚初始化、绑定 K1 和 K2 中断回调函数、使能中断、LED1 闪烁等功能。K1 和 K2 中断触发方式设置为双边沿触发，当 K1 和 K2 引脚产生电平变化时触发中断，按键中断服务程序流程图如图 11-19 所示，主要根据中断参数判断是 K1 产生的中断还是 K2 产生的中断，进而改变对应的 LED 状态，并发送状态信息。

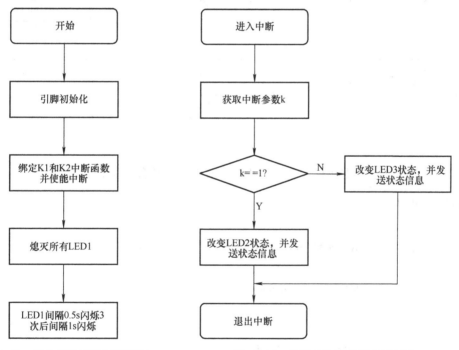

图 11-18　开关量监测线程流程图　　　　图 11-19　按键中断服务程序流程图

（3）模拟量监测线程

模拟量监测线程流程图如图 11-20 所示，主要实现 ADC 设备的初始化、间隔 1s 读取电压、将电压根据协议打包等功能。

（4）串口通信线程

串口通信线程流程图如图 11-21 所示，主要实现串口设备初始化、绑定接收中断回调函数、间隔 1s 发送数据等功能。串口采用 DMA 方式接收数据，接收完一批字符后会存入缓冲区并触发串口接收中断，串口中断服务程序流程图如图 11-22 所示，主要功能是读取串口数据并解析数据。首先解析 ID 并判断是否为 0x01，如果是则继续解析操作指令，进而根据指令改变相应 LED 的状态。

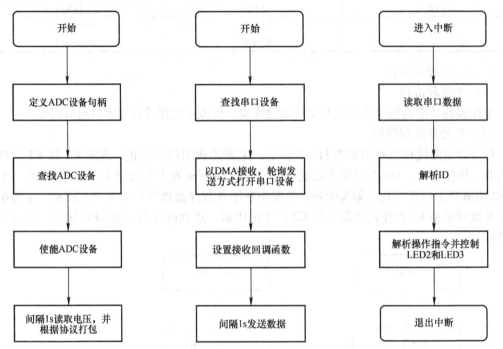

图 11-20　模拟量监测线程流程图　　图 11-21　串口通信线程流程图　　图 11-22　串口中断服务程序流程图

4. 程序源码

根据需求分析、数据协议及各线程程序流程图，完整程序源码如下：

```
. /application/main. c
/*
 * Copyright (c) 2006 - 2022, RT - Thread Development Team
 *
 * SPDX - License - Identifier：Apache - 2. 0
 *
 * Change Logs：
 * Date             Author          HYT
 * 2022 - 06 - 01       RT - Thread      first version
 */
#include < rtthread. h >
#include < rtdevice. h >
#include < board. h >

char cmd_recv[3];// 接收指令 ID, LED2 状态, LED3 状态
```

```c
char mag_send[7] = {1};//发送信息，ID，LED2，K1，LED3，K2，电压整数，电压小数

/* 2.1 获取引脚编号 */
#define LED1 GET_PIN(A,0)
#define LED2 GET_PIN(A,1)
#define LED3 GET_PIN(A,4)
#define K1 GET_PIN(B,12)
#define K2 GET_PIN(B,13)

/* 4.1 定义串口设备句柄 */
rt_device_t uart3;

/* 2.5 引脚中断回调函数 */
void k_irq(void * args)
{
    int k = (int)args;//获取中断回调函数参数

    /* 根据参数判断 K1 或 K2 中断 */
    if(k == 1)//如果为 K1 中断
    {
        /* 改变 LED2 状态 */
        rt_pin_write(LED2,1 - rt_pin_read(LED2));

        /* 4.6 打包数据并发送数据 */
        mag_send[1] = 1 - rt_pin_read(LED2);
        mag_send[2] = rt_pin_read(K1);
        rt_device_write(uart3,0,&mag_send,sizeof(mag_send));
    }
    else//如果为 K2 中断
    {
        /* 改变 LED3 状态 */
        rt_pin_write(LED3,1 - rt_pin_read(LED3));

        /* 4.6 打包数据并发送数据 */
        mag_send[3] = 1 - rt_pin_read(LED3);
        mag_send[4] = rt_pin_read(K2);
        rt_device_write(uart3,0,&mag_send,sizeof(mag_send));
    }
```

```
/* 4.5 串口接收回调函数 */
rt_err_t uart_recv_callback(rt_device_t dev, rt_size_t size)
{
    /* 打印接收设备及接收数据大小 */
    //rt_kprintf("%s, recv %d bytes\n", dev->parent.name, size);

    /* 4.7 读取串口设备数据 */
    rt_device_read(dev, 0, &cmd_recv, size);

    /* 解析接收数据, 并执行相应动作 */
    if(cmd_recv[0]==0x01)//判断 ID 是否为 01
    {
        if(cmd_recv[1]==0x01)//第 1 位为 01
        {
            rt_pin_write(LED2, PIN_LOW);//点亮 LED2
        }
        else //第 1 位不为 01
        {
            rt_pin_write(LED2, PIN_HIGH);//熄灭 LED2
        }
        if(cmd_recv[2]==0x01)//第 2 位为 01
        {
            rt_pin_write(LED3, PIN_LOW);//点亮 LED3
        }
        else //第 2 位不为 01
        {
            rt_pin_write(LED3, PIN_HIGH);//熄灭 LED3
        }
    }

    return RT_EOK;
}

/* 1.4 线程入口函数 */
void t_io_entry(void *parameter)
{
```

```
    /* 2.2 设置引脚模式 */
    rt_pin_mode(LED1,PIN_MODE_OUTPUT);
    rt_pin_mode(LED2,PIN_MODE_OUTPUT);
    rt_pin_mode(LED3,PIN_MODE_OUTPUT);
    rt_pin_mode(K1,PIN_MODE_INPUT_PULLDOWN);
    rt_pin_mode(K1,PIN_MODE_INPUT_PULLDOWN);

    /* 2.3 绑定中断回调函数 */
    rt_pin_attach_irq(K1,PIN_IRQ_MODE_RISING_FALLING,k_irq,(void *)1);
    rt_pin_attach_irq(K2,PIN_IRQ_MODE_RISING_FALLING,k_irq,(void *)2);

    /* 2.4 使能引脚中断 */
    rt_pin_irq_enable(K1,PIN_IRQ_ENABLE);
    rt_pin_irq_enable(K2,PIN_IRQ_ENABLE);

    /* 2.6 熄灭 LED1、LED2 和 LED3 */
    rt_pin_write(LED1,PIN_HIGH);
    rt_pin_write(LED2,PIN_HIGH);
    rt_pin_write(LED3,PIN_HIGH);

    /* 2.7 LED1 间隔0.5s 闪烁3 次 */
    for(int i =0; i <6; i + +)
    {
        rt_pin_write(LED1,1 – rt_pin_read(LED1));
        rt_thread_mdelay(500);
    }

    /* 2.8 LED1 间隔1s 闪烁 */
    while(1)
    {
        rt_pin_write(LED1,1 – rt_pin_read(LED1));
        rt_thread_mdelay(1000);
    }
}

void t_ain_entry(void * parameter)
{
    /* 3.1 定义 ADC 设备句柄 */
```

```
    rt_adc_device_t adc_dev;
    rt_uint32_t adval,volt;

    /* 3.2 查找 ADC 设备 */
    adc_dev = (rt_adc_device_t) rt_device_find("adc1");

    /* 3.3 使能 ADC 设备 */
    rt_adc_enable(adc_dev,4);

    while (1)
    {
        /* 3.4 读取采样值 */
        adval = rt_adc_read(adc_dev,4);
        //rt_kprintf("the adval is :%d \n",adval);

        /* 3.5 转换为对应电压值,参考电压3.3V,ADC 分辨率12 位,结果 * 100 */
        volt = adval * 330 / 4096;
        rt_kprintf("the voltage is :%d. %02d \n",volt / 100,volt % 100);

        /* 3.6 第5 位电压整数,第6 位电压小数 */
        mag_send[5] = volt / 100;
        mag_send[6] = volt % 100;

        rt_thread_mdelay(1000);
    }
}

void t_uart_entry(void * parameter)
{
    /* 4.2 查找串口设备 */
    uart3 = rt_device_find("uart3");

    /* 4.3 打开串口设备,DMA 接收轮询发送 */
    rt_device_open(uart3,RT_DEVICE_FLAG_DMA_RX);

    /* 4.4 设置接收回调函数 */
    rt_device_set_rx_indicate(uart3,uart_recv_callback);
    while(1)
```

```
    {
        /* 4.6 打包数据并发送数据 */
        mag_send[1] = 1 - rt_pin_read(LED2);
        mag_send[3] = 1 - rt_pin_read(LED3);
        rt_device_write(uart3,0,&mag_send,sizeof(mag_send));
        rt_thread_mdelay(1000);
    }
}


int main(void)
{
    /* 1.1 定义线程句柄 */
    rt_thread_t t_io,t_ain,t_uart;

    /* 1.2 创建线程 */
    t_io = rt_thread_create("tio",t_io_entry,RT_NULL,1024,10,10);
    t_ain = rt_thread_create("tain",t_ain_entry,RT_NULL,1024,10,10);
    t_uart = rt_thread_create("tuart",t_uart_entry,RT_NULL,1024,10,10);

    /* 1.3 启动线程 */
    rt_thread_startup(t_io);
    rt_thread_startup(t_ain);
    rt_thread_startup(t_uart);


    return RT_EOK;

}
```

注：程序中注释部分"1. x"表示线程应用步骤；"2. x"表示 PIN 设备应用步骤；"3. x"表示 ADC 设备应用步骤；"4. x"表示 UART 设备应用步骤。

思考与练习

一、填空题

1. IO 设备模型框架从下往上依次为_____和_____。

2. _____完成了设备驱动程序的第三次抽象，提供标准接口供应用程序调用以访问底层设备。

3. 应用程序通过标准的 IO 设备管理接口实现硬件设备的访问，其中_____用于打开设备，_____用于读设备，_____用于写设备。

4. 使用宏获取 PA12 引脚编号的程序为_____。

5. 查找串口 3 的程序为_____。

二、简答题

1. 画出 IO 设备模型的继承和派生关系。
2. 概况 PIN 设备的应用步骤。
3. 概括 UART 设备的应用步骤。
4. 概括 TIM 设备的应用步骤。
5. 概括 ADC 设备的应用步骤。

三、编程题

1. 利用 UART 设备实现不定长数据接收。
2. 完善设备驱动应用实例——远程监控系统，利用线程间通信实现实例功能。

第 12 章

RT – Thread 软件包

本章思维导图

软件包是 RT – Thread 生态系统的重要组成部分，官方及开发者提供了大量的传感器、存储器、显示器等片外外设的软件包供用户下载使用，结合线程管理、线程间同步、线程间通信、设备驱动、组件等功能可快速实现大部分嵌入式系统应用开发。本章以 AHT10、AT Device、MQTT 和 cJSON 软件包为例详细介绍软件包的应用。首先，整体上介绍软件包及应用步骤，然后，介绍上述 4 个软件包相关基础知识，在此基础上通过应用实例详细介绍各软件包的应用步骤。RT – Thread 软件包思维导图如图 12-1 所示，其中加 ◎ 的为需要掌握的内容，加 的为需要实践的内容。

1. 掌握 AHT10、AT Device、MQTT 和 cJSON 软件包的应用步骤，并能拓展至其他软件包。

2. 自主查阅并掌握软件包涉及的相关基础知识。

3. 独立完成 AHT10、AT Device、MQTT 和 cJSON 软件包的应用实例，完成各应用实例用时不超过 20min。

建议读者在完成本章学习后及时更新完善思维导图，以巩固、归纳、总结本章内容。

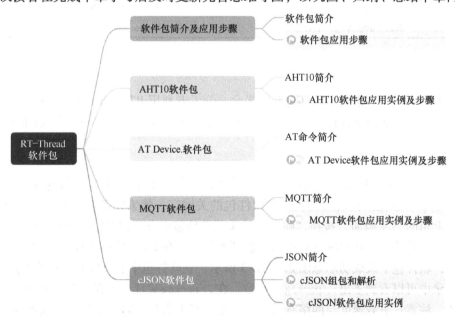

图 12-1　RT – Thread 软件包思维导图

12.1 软件包简介及应用步骤

12.1.1 软件包简介

软件包是运行于 RT-Thread 操作系统上，由官方或开发者开发维护的面向不同应用领域的通用软件，由软件包开放平台统一管理。绝大多数软件包都有详细的说明文档及使用示例，具有很强的可重用性，极大地方便了开发者在最短时间内完成应用开发，是 RT-Thread 生态的重要组成部分。截至目前，平台提供的软件包已超过 400 个，软件包下载量超过 800 万。平台对软件包进行了分类管理，软件包分类情况见表 12-1，共分为九大类，包括物联网软件包、外设软件包、与系统相关的软件包、与编程语言相关的软件包、与多媒体相关软件包等。随着 RT-Thread 生态的完善，软件包的数量逐渐增多，读者可随时参阅官网，了解及应用相关软件包（https://packages.rt-thread.org/）。

表 12-1 软件包分类情况

序号	类别	说明	举例	数量
1	物联网	网络、云接入等物联网相关软件包	paho-mqtt、webclient、tcpserver 等	70
2	外设	底层外设硬件相关软件包	aht10、bh1750、oled 等	137
3	系统	其他文件系统等系统级软件包	sqlite、USBStack、CMSIS 等	58
4	编程语言	各种编程语言、脚本或解释器	cJSON、Lua、MicroPython 等	15
5	工具	辅助使用的工具软件包	EasyFlash、gps_rmc、Urlencode 等	43
6	多媒体	音视频软件包	openmv、persimmon UI、LVGL 等	27
7	安全	加密解密算法及安全传输软件包	libhydrogen、mbedtls、tinycrypt 等	6
8	嵌入式 AI	嵌入式人工智能软件包	elapack、libann、nnom 等	9
9	杂类	未归类的软件包，主要为 demo	crclib、filsystem_samples、lwgps 等	48

12.1.2 软件包应用步骤

RT-Thread Studio 集成了软件包开放平台，开发者利用 RT-Thread Settings 可方便地下载、更新、删除及使用软件包，在使用软件包时要保证联网，并已安装 Git（https://git-scm.com/）工具。

1. 下载

打开 RT-Thread Settings，然后单击"添加软件包"按钮，弹出软件包中心页面，如图 12-2所示，可在搜索框输入要下载的软件包的关键字，搜索相关软件包，然后单击软件包卡片右上角的"+添加"按钮，随后手动关闭软件包中心，在 RT-Thread Settings 中可以看到已添加的软件包，此时软件包尚未下载到本地。保存 RT-Thread Settings 即可下载软件包到本地，软件包下载成功示意图如图 12-3所示，在软件包中心可以看到已安装的软件包，在工程目录中可以看到多出 ./packages 目录，在 ./packages 目录下有刚下载的软件包，表示下载成功。注意：下载速度与网络有关，也可能下载不成功，即在工程目中找不到相应的软件包，即使在 RT-Thread Settings 中显示已安装，也是下载不成功。

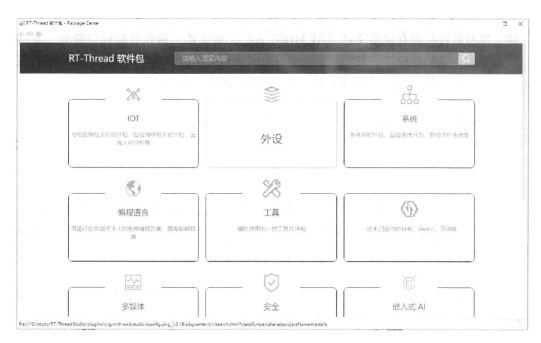

图 12-2　软件包中心

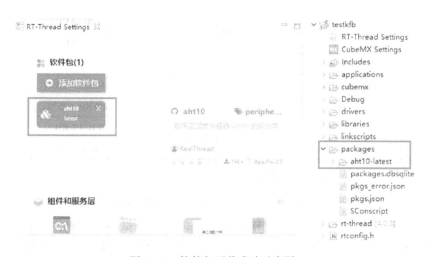

图 12-3　软件包下载成功示意图

2. 更新

如果首次下载软件包不成功，或者需要更新软件包时，可以按以下步骤更新软件包：首先，选中工程，然后单击鼠标右键，左键单击更新软件包。

3. 删除

当不使用某软件包时，可以在"RT – Thread Settings"中单击已安装软件包右上角的"×"按钮删除软件包，删除软件包后要及时保存"RT – Thread Settings"，并检查 ./packages 目录中相应软件包是否已经消失。

4. 使用软件包

绝大部分软件包都有说明文档"README. md",该文档一般包含软件包简介、支持情况、使用说明、函数接口等信息。开发者应首先阅读该文档,然后根据文档说明进行开发即可。此外,大部分软件包提供应用示例,为开发者提供应用参考。

12. 2 AHT10 软件包

12. 2. 1 AHT10 简介

AHT10 温湿度传感器是广州奥松电子股份有限公司生产的新一代温湿度传感器,广泛用于暖通空调、除湿器、测试及检测设备、消费品、汽车、数据记录器、气象站、家电及其他相关温湿度检测控制设备。

1. AHT10 的主要技术参数

AHT10 可以在恶劣环境下高性能稳定运行,具有极高的性价比,AHT10 的主要技术参数见表 12-2。

表 12-2　AHT10 的主要技术参数

供电电压	DC 1. 8 ~ 3. 6V
温度测量范围	−40 ~ 85℃
温度精度	±0. 3℃
温度分辨率	0. 01℃
湿度测量范围	0 ~ 100RH（25℃）
湿度精度	±2% RH（25℃）
湿度分辨率	0. 024% RH
输出信号	标准 I^2C 信号

2. AHT10 接口定义及典型应用电路

AHT10 采用双列扁平无引脚 SMD 封装,底面 4mm × 5mm,高度 1. 6mm,内部集成了集成电路专用芯片、改进的 MEMS 半导体电容式温湿度传感器和一个标准的温度传感器件。每一个 AHT10 温湿度传感器在出厂前都经过校准和测试,在产品表面印有产品批号,AHT10 外观及接口定义如图 12-4 所示,典型应用电路如图 12-5 所示。

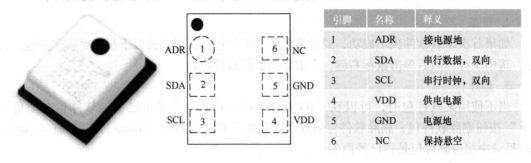

引脚	名称	释义
1	ADR	接电源地
2	SDA	串行数据,双向
3	SCL	串行时钟,双向
4	VDD	供电电源
5	GND	电源地
6	NC	保持悬空

图 12-4　AHT10 外观及接口定义

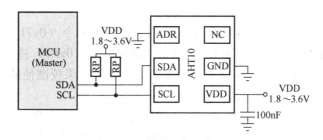

图 12-5　典型应用电路

（1）电源引脚 VDD 和 GND

AHT10 的供电范围为 DC 1.8 ~ 3.6V，推荐电压为 3.3V。电源（VDD）和接地（GND）之间须连接一个 100nF 的去耦合电容，且电容的位置应尽可能靠近传感器。

（2）串行时钟 SCL

SCL 用于微处理器与 AHT10 之间的通信同步。因为接口包含了完全静态逻辑，所以不存在最小 SCL 频率。

（3）串行数据 SDA

SDA 引脚用于传感器的数据输入和输出。当向传感器发送命令时，SDA 在串行时钟（SCL）的上升沿有效当 SCL 为高电平时，SDA 必须保持稳定；当 SCL 为低电平时，SDA 值可被改变。当从传感器读取数据时，SDA 在 SCL 变低电平以后有效，且维持到下一个 SCL 的下降沿。

3. AHT10 通信协议

AHT10 采用标准的 I2C 协议进行通信，通过数据线（SDA）和时钟线（SCL）来完成数据的传输。

（1）启动和停止

数据传输必须以起始信号启动传输，以停止信号结束一次数据传输，I2C 起始位和停止位如图 12-6 所示。SCL 时钟线为高电平且 SDA 为下降沿表示起始信号，SCL 时钟线为高电平且 SDA 为上升沿表示停止信号。

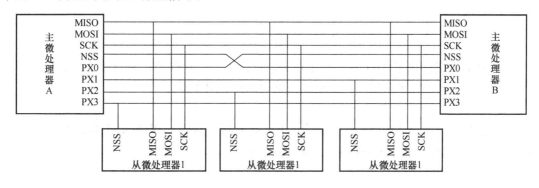

图 12-6　I2C 起始位和停止位

（2）获取温湿度

启动传输后，MCU 通过发送指令获取温湿度信息，包括初始化、触发测量和读取温湿度等步骤。

初始化：上电后等待不少于40ms，随后发送获取状态命令（0x71）获取一个字节的状态字。如果校准使能位（bit3）不为1，则发送初始化命令（0xE1）进行初始化，该命令参数有两个字节，第一个字节为0x08，第二个字节为0x08。如果校准使能位（bit3）为1，则可执行下一步。

触发测量：发送触发测量命令（0xAC）即可启动测量，该命令参数有两个字节，第一个字节为0x33，第二个字节为0x00，触发测量数据格式如图12-7所示。

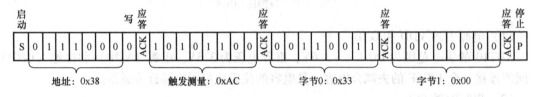

图12-7　触发测量数据格式

读取温湿度：触发测量后等待测量完成（80ms），发送读取指令（0x71）即可读取6个字节的温湿度信息，读取温湿度数据格式如图12-8所示。

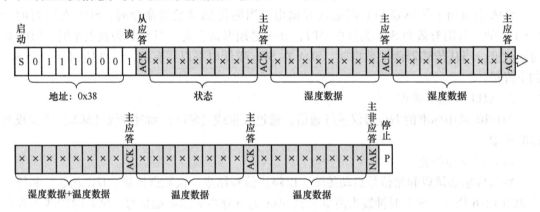

图12-8　读取温湿度数据格式

12. 2. 2　AHT10软件包应用实例及步骤

AHT10软件包提供了AHT10的基本功能，对接了Sensor框架，并且提供了软件平均数滤波器功能。下面以每秒采集一次温湿度为例说明其应用步骤。

1. 硬件连接

硬件连接决定了AHT10的程序设计，因此须查看原理图，明确AHT10的SCL和SDA与MCU的连接情况，如SCL→PC15，SDA→PC14。

2. 下载软件包

利用RT-Thread Settings可方便的下载AHT10软件包，具体步骤可参考12.1.2节相关内容，此处不再赘述。

3. 使能I2C驱动

AHT10采用I2C进行通信，因此需使能I2C驱动，在RT-Thread Settings的Drivers部分

找到"软件模拟 I2C",单击图标,图标变为彩色表示使能,如图 12-9 所示。

图 12-9　使能 I2C 驱动

4. AHT10 初始化

查看 AHT10 软件包说明（./packages/aht10 – latest/README_ZH. md），在说明最下方找到 AHT10 初始化示例，如图 12-10 所示，包括 3 个步骤：

1）包含头文件"sensor_asair_aht10. h"。"sensor_asair_aht10. h"是"sensor_asair_aht10. c"对应的头文件，该头文件包含了"sensor. h"和"aht10. h"，定义了 AHT10 的 I2C 总线地址，并声明了 AHT10 初始化函数，具体可查看其程序源码。

2）定义 AHT10 使用的 I2C 总线为"i2c4"，该定义决定了 I2C 配置。

3）使用自动初始化机制进行初始化，将 AHT10 传感器注册到 sensor 框架。

```
1. #include "sensor_asair_aht10.h"    //1. 包含头文件
2. #define AHT10_I2C_BUS  "i2c4"       //2. 定义AHT10所用I2C总线
3.
4. int rt_hw_aht10_port(void)
5. {
6.     struct rt_sensor_config cfg;
7.
8.     cfg.intf.dev_name  = AHT10_I2C_BUS;
9.     cfg.intf.user_data = (void *)AHT10_I2C_ADDR;
10.
11.    rt_hw_aht10_init("aht10", &cfg);
12.
13.    return RT_EOK;
14. }
15. INIT_ENV_EXPORT(rt_hw_aht10_port); //3. 自动初始化
```

图 12-10　AHT10 初始化示例

5. I2C 总线设置

因为 AHT10 初始化时定义了"i2c4"总线，所以在 ./drivers/board.h 中 I2C 配置部分添加如下程序：

./drivers/board.h
#define BSP_USING_I2C4
#ifdef BSP_USING_I2C4
#define BSP_I2C4_SCL_PIN   GET_PIN(C,15)
#define BSP_I2C4_SDA_PIN   GET_PIN(C,14)
#endif

6. 编程完成温湿度读取

上述工作准备完成后，可编程实现每秒采集一次温湿度，具体步骤及示例程序如下：

```
#include <rtthread.h>

/* 1. 头文件包含及宏定义 */
#include "sensor_asair_aht10.h"
#define AHT10_I2C_BUS    "i2c4"

int main(void)
{
    /* 3. 定义传感器数据结构 */
    struct rt_sensor_data aht_temp,aht_humi;

    /* 4. 定义 AHT10 传感器温度和湿度句柄 */
    rt_device_t dev_aht10_temp,dev_aht10_humi;

    /* 5. 查找 AHT10 传感器 */
    dev_aht10_temp = rt_device_find("temp_aht10");
    dev_aht10_humi = rt_device_find("humi_aht10");

    /* 6. 打开 AHT10 传感器设备 */
    rt_device_open(dev_aht10_temp,RT_DEVICE_FLAG_RDONLY);
    rt_device_open(dev_aht10_humi,RT_DEVICE_FLAG_RDONLY);

    while (1)
    {
        /* 7. 分别读取温度和湿度,读取结果保存至对应数据结构 */
        rt_device_read(dev_aht10_temp,0,&aht_temp,1);
```

```
        rt_device_read(dev_aht10_humi,0,&aht_humi,1);


        /* 8. 打印温湿度值 */
        rt_kprintf("temp：%d.%d\n",aht_temp.data.temp/10,aht_temp.data.temp%10);
        rt_kprintf("humi：%d\n",aht_humi.data.humi/10);


        rt_thread_mdelay(1000);
    }

    return RT_EOK;
}

/* 2. AHT10 初始化 */
int rt_hw_aht10_port(void)
{
    struct rt_sensor_config cfg;
    cfg.intf.dev_name    = AHT10_I2C_BUS;
    cfg.intf.user_data = (void *)AHT10_I2C_ADDR;
    rt_hw_aht10_init("aht10",&cfg);
    return RT_EOK;
}
INIT_ENV_EXPORT(rt_hw_aht10_port);
```

编译程序无错误和警告后，下载程序，利用终端观察运行结果，如图 12-11 所示，温湿度每 1s 更新一次。

图 12-11　运行结果

12.3 AT Device 软件包

AT Device 软件包是 RT – Thread 的 AT 组件对不同 AT 设备的实现，通过封装复杂的 AT 命令简化了 AT 设备命令交互流程，由移植文件和示例程序组成。

12.3.1 AT 命令简介

AT 命令（AT Commands）是贺氏公司为了控制拨号调制解调器而发明的控制协议。随着网络带宽的升级，低速的拨号调制解调器基本已经退出了应用市场，但是 AT 命令被保留了下来并逐步演化。AT 命令采用标准串口进行数据收发，将复杂的设备通信转换成简单的串口编程，因此几乎所有的网络模组如 GPRS、3G/4G、NB–IoT、蓝牙、WiFi、GPS 等都采用 AT 命令进行通信。为了简化产品的软硬件设计，降低开发成本，采用微控制器 + 网络模块是目前嵌入式系统实现网络化的主要解决方案之一，如图 12-12 所示。其中微控制器作为 AT 客户端，通过串口发送 AT 命令请求至网络模块，网络模块作为 AT 服务器，在接收到微控制器发来的 AT 命令后，通过串口返回响应数据和执行结果。此外，网络模块还可以主动发送呼叫打入、收到新短信息、自动关机等非请求结果码（Unsolicited Result Code，URC）至微控制器。

虽然 AT 命令降低了嵌入式系统联网的难度，但是不同设备的 AT 命令并不统一，数据收发和解析方式也大不相同，这直接增加了开发的复杂度，也不利于代码的维护和重用。因此，RT – Thread 提供了功能全面、资源占用少、方便使用的 AT 组件，以屏蔽不同网络模块 AT 命令之间的差异，进一步降低开发难度。RT – Thread 的 AT 组件的主要功能特性如下：

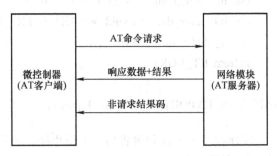

图 12-12 微控制器 + 网络模块的网络化解决方案

1. 资源占用少

AT 组件作为客户端时仅占用 4.6KB 的 ROM 和 2KB 的 RAM，作为服务器时仅占用 4KB 的 ROM 和 2.5KB 的 RAM。

2. 响应数据的解析方式灵活

不同设备命令、同一设备不同命令的响应数据解析方式大不相同，大大增加开发者从响应数据中获取有效数据的难度，是 AT 组件开发的一大难题。RT – Thread 的 AT 组件提供了多种解析接口用于响应数据的解析，如通过型号解析、通过关键字查找解析、支持正则表达式等，使开发者在保存原始响应数据的同时，轻松解析出想要的重要数据。

3. URC 数据的处理机制完善

URC 数据为服务器主动下发的数据，一般在特殊情况才会发送，没有固定格式，并且可能随机发送，处理不好很容易影响到整个数据的交互流程。RT – Thread 的 AT 组件具备完善的 URC 处理框架，确保每个 URC 数据都能得到合理的处理，并且支持对每一个 URC 数据执行自定义的操作。

4. AT 命令的收发流程简单

采用传统的 AT 组件开发方式时，一个 AT 命令收发的整个流程需要命令发送、发送结果判断、接收响应数据、响应结果判断等多个处理步骤，不同命令的处理方式不同，导致代码很难复用。利用 RT – Thread 的 AT 组件只需要通过一个函数即可实现命令收发，且该函数能够返回响应结果，并处理响应数据，方便后续使用，极大地简化了 AT 命令的收发流程。

5. 提供标准的网络编程接口

RT – Thread 的 AT 组件在 AT 客户端的基础上实现了 AT Socket 功能，该功能是套接字抽象层（Socket Abstraction Layer，SAL）的一种实现，为上层提供标准的 BSD Socket 网络编程接口，极大地简化了网络开发，增强了软件可重用性。

12.3.2 AT Device 软件包应用实例及步骤

目前，RT – Thread 支持的 AT 设备有：ESP8266、ESP32、M26、MC20、RW007、MW31、SIM800C、W60X、SIM76XX、A9/A9G、BC26、AIR720、ME3616、M6315、BC28、EC200X、M5311、L610 系列等。本节以 FS – MCore – A7670CX 核心板联网为例，讲解 AT Device 软件包的应用步骤。

1. FS – MCore – A7670CX 核心板简介

FS – MCore – A7670CX 是深圳市飞思创电子科技有限公司基于 SIMCom A7670C 4G 模块开发的一款体积小巧、功能丰富的核心板，支持 TCP、UDP、HTTP、FTP、MQTT、DNS 等通信协议，并支持基站定位、拨号上网、短信等功能，用户只需通过简单的 AT 命令配置，即可实现产品联网，适用于绝大多数应用场景。FS – MCore – A7670CX 核心板采用 7PIN 插针式的封装，其外形及引脚定义如图 12-13 所示，只需用一路串口即可方便快速集成在已有嵌入式系统中。

 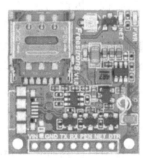

引脚	名称	释义
1	VIN	供电电源，DC 5~16V
2	GND	电源地
3	TX	串口发送，TTL 电平
4	RX	串口接收，TTL 电平
5	PEN	板载电源使能
6	NET	网络状态指示，可悬空
7	DTR	控制模块休眠和唤醒，可悬空

图 12-13　FS – MCore – A7670CX 核心板外形及引脚定义

2. FS – MCore – A7670CX 核心板联网步骤

利用 FS – MCore – A7670CX 核心板联网包括硬件连接、下载并配置软件包、使能并配置串口和测试调试 4 个步骤。

（1）硬件连接

根据 FS – MCore – A7670CX 核心板的引脚定义，只需提供 DC 5V 电源，并将 TX 和 RX 对应连接至 MCU 的 RX 和 TX 即可。本书所用开发板预留了网络接口，采用的串口是

UART2，根据引脚定义将 FS – MCore – A7670CX 核心板正确插在开发板网络接口即可。

（2）下载并配置软件包

在 RT – Thread Settings 中添加 AT Device 软件包后，需根据使用的模块对软件包进行配置，具体配置如图 12-14 所示。

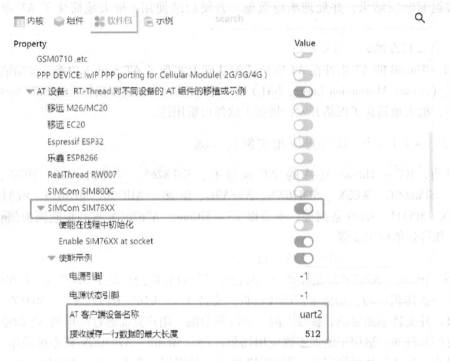

图 12-14　软件包配置

本例使用的是 FS – MCore – A7670CX 核心板，因此勾选 "SIMCom SIM76XX" 选项，默认勾选 "Enable SIM76XX at socket" 和 "使能示例"，这两个选项通过自动初始化机制对模块进行了初始化。需要注意的是，要根据硬件连接更改 "AT 客户端设备名称"，默认为 "uart2"。与本例中硬件连接一致，无须修改；如果不一致则根据实际情况修改。此外，默认的接收缓存一行数据的最大长度为 512，建议适当增大。因为 AT device 软件包依赖组件 "libc"，所以，上述配置完成后，需启用 "libc" 组件。

（3）使能并配置串口

模块使用了串口通信，因此需使能并配置串口，只需在 . /drivers/board. h 中 UART 配置部分添加如下程序即可。

. /drivers/board. h
#define BSP_USING_UART2
#define BSP_UART2_TX_PIN　　　　"PA2"
#define BSP_UART2_RX_PIN　　　　"PA3"

（4）测试调试

上述步骤完成后，直接编译下载程序，通过终端观察运行结果，如图 12-15 所示，显示

执行命令（AT + CSOCKSETPN = 1）失败，模块初始化失败。因此，须修改程序，仅需在
. /packages/at_device – v2. 0. 3/class/sim76xx/at_device_sim76xx. c 文件中第 647 行上下找到
AT_SEND_CMD（client，resp，"AT + CSOCKSETPN = 1"）并注释掉即可。然后，再编译下
载程序，观察运行结果，修改后运行结果如图 12-16 所示。显示初始化成功，然后输入调试
指令"ifconfig"，可以查看设备 IP 地址，输入指令"ping www. baidu. com"能够返回正确的
响应，表示设备已经成功连接网络。

```
  \ | /
- RT -      Thread Operating System
 / | \       4.0.3 build Jun  7 2022
 2006 - 2020 Copyright by rt-thread team
[I/sal.skt] Socket Abstraction Layer initialize success.
[I/at.clnt] AT client(V1.3.1) on device uart2 initialize success.
msh />[E/at.clnt] execute command (AT+CSOCKSETPN=1) failed!
[I/at.dev.sim76] sim1 device initialize retry...
[E/at.clnt] execute command (AT+CSOCKSETPN=1) failed!
[I/at.dev.sim76] sim1 device initialize retry...
[E/at.clnt] execute command (AT+CSOCKSETPN=1) failed!
[I/at.dev.sim76] sim1 device initialize retry...
[E/at.clnt] execute command (AT+CSOCKSETPN=1) failed!
[I/at.dev.sim76] sim1 device initialize retry...
[E/at.clnt] execute command (AT+CSOCKSETPN=1) failed!
[I/at.dev.sim76] sim1 device initialize retry...
[E/at.dev.sim76] sim1 device network initialize failed(-1)!
```

图 12-15　运行结果

```
  \ | /
- RT -      Thread Operating System
 / | \       4.0.3 build Jun  7 2022
 2006 - 2020 Copyright by rt-thread team
[I/sal.skt] Socket Abstraction Layer initialize success.
[I/at.clnt] AT client(V1.3.1) on device uart2 initialize success.
msh />[I/at.dev.sim76] sim1 device network initialize success!

msh />ifconfig
network interface device: sim1 (Default)
MTU: 1500
IMEI: 865085051061666
FLAGS: UP LINK_UP INTERNET_UP DHCP_ENABLE
ip address: 10.51.64.144
gw address: 0.0.0.0
net mask  : 0.0.0.0
dns server #0: 114.114.114.114
dns server #1: 0.0.0.0
msh />ping www.baidu.com
60 bytes from 39.156.66.14 icmp_seq=0 ttl=51 time=40 ms
60 bytes from 39.156.66.14 icmp_seq=1 ttl=51 time=45 ms
60 bytes from 39.156.66.14 icmp_seq=2 ttl=51 time=45 ms
60 bytes from 39.156.66.14 icmp_seq=3 ttl=51 time=40 ms
msh />
```

图 12-16　修改程序后运行结果

12.4 MQTT 软件包

12.4.1 MQTT 简介

消息队列遥测传输协议（Message Queuing Telemetry Transport，MQTT）是一种构建于TCP/IP 上的基于发布/订阅（publish/subscribe）模式的"轻量级"通信协议，具有低开销、低带宽占用、传输实时可靠的优点，在物联网产品中广泛应用。

1. 工作机制

MQTT 使用发布/订阅消息模式提供一对多的消息分发，MQTT 工作机制如图 12-17 所示，接入 MQTT 的设备包含一个服务器和多个客户端，所有客户端通过服务器实现互联互通。服务器又称为 MQTT Broker，只能作为发布者给订阅者分发消息，客户端可作为发布者（publisher）、订阅者（subscriber）或同时作为发布者和订阅者（publisher/subscriber），客户端作为发布者可以向服务器发布消息，作为订阅者可以接收服务器发布的消息。发布和订阅消息仅允许在过滤的主题下进行，主题是分层划分的 UTF–8 字符串，不同的主题级别用斜杠/作为分隔符号。图中"sub"为一级主题，一级主题下有"sub1"和"sub2"两个二级主题。服务器可以发布主题"sub/sub1"和"sub/sub2"，主题内容分别为"内容1"和"内容2"；客户端1仅作为订阅者，可以订阅主题"sub/sub1"，收到"内容1"，但没有订阅主题"sub/sub2"，因此收不到"内容2"；客户端2仅作为发布者可以发布主题"sub/sub2"，但收不到服务器发布的任何主题；客户端3可以作为发布者和订阅者，作为发布者时可以发布主题"sub/sub1"，内容为"内容1"，作为订阅者时，可以订阅主题"sub/sub2"，收到"内容2"。

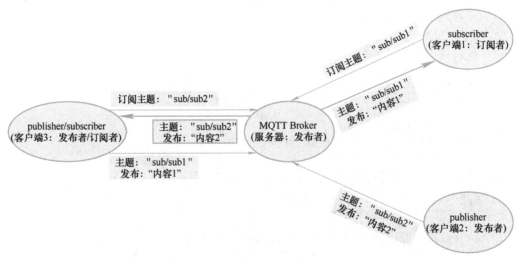

图 12-17　MQTT 工作机制

2. 服务质量

服务质量（Quality of Service levels，QoS）是 MQTT 的一个重要特性，共有三个级别，即 QoS0、QoS1 和 QoS2。

QoS0：最多发送一次，即发布者只发送一次，不管订阅者是否收到数据。

QoS1：至少到达一次，发布者发布消息后等待订阅者的确认信息，如果没有收到确认消息，发布者会一直发送消息，即保证订阅者至少收到一次消息。

QoS2：只到达一次，发布者发布消息后需要订阅者确认，订阅者确认后需要发布者再次确认，以此保证消息仅传送到目的地一次。

3. 数据包结构

MQTT 数据包由固定头、可变头和有效负载三部分构成，如图 12-18 所示。其中固定头（字节 1~2）存在于全部 MQTT 数据包中，表示数据包类型及数据包的分组类标识。可变头（字节 3~m）存在于部分 MQTT 数据包中，数据包类型决定了可变头是否存在及其具体内容。有效负载（字节 $m+1~n$）存在于部分 MQTT 数据包中，表示客户端收到的具体内容。

位	7	6	5	4	3	2	1	0
字节1	数据包类型				标识位	服务质量		保留位
字节2	剩余长度							
字节3	可变头							
...								
字节m								
字节m+1	有效负载							
...								
字节n								

图 12-18　MQTT 数据包结构

（1）固定头

固定头为前两个字节，包括数据包类型、标识位、服务质量、保留位和剩余长度。

数据包类型：字节 1 的第 7~4 位，数据包类型见表 12-3。

表 12-3　数据包类型

名称	值	流方向	描述
Reserved	0	不可用	保留位
CONNECT	1	客户端到服务器	客户端请求链接到服务器
CONNACK	2	服务器到客户端	链接确认
PUBLISH	3	双向	发布消息
PUBACK	4	双向	发布确认
PUBREC	5	双向	发布收到（保证第 1 部分到达）
PUBREL	6	双向	发布释放（保证第 2 部分到达）
PUBCOMP	7	双向	发布完成（保证第 3 部分到达）
SUBSCRIBE	8	客户端到服务器	客户端请求订阅
SUBACK	9	服务器到客户端	订阅确认
UNSUBSCRIBE	10	客户端到服务器	请求取消订阅
UNSUBACK	11	服务器到客户端	取消订阅确认
PINGREQ	12	客户端到服务器	PING 请求
PINGRESP	13	服务器到客户端	PING 应答
DISCONNECT	14	客户端到服务器	中断链接
Reserved	15	不可用	保留位

标识位：字节 1 的第 3 位，用来保证消息的可靠传输。若为 1，则剩余长度中增加一个消息 ID，且需要回复确认，以保证消息传输完成，但不能用于检测消息重复发送。

服务质量：字节 1 的第 2 ~ 1 位，00 表示 QoS0，01 表示 QoS1，10 表示 QoS2，11 为预留。

保留位：字节 1 的第 0 位，只用于发布消息。如果为 1，则服务器在发送给当前订阅者后要保留此信息，若有新的订阅者出现，就把这消息推送给它。

剩余长度：表示当前消息剩余内容的字节数，包括可变头部和有效载荷的数据。剩余长度所占字节根据可变头部和有效载荷的长度不同而变化，每一个字节的低 7 位表示剩余长度的数据，第 8 位表示后面是否还有编码剩余长度的字节，即每一个字节编码 128 个值和一个"延续位"。如只用一个字节，最大可表示 127B 的长度，最多可用 4B 表示剩余长度。用多个字节表示剩余长度时，数据包结构中可变头和有效负载依次下移。

（2）可变头

可变头位于固定头和有效负载之间，可变头的内容因数据包类型而不同，常作为 PUB-LISH（QoS > 0）、PUBACK、PUBREC 等数据包的标识。

（3）有效负载

有效负载为 MQTT 数据包的第三部分，CONNECT、SUBSCRIBE、SUBACK 和 UNSUB-SCRIBE 四种类型的消息包含有效负载。

CONNECT：有效负载的内容为客户端 ID、订阅的主题、订阅消息、用户名和密码。

SUBSCRIBE：有效负载的内容是一系列要订阅的主题以及 QoS。

SUBACK：有效负载的内容是服务器对 SUBSCRIBE 所申请主题及 QoS 进行确认和回复。

UNSUBSCRIBE：有效负载的内容是要取消订阅的主题。

12.4.2　MQTT 软件包应用实例及步骤

RT - Thread 软件包中心提供了多种 MQTT 软件包，比较常用的有 paho - mqtt、umqtt 和 kawaii - mqtt。其中，paho - mqtt 是 Eclipse 在 Eclipse paho - mqtt 源码包的基础上设计的一套 MQTT 客户端程序，umqtt 是 RT - Thread 自主研发的 MQTT 客户端程序，它提供了设备与 MQTT Broker 通信的基本功能，kawaii - mqtt 是开发者 jiejie 提供的基于 socket API 的 MQTT 客户端。虽然 umqtt 和 kawaii - mqtt 本身占用资源较少，但二者依赖组件 LwIP，而 LwIP 会占用很多资源，不经剪裁至少需要 48KB 的 RAM，如果利用 umqtt 或 kawaii - mqtt 需要 MCU 具有至少 64KB 的 RAM。paho - mqtt 不依赖于 LwIP，整体资源占用较少，因此本节以 paho - mqtt 为例讲解 MQTT 软件包的应用。

本例主要完成 MQTT 服务器的连接及消息订阅和发布，在完成本例前，首先确定要连接的 MQTT 服务器，可自主搭建 MQTT 服务器，也可利用阿里云 IoT、杭州映云 EMQ、百度智能云天工物联网平台等提供的 MQTT 服务器。本节利用华为 ECS + EMQX 自主搭建的 MQTT 服务器，搭建方法可参考 EMQX 官方文档（https：//www. emqx. io/）。

确定 MQTT 服务器后还需保证开发板能够联网，上节已详细讲解如何利用 FS - MCore - A7670CX 核心板实现联网，本节不再赘述。

确定 MQTT 服务器，并且实现开发板联网后即可下载 paho - mqtt 软件包，开发应用程序连接 MQTT 服务器，订阅并发布消息，具体步骤如下：

1. 下载并配置软件包

在 RT – Thread Settings 中添加 paho – mqtt 软件包并进行配置，paho – mqtt 软件包配置如图 12-19 所示。为了方便应用编程，需手动单击勾选"使能 MQTT 实例"和"使能 MQTT"测试，根据需要修改"设置处理 Pahomqtt 订阅主题的最大个数"，此处设置为 10，其余配置保持默认即可。

图 12-19　paho – mqtt 软件包配置

2. 编程实现功能

参考示例 . /packages/pahomqtt – v1. 1. 0/samples/mqtt_sample. c，在 . /application 目录下新建文件 app_mqtt. c 并编程实现 mqtt 启动、上传等功能，主线程创建 mqtt 上传线程，程序源码如下所示：

```
./application/main. c

#include  < rtthread. h >

extern void mqtt_upload_entry( void  ∗ parameter);

int main( void)
{
    rt_thread_t t_mqtt_upload;
    t_mqtt_upload = rt_thread_create( "tmqttupload" , mqtt_upload_entry, RT_NULL, 2048 , 20 ,
10);
    rt_thread_startup( t_mqtt_upload);
    return RT_EOK;
}
```

```
./application/app_mqtt.c

#include <stdlib.h>
#include <string.h>
#include <stdint.h>
#include <rtthread.h>
#include "paho_mqtt.h"

#define DBG_ENABLE
#define DBG_SECTION_NAME        "app.mqtt"
#define DBG_LEVEL               DBG_LOG
#define DBG_COLOR
#include <rtdbg.h>

#define MQTT_URI        "tcp://139.9.138.250:1883" //MQTT 服务器地址:端口
#define MQTT_USERNAME   "hythait"       //MQTT 用户名
#define MQTT_PASSWORD   "hythait"       //MQTT 密码
#define MQTT_SUBTOPIC   "/mqtt/test"    //默认订阅主题
#define MQTT_PUBTOPIC   "/mqtt/test"    //默认发布主题
#define MQTT_WILLMSG    "Goodbye!"      //遗嘱消息
/* 定义 MQTT 客户端 */
static MQTTClient client;
static int is_started = 0;

/* 订阅主题的回调函数 */
static void mqtt_sub_callback(MQTTClient *c, MessageData *msg_data)
{
    *((char *)msg_data -> message -> payload + msg_data -> message -> payloadlen)
= '\0';
    LOG_D("mqtt sub callback: %.*s %.*s",
                msg_data -> topicName -> lenstring.len,
                msg_data -> topicName -> lenstring.data,
                msg_data -> message -> payloadlen,
                (char *)msg_data -> message -> payload);
}

/* 订阅主题的默认回调函数 */
static void mqtt_sub_default_callback(MQTTClient *c, MessageData *msg_data)
{
```

```
        *((char *)msg_data - >message - >payload + msg_data - >message - >payloadlen) =
'\0';
    LOG_D("mqtt sub default callback: %. * s %. * s",
                msg_data - >topicName - >lenstring. len,
                msg_data - >topicName - >lenstring. data,
                msg_data - >message - >payloadlen,
                (char *)msg_data - >message - >payload);
}

/* MQTT 连接回调函数 */
static void mqtt_connect_callback(MQTTClient * c)
{
    LOG_D("inter mqtt_connect_callback!");
}

/* MQTT 上线回调函数 */
static void mqtt_online_callback(MQTTClient * c)
{
    LOG_D("inter mqtt_online_callback!");
}

/* MQTT 下线回调函数 */
static void mqtt_offline_callback(MQTTClient * c)
{
    LOG_D("inter mqtt_offline_callback!");
}

/* 启动 MQTT 客户端 */
static int mqtt_start(void)
{
    /* 初始化连接参数 */
    MQTTPacket_connectData condata = MQTTPacket_connectData_initializer;
    static char cid[20] = { 0 };

    if (is_started)
    {
        LOG_E("mqtt client is already connected. ");
        return - 1;
```

```
    /* 设置 MQTT 报文参数 */
    {
        client. isconnected = 0;
        client. uri = MQTT_URI;

        /* 随机生成客户端 ID */
        rt_snprintf( cid, sizeof( cid), "rtthread% d", rt_tick_get());
        /* 配置连接参数 */
        memcpy( &client. condata, &condata, sizeof( condata));
        client. condata. clientID. cstring = cid;
        client. condata. keepAliveInterval = 30;
        client. condata. cleansession = 1;
        client. condata. username. cstring = MQTT_USERNAME;
        client. condata. password. cstring = MQTT_PASSWORD;

        /* 配置遗嘱消息参数 */
        client. condata. willFlag = 1;
        client. condata. will. qos = 1;
        client. condata. will. retained = 0;
        client. condata. will. topicName. cstring = MQTT_PUBTOPIC;
        client. condata. will. message. cstring = MQTT_WILLMSG;

        /* 开辟内存 */
        client. buf_size = client. readbuf_size = 1024;
        client. buf = rt_calloc( 1, client. buf_size);
        client. readbuf = rt_calloc( 1, client. readbuf_size);
        if ( ! ( client. buf && client. readbuf))
        {
            LOG_E( "no memory for MQTT client buffer!");
            return -1;
        }

        /* 设置连接事件回调函数 */
        client. connect_callback = mqtt_connect_callback;
        client. online_callback = mqtt_online_callback;
        client. offline_callback = mqtt_offline_callback;

        /* 设置订阅列表及回调函数 */
```

```
        client. messageHandlers[0]. topicFilter = rt_strdup(MQTT_SUBTOPIC);
        client. messageHandlers[0]. callback = mqtt_sub_callback;
        client. messageHandlers[0]. qos = QOS1;

        /* 设置默认订阅事件回调函数 */
        client. defaultMessageHandler = mqtt_sub_default_callback;
    }

    /* 启动 MQTT */
    paho_mqtt_start(&client);
    is_started = 1;

    return 0;
}

/* 停止 MQTT 客户端 */
static int mqtt_stop(void)
{
    is_started = 0;
    return paho_mqtt_stop(&client);
}

/* 发布消息 */
static int mqtt_publish(char * topic, char * msg)
{
    if (is_started == 0)
    {
        LOG_E("mqtt client is not connected. ");
        return -1;
    }

    paho_mqtt_publish(&client, QOS1, topic, msg);

    return 0;
}

/* 新订阅主题的回调函数 */
static void mqtt_new_sub_callback(MQTTClient * client, MessageData * msg_data)
{
```

```
    *((char *)msg_data->message->payload + msg_data->message->payloadlen) =
'\0';
    LOG_D("mqtt new subscribe callback: %.*s %.*s",
            msg_data->topicName->lenstring.len,
            msg_data->topicName->lenstring.data,
            msg_data->message->payloadlen,
            (char *)msg_data->message->payload);
}


/* 订阅主题 */
static int mqtt_subscribe(char *topic)
{
    if (is_started == 0)
    {
        LOG_E("mqtt client is not connected.");
        return -1;
    }

    return paho_mqtt_subscribe(&client, QOS1, topic, mqtt_new_sub_callback);
}


/* 取消订阅主题 */
static int mqtt_unsubscribe(char *topic)
{
    if (is_started == 0)
    {
        LOG_E("mqtt client is not connected.");
        return -1;
    }

    return paho_mqtt_unsubscribe(&client, topic);
}


/* MQTT 上传线程入口函数 */
void mqtt_upload_entry(void *parameter)
{
    char msg[10] = "msg";
    /* 启动 MQTT */
    mqtt_start();
    /* 订阅主题"/mqtt/test_new" */
```

```
mqtt_subscribe("/mqtt/test_new");

/* 间隔 10s,发布主题 */
for(int i = 0; i < 5; i + +)
{
    rt_snprintf(msg, sizeof(msg),"msg % d",i);
    mqtt_publish("/mqtt/test_new",msg);
    mqtt_publish("/mqtt/test",msg);
    rt_thread_mdelay(10000);
    rt_kprintf("upload % d\n",i);
}


/* 取消订阅 */
mqtt_unsubscribe("/mqtt/test_new");
/* 停止 MQTT */
mqtt_stop();
}
```

编译并下载程序,通过终端及服务器观察运行结果。终端运行结果如图 12-20 所示,共订阅了两个主题 "/mqtt/test" 和 "/mqtt/test_new",间隔 10s 对每个主题发布一条消息。此

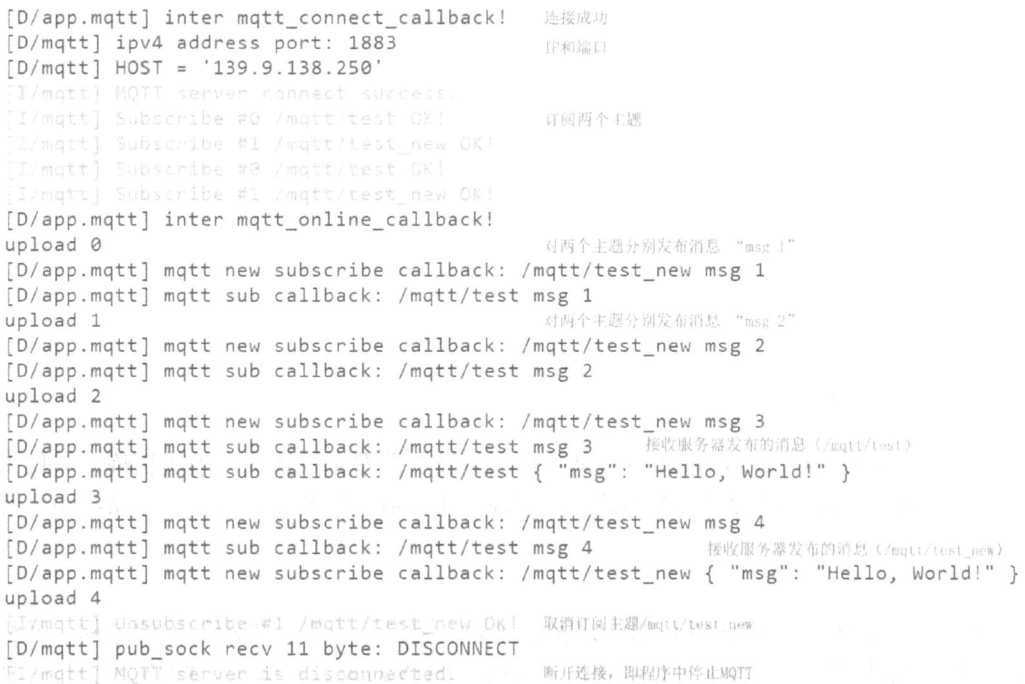

```
[D/app.mqtt] inter mqtt_connect_callback!          连接成功
[D/mqtt] ipv4 address port: 1883                    IP和端口
[D/mqtt] HOST = '139.9.138.250'
[I/mqtt] MQTT server connect success.
[I/mqtt] Subscribe #0 /mqtt/test OK!               订阅两个主题
[I/mqtt] Subscribe #1 /mqtt/test_new OK!
[I/mqtt] Subscribe #0 /mqtt/test OK!
[I/mqtt] Subscribe #1 /mqtt/test_new OK!
[D/app.mqtt] inter mqtt_online_callback!
upload 0                                            对两个主题分别发布消息 "msg 1"
[D/app.mqtt] mqtt new subscribe callback: /mqtt/test_new msg 1
[D/app.mqtt] mqtt sub callback: /mqtt/test msg 1
upload 1                                            对两个主题分别发布消息 "msg 2"
[D/app.mqtt] mqtt new subscribe callback: /mqtt/test_new msg 2
[D/app.mqtt] mqtt sub callback: /mqtt/test msg 2
upload 2
[D/app.mqtt] mqtt new subscribe callback: /mqtt/test_new msg 3
[D/app.mqtt] mqtt sub callback: /mqtt/test msg 3      接收服务器发布的消息 (/mqtt/test)
[D/app.mqtt] mqtt sub callback: /mqtt/test { "msg": "Hello, World!" }
upload 3
[D/app.mqtt] mqtt new subscribe callback: /mqtt/test_new msg 4
[D/app.mqtt] mqtt sub callback: /mqtt/test msg 4     接收服务器发布的消息 (/mqtt/test_new)
[D/app.mqtt] mqtt new subscribe callback: /mqtt/test_new { "msg": "Hello, World!" }
upload 4
[I/mqtt] Unsubscribe #1 /mqtt/test_new OK!           取消订阅主题/mqtt/test_new
[D/mqtt] pub_sock recv 11 byte: DISCONNECT
[I/mqtt] MQTT server is disconnected.                断开连接,即程序中停止MQTT
```

图 12-20　终端运行结果

外，收到服务器针对两个主题发布的两条消息"{"msg"："Hello,World!"}"。最后，取消订阅主题"/mqtt/test_new"并断开连接。

服务器运行结果如图 12-21 所示，订阅了两个主题，每个主题每间隔 10s 收到一条消息，并分别对每个主题发布一条消息。

发布消息列表 ⟳

消息	主题	服务质量	时间
{"msg": "Hello, World!"}	/mqtt/test_new	1	2022-06-08 16:48:50
{"msg": "Hello, World!"}	/mqtt/test	1	2022-06-08 16:48:42

订阅消息列表 ⟳

消息	主题	服务质量	时间
{"msg": "Hello, World!"}	/mqtt/test_new	1	2022-06-08 16:48:50
msg 4	/mqtt/test	1	2022-06-08 16:48:48
msg 4	/mqtt/test_new	1	2022-06-08 16:48:48
{"msg": "Hello, World!"}	/mqtt/test	1	2022-06-08 16:48:42
msg 3	/mqtt/test	1	2022-06-08 16:48:38
msg 3	/mqtt/test_new	1	2022-06-08 16:48:38
msg 2	/mqtt/test	1	2022-06-08 16:48:28
msg 2	/mqtt/test_new	1	2022-06-08 16:48:28
msg 1	/mqtt/test	1	2022-06-08 16:48:19
msg 1	/mqtt/test_new	1	2022-06-08 16:48:18

图 12-21　服务器运行结果

12.5　cJSON 软件包

12.5.1　JSON 简介

JSON（JavaScript Object Notation）是一种轻量级的数据交换格式，语法精炼，方便人机读写，是一种普遍应用的数据交互方式，广泛应用于互联网开发中，在嵌入式系统中也经常用到。

1. JSON 数据格式

JSON 采用键值对（键：值）的格式表示数据，键为字符串，表示数据的名称，又称为字段，值可以是字符串、数字、布尔变量、数据、JSON 对象、数组等。JSON 数据是一种无序的集合，通过键名访问所需数据。简单的 JSON 数据实例如下：

{"location" : "room1"," temp " : 25.5," humi " : 45}

JSON 数据以左花括号"{"开头，以右花括号"}"结尾，称为 JSON 对象。每个数据中可以包含多个键值对，多个键值对之间用逗号","分隔。该示例包含 3 个键值对，其中字段"location"对应的值为"room1"，字段"temp"对应的值为 25.5，字段"humi"对应的值为 45。

2. JSON 通信协议

在实际开发中，若采用 JSON 格式进行通信，要先明确通信协议，包括通信双方的数据名称、数据类型、传输方向等信息。

以室内温湿度监控为例，上传数据协议实例见表 12-4。

表 12-4　上传数据协议实例

字段	示例值	类型				说明
location	"room1"	String				位置
fan	true	Bool				风扇开关
environment	{"temp":25.5,"humi":45}	JSON				温湿度
		字段	示例值	类型	说明	
		temp	25.5	float	温度	
		humi	45	int	湿度	

上传数据示例如下。

```
{
    "location" : "room1",
    "fan" : true,
    "environment" :
    {
        "temp" : 25.5,
        "humi" : 45
    }
}
```

下发数据协议实例见表 12-5。

表 12-5　下发数据协议实例

字段	示例值	类型	说明
location	"room1"	String	位置
fan	true/false	Bool	风扇开关
……	……	……	……

下发数据示例如下：

```
{
    "location" : "room1" ,
    "fan" : true
}
```

12.5.2 cJSON 组包和解析

在嵌入式系统中采用 JSON 格式进行数据交互需要组包和解析。嵌入式系统作为发送方时，首先要根据上传数据协议把所需数据组合成 JSON 格式数据，这个过程称为组包。嵌入式系统作为接收方时，要根据下发数据协议从接收到的 JSON 格式数据中提取有用数据，这个过程称为解析。

RT-Thread 提供了 cJSON 软件包，具有超轻便、可移植、单文件的特点，并使用 MIT 开源协议。cJSON 软件包主要包括 cJSON.c 和 cJSON.h 两个文件，cJSON.h 文件用于 cJSON 结构体定义及 cJSON 函数声明，cJSON.c 文件用于函数的具体实现。利用 cJSON 软件包可方便地实现 JSON 组包和解析。

1. cJSON 数据组织结构

cJSON 采用树形结构组织数据，每个 cJSON 对象是树的一个节点，由 cJSON 结构体实现，cJSON 结构体定义如下：

```
typedef struct cJSON
{
    struct cJSON * next;        //后链表指针
    struct cJSON * prev;        //前链表指针
    struct cJSON * child;       //子节点指针
    int type;                   //节点类型
    char * valuestring;         //字符串值
    int valueint;               //整型值
    double valuedouble;         //浮点值
    char * string;              //节点名
} cJSON;
```

节点的元素也由 cJSON 结构体组成，同一层级的节点和元素是双向链表结构，由 next 和 prev 指针链接，不同层级的节点或元素由 child 指针链接起来，type 表示节点或元素类型，string 表示节点的名称。如果节点类型为字符串，则把字符串的值存储在 valuestring；如果节点类型为数值，则按整型和浮点型把数值分别存储在 valueint 和 valuedouble。

以 12.5.1 节中上传数据协议为例，cJSON 数据组织结构如图 12-22 所示。

2. 组包

根据 cJSON 数据组织结构，数据组包步骤如下：

1）创建一个根节点；

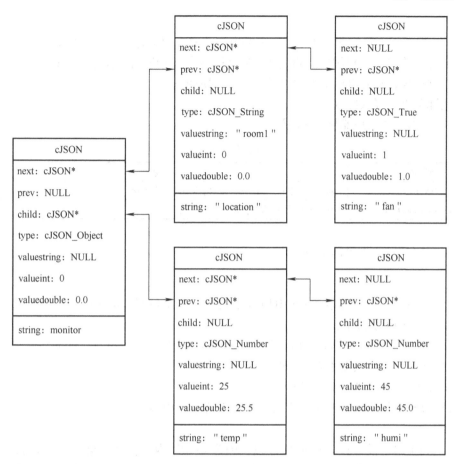

图 12-22　cJSON 数据组织结构

2）根据协议创建字符串节点、数字节点等，并将其添加至根节点；

3）将根节点转换为 JSON 字符串；

4）删除根节点，释放内存。

cJSON 提供的常用组包函数及其功能见表 12-6。

表 12-6　常用组包函数接口

函数名	功能
cJSON_CreateObject	创建空节点
cJSON_CreateString	创建字符串节点，并设置 valuestring 的值为目标字符串
cJSON_CreateNumber	创建数字节点，并设置 valueint 和 valuedouble 的值为目标值
cJSON_CreateBool	创建 bool 节点，并设置 valueint 和 valuedouble 的值为目标值，1 真，0 假
cJSON_AddItemToObject	将元素添加至节点
cJSON_ReplaceItemInObject	更新节点
cJSON_Print	转换为标准 JSON 格式字符串
cJSON_PrintUnformatted	转换为去掉空格的 JSON 格式字符串
cJSON_Delete	删除节点，释放内存

3. 解析

JSON 数据解析即从接收到的 JSON 字符串中获取有用信息，具体步骤如下：

1）创建空节点，并利用该节点将 JSON 字符串按 cJSON 结构体序列化；

2）根据协议，从 cJSON 结构体中获取字段对应值；

3）删除节点，释放内存。

常用解析函数及其功能见表 12-7。

表 12-7 常用解析函数及其功能

函数名	功能
cJSON_Parse	将 JSON 字符串按 cJSON 结构体的结构序列化
cJSON_GetObjectItem	从 cJSON 结构体中获取字段对应值

12.5.3 cJSON 软件包应用实例

1. 需求分析

本实例利用 cJSON 软件包和 USART3 实现与上位机串口调试助手的通信，下位机每间隔 1s 发送如下的 JSON 字符串：

{ "location" : "room1" , "fan" : true , "environment" : { "temp" : 25.5 , "humi" : 45 } }

上位机通过串口调试助手发送 JSON 字符串：

{ "location" : "room1" , "fan" : false }

下位机收到上位机发送的字符串后，修改对应字段内容。

2. 实现过程

本例用到了串口设备和 cJSON 软件包，因为 cJSON 内容变化，会导致串口接收数据长度不同，所以串口需要实现不定长数据接收。此外，在不同的应用中数据协议也不同，为了避免复用不便的问题，需设计单独的文件用于数据组包和解析。根据上述分析，本例创建 app_usart. c/h 文件用于串口数据接收，创建 app_cjson. c/h 文件用于数据组包和解析。基于上述文件，在 main. c 中分别创建上传线程和解析线程实现数据上传和接收解析。各文件源码如下：

```
. /application/main. c

#include <rtthread. h>
#include "app_cjson. h"
#include "app_usart. h"

msg_recv_def msg_recv;//接收数据
msg_upload_def msg_upload;//上传数据

void t_jsonpara_entry( void * parameter)
{
    char data[ ONE_DATA_MAXLEN];
    while (1)
```

```
        /* 串口接收 JSON 数据 */
        uart_get_string(data);
        /* 解析数据 */
        msg_recv_parse(&msg_recv,data);
        /* 更新上传数据 */
        msg_upload.fan = msg_recv.fan;
        rt_thread_mdelay(10);
    }
}

void t_msg_upload_entry(void * parameter)
{
    char * out = NULL;

    /* 获取数据 */
    rt_strncpy(msg_upload.location,"room1",10);
    msg_upload.fan = RT_TRUE;
    msg_upload.temp = 25.5;
    msg_upload.humi = 45;

    while(1)
    {
        /* 数据组包 */
        out = msg_upload_pack(&msg_upload);
        /* 上传数据 */
        rt_device_write(serial,0,out,rt_strlen(out));
        rt_thread_mdelay(1000);
    }
}

int main(void)
{
    /* 创建并启动上传和解析线程 */
    rt_thread_t t_msg_upload,t_jsonpara;
    t_msg_upload = rt_thread_create("tmsgupload",t_msg_upload_entry,RT_NULL,2048,10,
10);
    rt_thread_startup(t_msg_upload);
```

```
        t_jsonpara = rt_thread_create("tjsonpara", t_jsonpara_entry, RT_NULL, 1024, 10, 10);
        rt_thread_startup(t_jsonpara);

        return RT_EOK;
}
```

./application/app_usart. h

```
#ifndef APPLICATIONS_APP_USART_H_
#define APPLICATIONS_APP_USART_H_

#include  < rtthread. h >
#include  < rtdevice. h >

#define DATA_CMD_END      '\r'  / *  结束位设置为 \r, 即回车符 */
#define ONE_DATA_MAXLEN   80   / *  不定长数据的最大长度 */

rt_device_t serial;   //定义串口设备句柄
rt_sem_t s_recv;       //定义信号量句柄

rt_err_t uart_recv_callback(rt_device_t dev, rt_size_t size);
char uart_get_char(void);
void uart_get_string(char data[]);

#endif / *  APPLICATIONS_APP_USART_H_  */
```

./application/app_usart. c

```
/ *  该文件完成不定长数据接收 */
#include "app_usart. h"

/ *  接收中断回调函数 */
rt_err_t uart_recv_callback(rt_device_t dev, rt_size_t size)
{
    if(size > 0)
    {
        rt_sem_release(s_recv);//释放信号量
    }
    return RT_EOK;
}
```

```
/* 获取一个字符 */
char uart_get_char(void)
{
    char ch;
    /* 读到字符则返回字符, 否则挂起等待 */
    while (rt_device_read(serial,0,&ch,1) = = 0)
    {
        rt_sem_control(s_recv,RT_IPC_CMD_RESET,RT_NULL);//信号量复位
        rt_sem_take(s_recv,RT_WAITING_FOREVER);//等待获取信号量
    }
    return ch;
}

/* 获取不定长字符串 */
void uart_get_string(char data[ ])
{
    char ch;
    static int i = 0;
    while (1)
    {
        ch = uart_get_char( );//获取一个字符
        /* 判断结束标志 */
        if (ch = = DATA_CMD_END)
        {
            data[i + +] = '\0';
            i = 0;
            break;
        }

        /* 字符串长度不超过最大长度 */
        i = (i > = ONE_DATA_MAXLEN – 1) ? ONE_DATA_MAXLEN – 1 : i;
        data[i + +] = ch;
    }
}

/* 串口自动初始化 */
int uart_init(void)
{
```

```
    s_recv = rt_sem_create("srecv",0,RT_IPC_FLAG_FIFO);
    serial = rt_device_find("uart3");
    rt_device_open(serial,RT_DEVICE_FLAG_INT_RX);
    /* 设置接收回调函数 */
    rt_device_set_rx_indicate(serial,uart_recv_callback);
    return 0;
}
INIT_DEVICE_EXPORT(uart_init);
```

./application/app_cjson.h

```
#ifndef APPLICATIONS_APP_CJSON_H_
#define APPLICATIONS_APP_CJSON_H_

#include < rtthread.h >
#include < stdlib.h >
#include < string.h >
#include < stdint.h >
#include "cJSON.h"

/* 上传数据结构 */
typedef struct msg_upload{
    char location[10];
    cJSON_bool fan;
    double temp;
    int humi;
} msg_upload_def, * pmsg_upload_def;

/* 下发数据结构 */
typedef struct msg_recv{
    char location[10];
    cJSON_bool fan;
} msg_recv_def, * pmsg_recv_def;

char * msg_upload_pack(pmsg_upload_def msg);
void msg_recv_parse(pmsg_recv_def msg_recv,char * json_string);

#endif /* APPLICATIONS_APP_CJSON_H_ */
```

```
./application/app_cjson. c

/* 该文件根据协议完成组包和解析 */
/* 协议数据示例
* * * * * * * * * * 上传 * * * * * * * * * *
{
    "location" : "room1" ,
    "fan" : true,
    "environment" : {
        "temp" :25. 5 ,
        "humi" :45
    }
}
* * * * * * * * * * * 下发 * * * * * * * * * *
{
    "location" : "room1" ,
    "fan" : true
}
*/

#include "app_cjson. h"


/* 上传数据组包 */
char * msg_upload_pack( pmsg_upload_def msg)
{
    char * json_string = NULL;    // 返回值 json 字符串
    cJSON * monitor = NULL;       //所有监控信息节点
    cJSON * environment = NULL;   //温湿度信息节点
    cJSON * location = NULL;      //位置
    cJSON * fan = NULL;           //风扇开关
    cJSON * temp = NULL;          //温度
    cJSON * humi = NULL;          //湿度

    /* 创建 monitor 节点,包含所有参数 */
    monitor = cJSON_CreateObject( );
    if ( monitor = = NULL)
    {
        goto end;
    }
```

```
/* 创建 location 字段,并添加至 monitor */
location = cJSON_CreateString(msg - >location);
if(location = = NULL)
{
    goto end;
}
cJSON_AddItemToObject(monitor,"location",location);

/* 创建 fan 字段,并添加至 monitor */
fan = cJSON_CreateBool(msg - >fan);
if(fan = = NULL)
{
    goto end;
}
cJSON_AddItemToObject(monitor,"fan",fan);

/* 创建 environment 节点,包含温湿度参数 */
environment = cJSON_CreateObject();
cJSON_AddItemToObject(monitor,"environment",environment);
if (environment = = NULL)
{
    goto end;
}
/* 创建 temp 字段,并添加至 environment */
temp = cJSON_CreateNumber(msg - >temp);
if(temp = = NULL)
{
    goto end;
}
cJSON_AddItemToObject(environment,"temp",temp);

/* 创建 humi 字段,并添加至 environment */
humi = cJSON_CreateNumber(msg - >humi);
if(humi = = NULL)
{
    goto end;
}
cJSON_AddItemToObject(environment,"humi",humi);
```

```
    json_string = cJSON_PrintUnformatted( monitor );

    /* 异常情况统一 Delete( free ) */
end：
    cJSON_Delete( monitor );
    return json_string;
}


/* 下发数据解析 */
void msg_recv_parse( pmsg_recv_def msg_recv, char * json_string )
{
    cJSON * msg_json = NULL;
    msg_json = cJSON_Parse( json_string );
    msg_recv - > fan = ( cJSON_bool )( cJSON_GetObjectItem( msg_json, "fan" ) - > valueint );
    rt_strncpy( msg_recv - > location, cJSON_GetObjectItem( msg_json, "location" ) - > values-
tring, 10 );
}
```

编译并下载程序，通过串口调试助手观察运行结果，如图 12-23 所示。

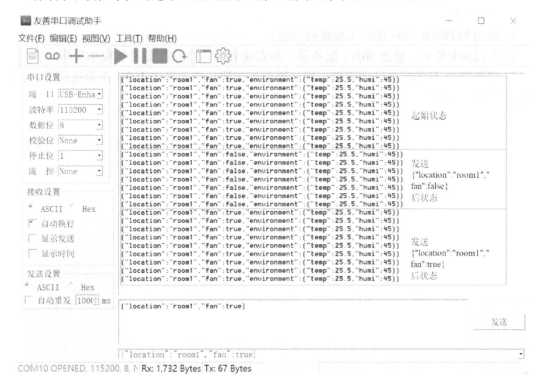

图 12-23　运行结果

思考与练习

一、填空题

1. AHT10 的温度测量范围为＿＿＿＿＿＿＿＿，精度为＿＿＿＿＿＿＿＿。湿度测量范围为＿＿＿＿＿＿＿＿，精度为＿＿＿＿＿＿＿＿。

2. AHT10 采用＿＿＿＿＿＿进行通信，通信方向为＿＿＿＿＿＿。

3. cJSON 数据（info）的内容为 ｛"name"："zhangsan"，"age"：35｝，调用以下函数可以获取到年龄信息：＿＿＿＿＿＿＿＿＿＿＿＿＿＿＿＿＿。

二、判断题

1. FS – MCore – A7670CX 核心板可采用 DC 3.3V 供电。（   ）

2. 客户端 1 发布主题/mqtt/monitor 后，只要客户端 2 订阅主题/mqtt/monitor，就可收到客户端 1 发布的消息。（   ）

三、简答题

1. 画出并描述 I2C 总线的起始位和停止位。

2. 简要概括 AHT10 的应用步骤。

3. 简要概括 AT Device 的应用步骤。

4. 简要概括 cJSON 的应用步骤，包括组包和解析。

5. 简述 MQTT 的工作机制。

四、编程题

1. 利用 ESP8266 WiFi 模块实现联网功能。

2. 查阅相关资料，搭建 MQTT 服务器，并完成 12.4 节 MQTT 软件包应用实例。

3. 完善第 11 章的综合设计实例，增加温湿度监测功能，采用 JSON 作为通信方式，提出设计需求，并编程实现功能。

◐ 第 13 章

基于 STM32 及 OneNET 的智能家居系统

本章思维导图

　　本章为综合应用设计，通过基于 STM32 及 OneNET 的智能家居系统详细介绍嵌入式系统设计开发流程，包括需求分析、硬件设计、软件设计、云应用设计和系统测试等。基于 STM32 及 OneNET 的智能家居系统思维导图如图 13-1 所示，其中加◉的为需要理解的内容，加◉的为需要掌握的内容，加　的为需要实践的内容。

　　1. 理解需求分析、整体方案设计及系统测试的原理，并能够根据实际应用做出具体方案。

　　2. 掌握硬件设计、软件设计及云应用设计。

　　3. 独立完成本设计，用时不超过 120min，并能够在此基础上完善、优化设计，进而推广至其他应用领域。

　　建议读者在完成本章学习后及时更新完善思维导图，以巩固、归纳、总结本章内容。进一步，将所有章节思维导图整合优化，形成嵌入式系统知识体系。

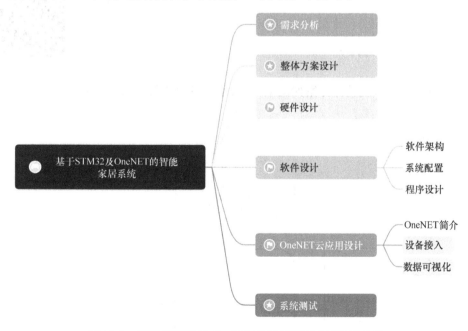

图 13-1　基于 STM32 及 OneNET 的智能家居系统思维导图

13.1 需求分析

智能家居是以住宅为平台，利用综合布线技术、网络通信技术、安全防范技术、自动控制技术、音视频技术将家居生活有关的设施集成，具备家电控制、照明控制、电话远程控制、室内外遥控、防盗报警、环境监测、暖通控制、红外转发以及可编程定时控制等多种功能，构建高效的住宅设施与家庭日程事务的管理系统，提升家居的安全性、便利性、舒适性、艺术性，并营造环保节能的居住环境。本章利用开发板设计基于 STM32 及 OneNET 的智能家居系统，主要实现温湿度监测功能，具体需求如下：

1. 环境监测

环境监测包括温度和湿度监测，温湿度监测指标见表 13-1。

表 13-1 温湿度监测指标

监测内容	监测范围	监测精度	更新频率
温度	−40~85℃	±0.3℃	1Hz
湿度	0~100% RH	±2% RH	1Hz

2. 本地显示

利用显示屏显示当前温度、湿度及是否联网等信息，温湿度刷新频率为 1Hz，联网信息随状态更新。

3. 云应用

温湿度信息实时上传云平台，实现温湿度远程监测，每 3s 更新一次。

硬件连接及工程创建

13.2 整体方案设计

根据需求分析，系统整体方案如图 13-2 所示，各模块具体选型如下。

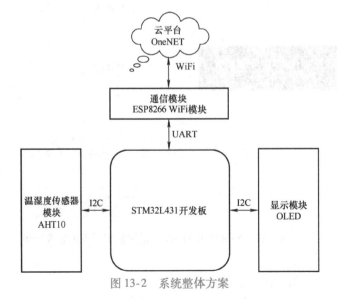

图 13-2 系统整体方案

1. STM32L431 开发板

STM32L431 开发板建议选用教材配套的开发板，如图 13-3 所示，开发板把 STM32L431RCT6 微控制器作为核心，板载 3 个 LED、2 个独立按键、1 个电位器、1 个 EEP-ROM，扩展了 STLINK 接口、OLED 接口、DHT11 接口、ESP8266 接口等，所有未使用引脚均通过排针引出，方便应用拓展。

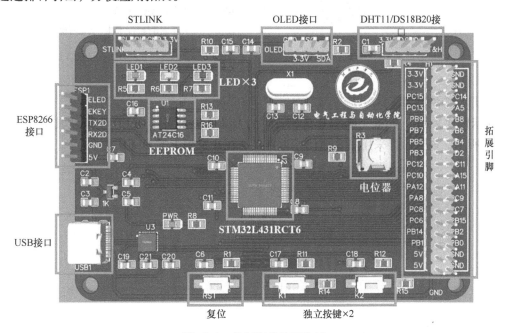

图 13-3   教材配套的开发板

2. 温湿度传感器模块

温湿度传感器模块采用 AHT10 温湿度传感器模块。AHT10 模块及其引脚功能如图 13-4 所示，SCL 和 SDA 分别为 I2C 的时钟和数据线，采用模拟 I2C 的方式可接开发板上任意引脚。AHT10 具体参数可参考芯片手册。

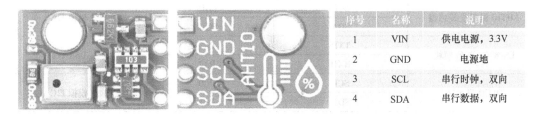

序号	名称	说明
1	VIN	供电电源，3.3V
2	GND	电源地
3	SCL	串行时钟，双向
4	SDA	串行数据，双向

图 13-4   AHT10 模块及其引脚功能

3. 通信模块

通信模块采用正点原子的 ESP8266 WiFi 模块，通过 WiFi 实现联网通信，也可采用 SIM-Com A7670C 4G 模块，通过 4G 方式联网通信。本设计采用 ESP8266 WiFi 模块，如图 13-5 所示，ESP8266 WiFi 模块共有 6 个引脚，详细资料可参考官方说明书。

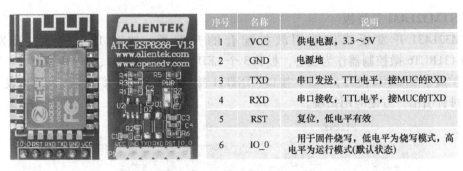

序号	名称	说明
1	VCC	供电电源，3.3～5V
2	GND	电源地
3	TXD	串口发送，TTL电平，接MUC的RXD
4	RXD	串口接收，TTL电平，接MUC的TXD
5	RST	复位，低电平有效
6	IO_0	用于固件烧写，低电平为烧写模式，高电平为运行模式（默认状态）

图 13-5　ESP8266 WiFi 模块及其引脚功能

4. 显示模块

显示模块采用 0.96in（1in = 0.0254m）的 OLED 显示屏，OLED 模块及其引脚功能如图 13-6所示，该显示屏采用 I2C 通信，可直接插在开发板上的 OLED 接口。

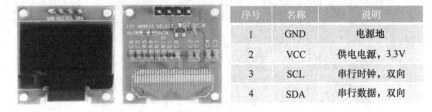

序号	名称	说明
1	GND	电源地
2	VCC	供电电源，3.3V
3	SCL	串行时钟，双向
4	SDA	串行数据，双向

图 13-6　OLED 模块及其引脚功能

13.3　硬件设计

开发板及相关模块的硬件电路设计可参考开发板及相关模块的电路原理图，此处仅针对软件设计列出硬件连接方式，见表 13-2。

表 13-2　硬件连接方式

模块引脚		MCU 引脚	说明
AHT10 温湿度传感器	SCL	PC15	模拟 I2C
	SDA	PC14	
ESP8266 WiFi 模块	TXD	PA3	USART2
	RXD	PA2	
OLED 显示屏	SCL	PC0	模拟 I2C
	SDA	PC1	

13.4　软件设计

13.4.1　软件架构

根据需求分析，软件设计包括三个模块，即温湿度获取模块、温湿度显示模块和温湿度上传模块。因此，对应各模块创建温湿度获取线程、温湿度显示线程和温湿度上传线程，软件架构如图 13-7 所示。

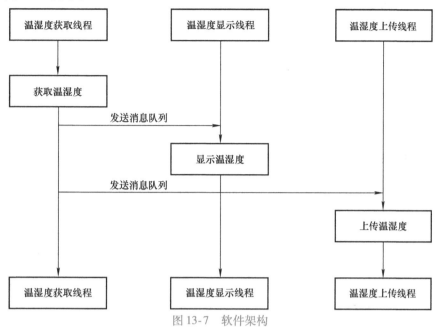

图 13-7　软件架构

13.4.2　系统配置

系统所用软件包、组件及驱动如图 13-8 所示。其中加框的软件包需手动添加并配置，包括 aht10、ssd1306、AT DEVICE 和 OneNET；不加框的软件包为自动添加的依赖包，组件需手动勾选 "libc"，驱动需手动勾选 "软件模拟 I2C"。

系统配置：AHT10 测试

1. aht10 配置

aht10 为 AHT10 温湿度传感器软件包，在软件包中心添加 aht10 软件包后对其进行配置。aht10 配置如图 13-9 所示，其中 "Enable average filter by software" 为软件平均滤波，可根据需要勾选。如果勾选，则需进一步配置平均次数和采样周期，默认平均次数为 10，采样周期为 1000ms。此时软件包将创建平均滤波线程，每 1000ms 采集一次温湿度，采集 10 次平均后作为最终温湿度值。"Version" 为软件包版本，此处选择 v2.0.0，也可保持默认的 "latest"。

由于 AHT10 采用的是 I2C 通信，所以，软件包配置完成后需进一步配置 I2C 驱动。首先，手动勾选 "软件模拟 I2C"，然后在 ./drivers/board. h 中配置 I2C，I2C（aht10）配置如图 13-10所示。aht10 软件包默认采用 I2C4 总线，SCL 为 PC15，SDA 为 PC14。

2. ssd1306 配置

ssd1306 为 OLED 软件包，在软件包中心添加 ssd1306 软件包后对其进行配置，ssd1306如图 13-11 所示，保持默认配置即可，需注意的是 "I2C bus name" 为 "i2c1"，即使用 I2C1 总线，软件包配置完成后需进一步在 ./drivers/board. h 中配置 I2C，I2C（OLED）配置方法如图 13-12 所示，使用 I2C1，SCL 为 PC0，SDA 为 PC1。

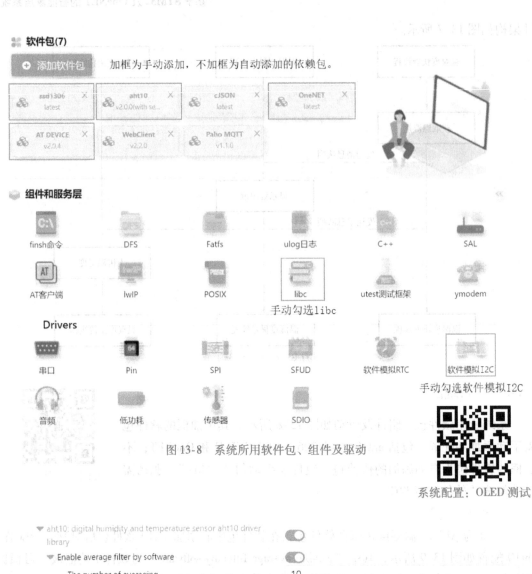

图 13-8　系统所用软件包、组件及驱动

系统配置：OLED 测试

图 13-9　aht10 配置

```
105 #define BSP_USING_I2C4
106 #ifdef BSP_USING_I2C4
107 #define BSP_I2C4_SCL_PIN    GET_PIN(C, 15)
108 #define BSP_I2C4_SDA_PIN    GET_PIN(C, 14)
109 #endif
```

图 13-10　I2C（aht10）配置　　　　　　　系统配置：WiFi 测试

3. AT DEVICE 配置

ESP8266 WiFi 模块为 AT 设备，因此在软件包中心添加 AT DEVICE 软件包并对其进行

图 13-11   ssd1306 配置

配置。添加 AT DEVICE 软件包后，系统会自动勾选"AT 客户端"组件。AT DEVICE （ESP8266）配置如图 13-13 所示。首先，勾选"乐鑫 ESP8266"，然后修改"WiFi SSID" 和"WiFi 密码"为要连接 WiFi 的账号和密码，为了避免串口缓存不足的问题，修改"接收 缓存一行数据的最大长度"为 1024（默认为 512）。此外，还需手动勾选 libc 组件。

```
93 #define BSP_USING_I2C1
94 #ifdef BSP_USING_I2C1
95 #define BSP_I2C1_SCL_PIN    GET_PIN(C, 0)
96 #define BSP_I2C1_SDA_PIN    GET_PIN(C, 1)
97 #endif
```

图 13-12   I2C（OLED）配置   系统配置：OneNET 测试

图 13-13   AT DEVICE（ESP8266）配置

4. OneNET 配置

OneNET 为连接 OneNET 云平台的软件包，在软件包中心添加 OneNET 后会自动添加依 赖包 cJSON、WebClient、Paho MQTT，并自动勾选组件 DFS、SAL 和 POSIX。添加完成后对 OneNET 软件包进行配置，OneNET 配置如图 13-14 所示，需要勾选"使能 OneNET 示例"， 并根据 OneNET 平台创建的产品及设备修改设备 ID、身份验证信息、API 密钥、产品 ID 和 主/产品 APIKEY。

注：进行 OneNET 配置前应登录 OneNET 云平台并完成产品及设备的添加，具体步骤请参考 13.5.2 节的内容。

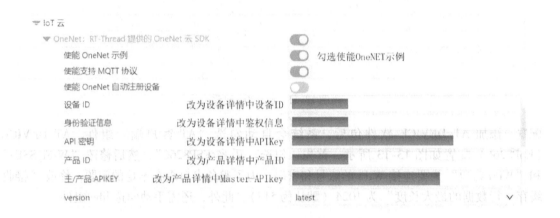

图 13-14　OneNET 配置

13.4.3　程序设计

1. 主线程

主线程主要用于创建 3 个线程和 2 个消息队列，即温湿度获取线程、温湿度显示线程、温湿度上传线程、温湿度获取显示消息队列和温湿度获取上传消息队列。

程序设计

2. 温湿度获取线程

温湿度获取线程流程图如图 13-15 所示，主要用于获取温湿度并通过消息队列将温湿度发送至温湿度显示线程和温湿度上传线程。温湿度获取步骤包括定义数据结构、定义温湿度设备句柄、查找温湿度设备、打开温湿度设备及读取温湿度设备。读到温湿度数据后将其打包，通过温湿度获取显示消息队列和温湿度获取上传消息队列分别将温湿度消息发送至温湿度显示线程和温湿度上传线程。注意：AHT10 采用自动初始化机制进行初始化，无须显式调用。

3. 温湿度显示线程

温湿度显示线程流程图如图 13-16 所示，主要用于接收温湿度获取线程发送的温湿度消息，整理格式后在 OLED 显示。注意：①OLED 采用自动初始化机制进行初始化；②设置好显示位置和显示内容后，要更新显示才能将设置的内容显示在屏幕上；③采用永久等待方式接收消息。

4. 温湿度上传线程

温湿度上传线程流程图如图 13-17 所示，主要用于接收温湿度获取线程发送的温湿度消息并将温湿度数据上传至 OneNET 平台，此外根据上传结果更新在线状态，上传成功为"ON"，上传失败为"OFF"。注意：①可采用条件循环的方式，确保 Onenet mqtt 初始化成功；②采用永久等待方式接收消息。

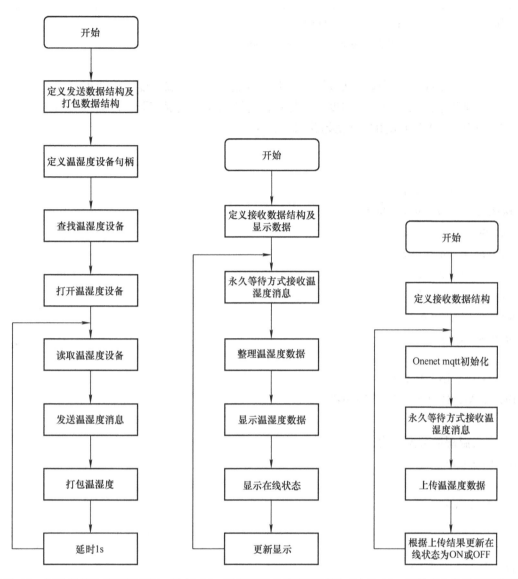

图 13-15　温湿度获取线程流程图　图 13-16　温湿度显示线程流程图　图 13-17　温湿度上传线程流程图

5. 程序源码

根据软件架构及程序流程图，程序关键步骤及程序源码如下所示：

```
./application/main.c

/*
* Copyright（c）2006 – 2022, RT – Thread Development Team
*
* SPDX – License – Identifier：Apache – 2.0
*
* Change Logs：
```

```
*  Date            Author         HYT
*  2022 - 06 - 01    RT - Thread    first version
*
*  1. 创建3个线程：温湿度获取线程、温湿度显示线程和温湿度上传线程
*  2. 创建两个消息队列，温湿度获取显示消息队列和温湿度获取上传消息队列
*  3. aht10 和 OLED 采用自动初始化机制初始化
*/

#include < rtthread. h >
#include "sensor_asair_aht10. h"
#include < rtdevice. h >
#include < sensor. h >
#include < stdio. h >
#include < string. h >
#include "ssd1306. h"
#include < onenet. h >

/* aht10 所用 I2C 总线 */
#define AHT10_I2C_BUS    "i2c4"

/* 定义温湿度数据结构 */
struct data_th{
    float temp;
    float humi;
};

char flag_online[ ] = " ";

/* 3.1 定义消息队列句柄 */
rt_mq_t q_get_show,q_get_upload;

/* 1.4 线程入口函数 */
void t_data_get_entry( void  * parameter)
{
    struct data_th data;//发送数据结构
    struct rt_sensor_data data_temp,data_humi;//读取数据结构

    /* 2.1 定义设备句柄 */
```

```
rt_device_t dev_temp,dev_humi;

/* 2.2 查找设备 */
dev_temp = rt_device_find("temp_aht10");
dev_humi = rt_device_find("humi_aht10");

/* 2.3 打开设备 */
rt_device_open(dev_temp,RT_DEVICE_FLAG_RDWR);
rt_device_open(dev_humi,RT_DEVICE_FLAG_RDWR);
while(1)
{
    /* 2.4 读设备 */
    rt_device_read(dev_temp,0,&data_temp,1);
    rt_device_read(dev_humi,0,&data_humi,1);

    data. temp = data_temp. data. temp;
    data. humi = data_humi. data. humi;

    /* 3.3 发送消息 */
    rt_mq_send(q_get_show,&data,sizeof(data));
    rt_mq_send(q_get_upload,&data,sizeof(data));

    rt_thread_mdelay(1000);
}
}

void t_data_show_entry(void * parameter)
{
    struct data_th data; //接收数据
    char temp[4]; //显示温度数据
    char humi[4]; //显示湿度数据

    while(1)
    {
        /* 3.4 接收消息 */
        rt_mq_recv(q_get_show,&data,sizeof(data),RT_WAITING_FOREVER);

        /* 整理数据并显示 */
```

```
        sprintf(temp,"%.1f",data.temp/10.0);
        ssd1306_SetCursor(82,22);
        ssd1306_WriteString(temp,Font_7x10,White);
        sprintf(humi,"%.1f",data.humi/10.0);
        ssd1306_SetCursor(82,37);
        ssd1306_WriteString(humi,Font_7x10,White);
        ssd1306_SetCursor(82,52);
        ssd1306_WriteString(flag_online,Font_7x10,White);
        ssd1306_UpdateScreen();
    }
}


void t_data_upload_entry(void * parameter)
{
    struct data_th data;    //接收数据结构

    /* 4.1 OneNET 初始化 */
    while(onenet_mqtt_init() ! =0)
    {
        rt_thread_mdelay(100);
    }
    while(1)
    {
        /* 3.4 接收消息 */
        rt_mq_recv(q_get_upload,&data,sizeof(data),RT_WAITING_FOREVER);

        /* 4.2 上传温度 */
        if(onenet_mqtt_upload_digit("Temp",data.temp) = =0)
        {
            /* 上传成功,联网状态为 ON */
            rt_kprintf("upload ok! \n");
            strcpy(flag_online,"");
            strcpy(flag_online,"ON ");
        }
        else
        {
            /* 上传失败,联网状态为 OFF */
            rt_kprintf("upload failed! \n");
```

```
            strcpy(flag_online,"");
            strcpy(flag_online,"OFF");
        }


    /* 4.2 上传湿度 */
    if(onenet_mqtt_upload_digit("Humi",data. humi) = =0)
        {
            strcpy(flag_online,"");
            strcpy(flag_online,"ON ");
        }
    else
        {
            strcpy(flag_online,"");
            strcpy(flag_online,"OFF");
        }

    }

}

int main(void)
{
    /* 1.1 定义线程句柄 */
    rt_thread_t t_data_get,t_data_show,t_data_upload;

    /* 3.2 创建消息队列 */
    q_get_show = rt_mq_create("qgetshow",sizeof(struct data_th),10,RT_IPC_FLAG_
FIFO);
    q_get_upload = rt_mq_create("qgetupload",sizeof(struct data_th),10,RT_IPC_FLAG_
FIFO);

    /* 1.2 创建线程 */
    t_data_get = rt_thread_create("tdataget",t_data_get_entry,RT_NULL,1024,10,10);
    t_data_show = rt_thread_create("tdatashow",t_data_show_entry,RT_NULL,1024,11,10);
    t_data_upload = rt_thread_create("tdataupload",t_data_upload_entry,RT_NULL,2048,8,
10);

    /* 1.3 启动线程 */
    rt_thread_startup(t_data_get);
    rt_thread_startup(t_data_show);
```

```
    rt_thread_startup(t_data_upload);

    return RT_EOK;
}


/* aht10 自动初始化 */
int rt_hw_aht10_port(void)
{
    struct rt_sensor_config cfg;
    cfg.intf.dev_name    = AHT10_I2C_BUS;
    cfg.intf.user_data = (void *)AHT10_I2C_ADDR;
    rt_hw_aht10_init("aht10",&cfg);
    return RT_EOK;
}
INIT_ENV_EXPORT(rt_hw_aht10_port);


/* OLED 自动初始化 */
int oled_init(void)
{
    ssd1306_Init();//OLED 初始化
    ssd1306_Fill(Black);//黑底白字
    ssd1306_SetCursor(10,0);//显示位置横向,纵向
    ssd1306_WriteString("Smart Home",Font_11x18,White);//显示字符串
    ssd1306_SetCursor(2,22);
    ssd1306_WriteString("TEMP:",Font_7x10,White);
    ssd1306_SetCursor(2,37);
    ssd1306_WriteString("HUMI:",Font_7x10,White);
    ssd1306_SetCursor(2,52);
    ssd1306_WriteString("Onenet:",Font_7x10,White);
    ssd1306_UpdateScreen();//更新显示
    return RT_EOK;
}
INIT_DEVICE_EXPORT(oled_init);
```

注：上述代码中注释"1. x"表示线程应用步骤；"2. x"表示温湿度传感器 aht10 应用步骤；"3. x"表示消息队列应用步骤；"4. x"表示 Onenet 应用步骤。

13.5　OneNET 云应用设计

13.5.1　OneNET 简介

OneNET 是中国移动打造的高效、稳定、安全的物联网开放平台。OneNET 支持适配各种网络环境和协议类型，可实现各种传感器和智能硬件的快速接入，提供丰富的 API 和应用模板以支撑各类行业应用和智能硬件的开发，有效降低物联网应用开发和部署成本，满足物联网领域设备连接、协议适配、数据存储、数据安全以及大数据分析等平台级服务需求。

OneNET 已构建"云—网—边—端"整体架构的物联网能力，具备接入增强、边缘计算、增值能力、AI、数据分析、一站式开发、行业能力、生态开放八大特点。全新版本 OneNET 平台向下延展终端适配接入能力，向上整合细分行业应用，可提供设备接入、设备管理等基础设备管理能力，以及位置定位 LBS、远程升级 OTA、数据可视化 View、消息队列 MQ 等 PaaS 能力。同时随着 5G 网络的到来，平台也在打造 5G + OneNET 新能力，重点提供并优化视频能力 Video、人工智能 AI、边缘计算 Edge 等产品能力，通过高效、稳定、多样的组合式服务，让各项应用实现轻松上云，完美赋能行业端到端应用。

OneNET 主要功能如下，本设计仅用到了设备接入和数据可视化功能。

1. 设备接入

1）支持多种行业及主流标准协议的设备接入，提供如 NB – IoT（LWM2M）、MQTT、EDP、Modbus、HTTP 等物联网套件，满足多种应用场景的使用需求。

2）提供多种语言开发 SDK，帮助开发者快速实现设备接入。

3）支持用户协议自定义，通过 TCP 透传方式上传解析脚本来完成协议的解析。

2. 数据可视化 View

1）免编程，可视化拖拽配置，10min 完成物联网可视化大屏开发。

2）提供丰富的物联网行业定制模板和行业组件。

3）支持对接 OneNET 内置数据、第三方数据库、Excel 静态文件多种数据源。

4）自动适配多种分辨率的屏幕，满足多种场景使用需求。

3. 消息队列 MQ

1）基于分布式技术架构，具有高可用性、高吞吐量、高扩展性等特点。

2）支持 TLS 加密传输，提高传输安全性。

3）支持多个客户端对同一队列进行消费。

4）支持业务缓存功能，具有削峰去谷特性。

4. 远程升级 OTA

1）提供对终端模组的远程 FOTA 升级，支持 2G/3G/4G/NB – IoT/WiFi 等类型模组。

2）提供对终端 MCU 的远程 SOTA 升级，满足用户对应用软件的迭代升级需求。

3）支持升级群组以及策略设置，支持完整包和差分包升级。

5. 人工智能 AI

1）提供人脸对比、人脸检测、图像增强、图像抄表、车牌识别、运动检测等多种人工智能服务。

2）通过 API 的方式为用户提供接口，方便集成和使用。

6. 位置定位 LBS

1）提供基于基站的定位，支持三网的 2G/3G/4G 基站定位，覆盖全国。

2）支持 NB-IoT 基站定位，满足 NB 设备的位置定位场景的需求。

3）提供 7 天连续时间段位置查询，可查询在定位时间段内任意 7 天的历史轨迹。

7. 设备管理 DMP

1）提供设备生命周期管理功能，支持用户进行设备注册、设备更新、设备查询、设备删除。

2）提供设备在线状态管理功能，提供设备上下线的消息通知，方便用户管理设备的在线状态。

3）提供设备数据存储服务，便于用户进行海量数据存储查询。

4）提供设备调试工具以及设备日志，便于用户快速调试设备以及定位设备问题。

8. 视频能力 Video

1）提供视频平台、直播以及端到端解决方案等多种视频服务。

2）提供设备侧和应用侧的 SDK，帮助快速实现视频监控、直播等功能。

3）支持 Onvif 视频的设备通过视频网关盒子实现接入平台。

13.5.2　设备接入

设备接入是 OneNET 提供的基础服务，主要用于对接数据采集终端以获取数据，支持多种行业及主流标准协议，如 MQTT、Modbus、HTTP 等，满足多种应用场景的使用需求。设备接入包括注册/登录、添加产品和添加设备三大步骤。

1. 注册/登录

浏览器打开 OneNET（https://open.iot.10086.cn/）平台，OneNET 云平台首页如图 13-18 所示。如果尚未注册，则单击右上角"注册"按钮，根据提示填写相关信息，完成用

图 13-18　OneNET 云平台首页

户注册。如果已经注册，则单击"登录"按钮，填写账号信息、密码及验证码后登录平台。成功登录后，平台首页右上角显示消息和用户头像图标，不再显示"注册"和"登录"。

2. 添加产品

登录成功后，首先，单击"控制台"命令，跳转至控制台页面。然后，依次单击"全部产品服务"→"多协议接入"命令，打开多协议接入页面。最后，在多协议接入页面选择"MQTT（旧版）"选项并单击"添加产品"选项，弹出如图 13-19 所示页面，其中加"＊"的为必填内容，根据提示填写相关内容，单击"确定"按钮即可完成产品创建，多协

添加产品　　　　　　　　　　　　　　　　　　　　　　　×

产品信息

＊产品名称：

智能家居

＊产品行业：

智能家居

＊产品类别：

其他　　　其他　　　其他

产品简介：

温湿度监测

技术参数

＊联网方式：

◉ WiFi　　移动蜂窝网络

＊设备接入协议：

MQTT(旧版)

如要创建原始的及套件类产品请到IOT旧版平台上创建

＊操作系统：

Linux　　Android　　VxWorks　　μC/OS ◉ 无

＊网络运营商：

☐ 移动　☐ 电信　☐ 联通　☑ 其他

确定　　　　　取消

图 13-19　添加产品

议接入页面以列表形式显示刚添加的产品，如图 13-20 所示。

图 13-20　完成产品添加

3. 添加设备

产品添加成功后，在多协议接入页面单击产品，跳转到产品概况页面，单击左侧"设备列表"，打开设备列表页面，如图 13-21 所示，显示设备数量、在线设备数、设备注册码、设备 ID、设备名称等信息。

图 13-21　设备列表页面

单击"添加设备"按钮，弹出"添加新设备"对话框，如图 13-22 所示，录入设备信息后单击"添加"按钮，"添加新设备"对话框自动关闭。添加设备后设备列表页面如图 13-23所示，以列表形式显示该产品下所有设备，设备列表有针对该设备的具体操作，如详情、数据流等，至此完成设备添加。

设备上电完成初始化后，在"设备列表"页面显示设备在线，单击"数据流模板"选项可查看数据状态，如图 13-24 所示，打开"实时刷新"可看到数据每间隔 3s 更新一次，这是平台刷新频率决定的，实际上数据每 1s 上传一次。单击数据卡片可查看数据波形，如图 13-25 所示，在数据波形中可以看到数据每间隔 1s 更新一次。

图 13-22 添加新设备

图 13-23 添加设备后设备列表页面

13.5.3 数据可视化

数据可视化是 OneNET 提供的增值服务，用户通过拖拽式编辑可快速搭建应用页面，主要包括创建项目、编辑组件、配置数据、页面预览等步骤。

数据可视化

1. 创建项目

在控制台首页依次单击"全部产品服务"→"数据可视化 View"命令打开数据可视化页面，单击"新建项目"按钮，选择系统模板，输入项目名称，单击"确定"按钮，即可

图 13-24　数据状态

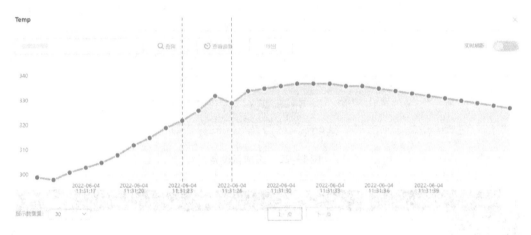

图 13-25　数据波形

完成项目的建立。

2. 编辑组件

成功新建项目后，在项目列表以卡片形式显示新建的项目，智能家居项目卡片如图 13-26 所示，单击"编辑"图标，跳转至可视化界面，结合实际需要，拖拽顶部列表的组件添加至可视化编辑页面，编辑好的页面示例如图 13-27 所示。

3. 配置数据

完成组件拖拽后，双击对应组件，单击右侧弹出的"数据"标签，即可管理数据源、配置数据过滤器。

配置数据源前要添加数据源，首先，单击"管理数据源"命令，弹出"数据源管理"对话框。然后，单击

智能家居

2022-06-04 15:44:55

图 13-26　智能家居项目卡片

"新增数据源"选项，如图 13-28 所示，根据提示完善数据源信息，单击"保存"按钮即可。

存在数据源后，可选择相应数据源，然后配置过滤器。每个过滤器都是一个 javascript（）

图 13-27　编辑好的页面示例

图 13-28　新增数据源

函数，预先定义了过滤器函数的 3 个参数 data（当前组件选中的数据源数据）、rootData（包含所有数据源数据的根对象）和 variables（回调变量）。数据源"Temp_Humi"的 data 数据格式如图 13-29 所示，由于"Temp_Humi"是一个多变量数据源，所以该数据源包含了温度（"Temp"）和湿度（"Humi"）数据，同时显示了数据上传时间、ID、创建时间、当前值等信息。

　　以温度数据为例，其过滤器配置如下所示，其中 data［0］. Temp［"value"］用于获取图 13-29 中"Temp"下的"value"数据，即 305。后面的"/10"表示"value"数据除以 10（因为上传时数据是乘以 10 的）。数据过滤器配置完成后，一定要单击"保存"按钮，配置才会生效。

```
[
  {
    "value": [
      {
        "Temp": {
          "update_at": "2022-06-04 12:27:19",
          "id": "Temp",
          "create_time": "2022-06-02 15:19:13",
          "current_value": 305,
          "at": "2022-06-04 12:27:19",
          "value": 305
        },
        "Humi": {
          "update_at": "2022-06-04 12:27:18",
          "id": "Humi",
          "create_time": "2022-06-02 15:19:13",
          "current_value": 410,
          "at": "2022-06-04 12:27:18",
          "value": 410
        }
      }
    ]
  }
]
```

图 13-29　数据源"Temp_Humi"的 data 数据格式

```
function filter(data, rootData, variables) {
    return [ {
            "value": data[0]. Temp["value"]/10
    }]
}
```

注：为了方便终端开发，有时候会对数据进行简单处理（如扩大 10 倍）后上传，上传后可以在平台对数据进行反处理（如缩小 10 倍）。

4. 页面预览

完成数据源配置后，单击"预览"按钮，跳转至预览页面，可以预览设计效果，如图 13-30所示，根据预览效果可进一步调整、完善可视化页面。

图 13-30　预览页面

5. 项目发布

可视化页面设计完成后，单击项目卡片下方的"发布"图标，弹出"项目发布"对话框，勾选"发布项目"选项后，弹出访问权限和访问链接，如图 13-31 所示。复制链接后，单击"确定"按钮即可完成项目发布，此时项目卡片左上角的显示由"草稿"变为"已发布"。以后可根据访问链接在浏览器查看可视化页面。

图 13-31 项目发布

13.6 系统测试

所有功能完成后对系统进行测试，包括温湿度采集、显示和上传。温湿度采集和显示可通过终端测试，温湿度上传可通过云应用测试。测试结果如图 13-32 所示，终端显示温湿度值及联网状态，云应用显示温湿度值。用手触摸温湿度传感器，改变温湿度值可以看到OLED 及云应用的温湿度值随之改变。

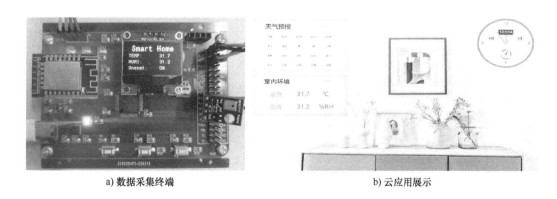

a) 数据采集终端　　　　　　　　　　b) 云应用展示

图 13-32 测试结果

思考与练习

一、简答题

1. 利用网络查阅当前常用温湿度传感器，分析其性能参数。

2. 查阅机智云、阿里云、AirIOT 等物联网云平台，了解其功能。

二、编程题

1. 利用 aht10 温湿度传感器实现温湿度信息采集。

2. 利用 u8g2 - official 软件包在 OLED 上实现中文显示。

三、设计题

发挥自身创新能力，调研生活或生产中物联网应用需求，设计一款物联网应用，要求论证应用背景、明确需求、设计整体方案并完成所有设计。

附录 开发板原理图

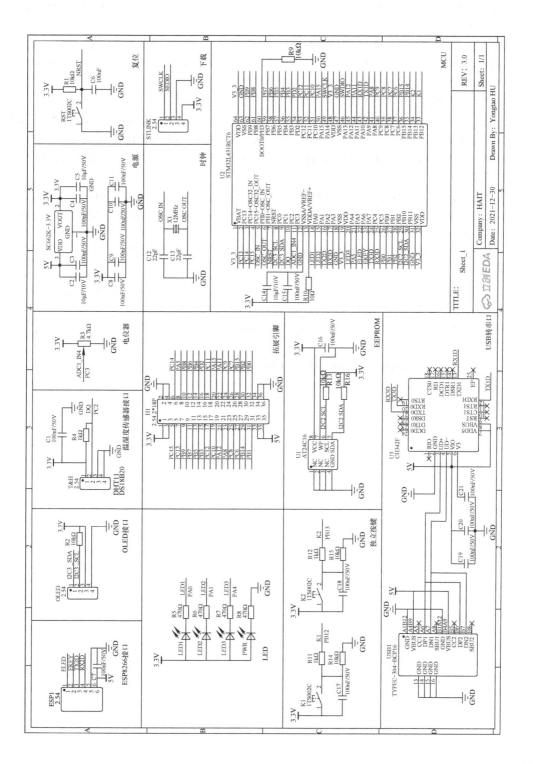

参考文献

［1］张淑清，胡永涛，张立国，等．嵌入式单片机 STM32 原理及应用［M］．北京：机械工业出版社，2019．

［2］漆强．嵌入式系统设计：基于 STM32CubeMX 与 HAL 库［M］．北京：高等教育出版社，2022．

［3］王宜怀，李跃华，徐文彬，等．嵌入式技术基础与实践：基于 STM32L431 微控制器［M］．6 版．北京：清华大学出版社，2021．

［4］连志安．物联网嵌入式开发实战［M］．北京：清华大学出版社，2021．

［5］苏李果，宋丽，张叶茂．STM32 嵌入式技术应用发开全案例实践［M］．北京：人民邮电出版社，2020．

［6］索明何，邢海霞，朱才荣．嵌入式 C 程序设计基础［M］．北京：机械工业出版社，2019．

［7］黄克亚．ARM Cortex – M3 嵌入式原理及应用：基于 STM32F103 微控制器［M］．北京：清华大学出版社，2020．

［8］卢有亮．基于 STM32 的嵌入式系统原理与设计［M］．北京：机械工业出版社，2014．

［9］邱祎，熊普翔，朱天龙．嵌入式实时操作系统 RT – Thread 设计与实现［M］．北京：机械工业出版社，2019．

［10］刘火良，杨森．RT – Thread 内核实现与应用开发实战指南：基于 STM32［M］．北京：机械工业出版社，2018．

［11］王宜怀，史洪玮，孙锦中，等．嵌入式实时操作系统：基于 RT – Thread 的 EAI&IoT 系统开发［M］．北京：机械工业出版社，2021．

［12］张淑清，张立国，胡永涛，等．嵌入式单片机 STM32 设计及应用技术［M］．北京：国防工业出版社，2015．

［13］上海睿赛德电子科技有限公司．RT – Thread 编程指南［Z］．2019．